첫걸음

전기자기학

구기준 홍찬호 안창환 김재평 저

진샘미디어
JINSAEM

머리말

전기자기학은 전기, 전자, 통신 공학을 전공하는 학생들이 필수로 수강해야 하는 매우 중요한 과목이다. 그럼에도 불구하고 눈에 보이지 않는 전자기현상의 물리적 의미를 이해하기 쉽지 않고, 또한 그 과정의 전개가 무수한 수학적 도구들의 나열로 이루어져 더욱 어렵게 느껴진다.

필자가 본 교재의 집필을 하게 된 동기가 바로 여기에 있으며, 현실적으로 한정된 학습시간을 고려할 때 무작정 많은 내용을 포함시켜 정작 중요한 부분을 학습하지 못하는 것보다는 필수적인 내용만을 학습하여 전기자기학에 대한 전반적인 이해도를 극대화하는 것이 더 효율적이라고 생각하였다. 그래서 본래의 방대한 내용을 상당수 들어내어 정전계, 정자계 만을 대상으로 하고, 맥스웰 방정식을 구성하는 가우스의 법칙, 암페어의 법칙, 패러데이의 법칙 등 주요 법칙을 위주로 전기와 자기의 기본 현상, 전기와 자기의 관계 등에 대한 기본 개념을 확립하였다. 이러한 법칙들을 가지는 소자에 적용하여 정전용량, 유도용량 등을 전개하는 과정을 유형별로 제시하였다. 그 과정에서 수학적 도구의 사용을 최소화하고 개념 이해를 위주로 기술하였다. 수식을 사용하더라도 기본 법칙의 적용 방법과 적용 조건에 주목하여 과정을 충분히 이해할 수 있도록 하였다.

본서는 엄밀한 증명과 체계적인 구조로 완성도를 높인 교과서가 아니며 공학도가 필요로 하는 아주 최소한의 내용만을 선택하여 이를 가능하면 알기 쉽게 이해할 수 있도록 기술한 입문서이다. 특히, 전기자기학을 처음으로 공부하는데 올바르게 개념을 이해할 수 있도록 가능한 어려운 수식이나 복잡한 유도과정을 가급적 피하였으며, 각 장마다 이해를 돕기위해 예제와 연습문제를 수록하여 문제해결 능력을 배양할 수 있도록 하였다. 또한 전기(산업)기사 전기자기학 실력향상 문제를 수록하여 학생들 스스로 수준을 자가 평가하여 자격증을 취득하는데도 도움이 될 수 있도록 하였다. 따라서, 본서를 학습하고 미흡하게 느껴지는 학생들은 더 방대하고 체계적인 내용을 가진 본격적인 전기자기학 전공서적에 도전해 보기를 희망하고 바란다.

끝으로 본 도서의 집필에 있어 참고한 여러 문헌의 국·내외 원저자분들에게 경의를 표하며, 출판을 위해 많은 영감과 도움을 주신 진샘미디어 관계자분들과 저자에게 항상 힘이 되어주는 사랑하는 가족에게 깊은 감사를 드린다.

2022년 8월

저자 씀

차례

차례

차례

Chapter 04 유전체 및 전류

Chapter 05 정자계

차례

Chapter 06 자기력과 자성체

차례

Chapter 07 전자유도

Chapter 08 전자기파

부록

1
벡터 해석

1.1 벡터의 정의

(1) 스칼라와 벡터

모든 물리량은 크기만을 가지는 스칼라(Scalar)량과 크기와 방향을 동시에 가지는 벡터(Vector)량으로 구분할 수 있다. 스칼라량으로는 온도, 시간, 길이, 질량, 전압, 에너지 등이 있고 벡터량으로는 속도, 힘, 전계, 자계 등을 들 수 있다.

벡터인 물리량을 표시할 때는 $\vec{A}$, $\vec{B}$와 같이 위에 화살표를 붙이거나 굵은 글자체인 $\boldsymbol{A}$, $\boldsymbol{B}$로 표시하여 구분한다.

벡터 $\boldsymbol{A}$의 크기는 A 또는 $|\boldsymbol{A}|$ 등으로 표시한다. 벡터 $\boldsymbol{A}$를 표시하는 데는 그림 1.1과 같이 공간에 임의의 점 O를 가정하고 이 점으로부터 정해진 벡터의 방향으로 직선을 긋고, 선분 Oa의 길이를 벡터의 크기 $|\boldsymbol{A}|$와 같게 하며, 방향은 끝부분에 화살표를 붙여서 표시한다.

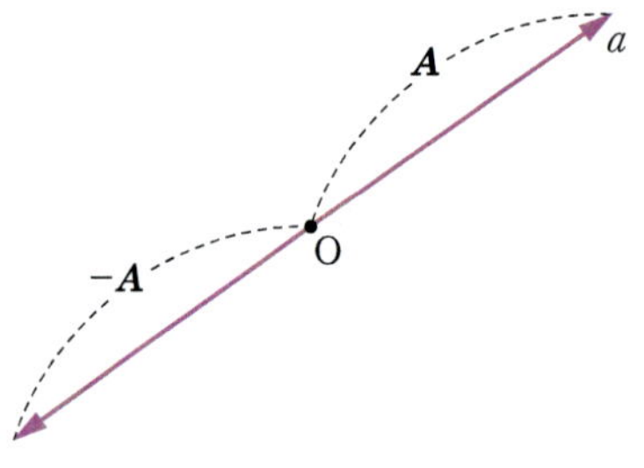

그림 1.1 벡터의 표시

벡터 $\boldsymbol{A}$와 방향은 같고 크기가 1인 벡터 $\boldsymbol{a}$를 단위벡터(unit vector)라 한다.

$$\boldsymbol{A} = A\,\boldsymbol{a} = |\boldsymbol{A}|a \tag{1-1}$$

단위벡터는 다시 다음과 같이 나타낼 수 있다.

$$\boldsymbol{a} = \frac{\boldsymbol{A}}{|\boldsymbol{A}|} = \frac{\boldsymbol{A}}{A} \tag{1-2}$$

예제 1.1 **원점으로부터 점 $A(-2,\ 1,\ 2)$로 향하는 벡터의 단위벡터를 구하라.**

풀이 원점(0, 0, 0)에서 점 $\boldsymbol{A}(-2,\ 1,\ 2)$로 향하는 벡터 $\boldsymbol{A} = -2\boldsymbol{i} + \boldsymbol{j} + 2\boldsymbol{k}$ 이므로 $\boldsymbol{A}$의 크기는

$|\boldsymbol{A}| = \sqrt{(-2)^2 + 1^2 + 2^2} = 3$

이므로 단위벡터는 다음과 같다.

$$a = \frac{A}{|A|} = \frac{-2i + j + 2k}{3} = -\frac{2}{3}i + \frac{1}{3}j + \frac{2}{3}k$$ 와 같이 된다.

(2) 벡터의 기하학적 연산

벡터 $\boldsymbol{A}$와 $\boldsymbol{B}$의 합은 그림 1.2와 같이 평행사변형, 또는 삼각형법에 의하여 구할 수 있다. 두 벡터가 크기와 방향이 모두 같으면 두 벡터는 같다(벡터의 상등). 따라서 두 벡터를 임의로 평행이동하여 시작점을 일치시키면 벡터의 합을 쉽게 구할 수 있다. 즉 1점 O을 취하고 벡터 $\boldsymbol{A}$ 및 $\boldsymbol{B}$를 표시하는 $\overrightarrow{Oa}$, $\overrightarrow{Ob}$를 두 변으로 하는 평행사변형 $Oacb$ 또는 삼각형 Oac를 만들고 $\overrightarrow{Oc}$에 의하여 표시되는 벡터를 $\boldsymbol{C}$라 하면 벡터 $\boldsymbol{A}$와 $\boldsymbol{B}$의 합은 $\boldsymbol{C}$가 된다. 이 관계를 기호로 표시하면 다음과 같이 된다.

$$\boldsymbol{A} + \boldsymbol{B} = \boldsymbol{C} \tag{1-3}$$

차의 경우는 빼는 쪽의 벡터 방향을 반대로 하여 합친다. 어떤 벡터에 음(−)의 부호를 붙인 것은 크기가 같고 방향만 180° 바뀐 벡터를 의미한다. 따라서 그림 1.2에서 $\boldsymbol{A}$에서 $\boldsymbol{B}$를 빼는 경우 $\boldsymbol{B}$를 역방향으로 해서 $-\boldsymbol{B}$를 만들어 $\boldsymbol{A}$에 더하면 $\boldsymbol{A}$에서 $\boldsymbol{B}$를 뺀 차의 벡터라 하고 이를 $\boldsymbol{D}$로 놓으면 다음과 같이 된다.

$$\boldsymbol{A} - \boldsymbol{B} = \boldsymbol{D} \tag{1-4}$$

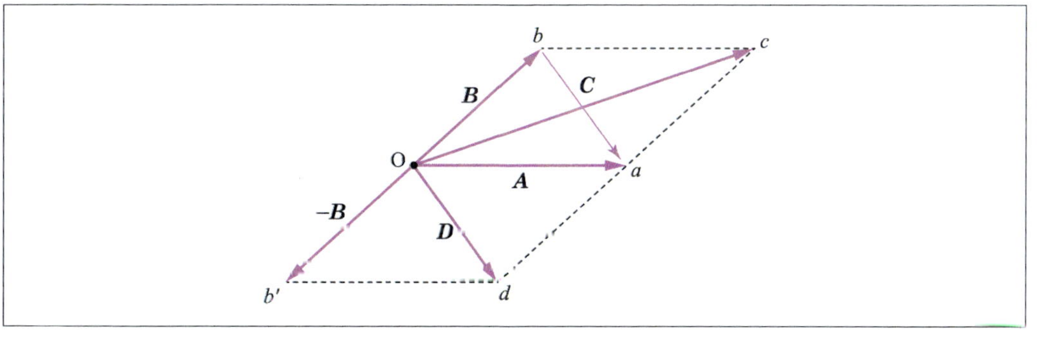

그림 1.2 벡터의 합과 차

그림 1.2에서 점 b와 a를 연결하여 그은 선에 화살표를 붙인 $\overrightarrow{ba}$를 $\boldsymbol{A} - \boldsymbol{B} - \boldsymbol{D}$로 표시할 수도 있다.

(3) 벡터의 표시법

공간상의 위치를 수학적으로 잘 나타내기 위한 장치가 좌표계이다. 벡터의 표시는 좌표계에 따라 바뀐다. 그림 1.3에서 벡터 $\boldsymbol{A}$, 즉 $\overrightarrow{OA}$를 직각좌표계의 x, y, z축 방향에 대한 세 개의 벡터 합으로 표시해 보자.

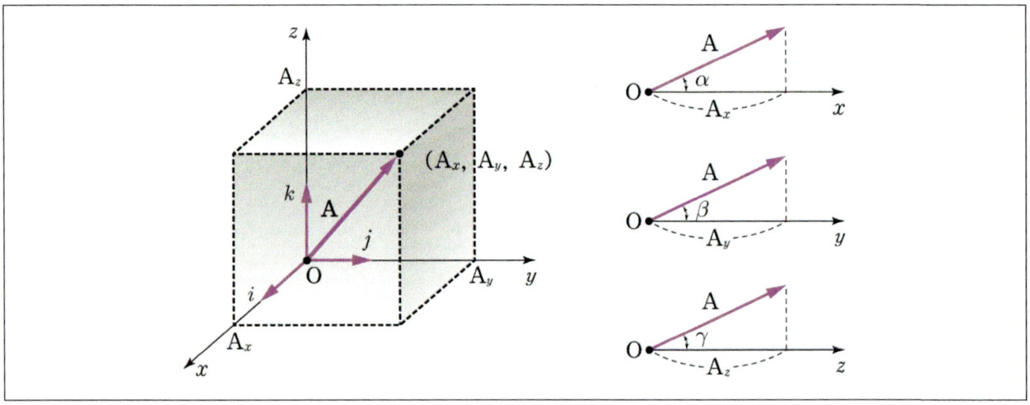

그림 1.3 직각좌표계에서의 벡터

직각좌표계에서는 한 점 A를 (A_x, A_y, A_z)로 나타낼 수 있는데 원점 O에서 점 A까지의 위치벡터 $\overrightarrow{OA}$는 다음과 같다.

$$\overrightarrow{OA} = A_x\boldsymbol{i} + A_y\boldsymbol{j} + A_z\boldsymbol{k} \tag{1-5}$$

여기서 $\boldsymbol{i}$, $\boldsymbol{j}$, $\boldsymbol{k}$는 각각 $+x$, $+y$, $+z$축 방향의 단위벡터로서 서로 수직이고 기본벡터(fundamental vector)라고 한다.

A_x, A_y, A_z는 벡터 $\boldsymbol{A}$의 x, y, z축 방향의 성분이며 벡터 $\boldsymbol{A}$의 크기는 다음과 같다.

$$|\boldsymbol{A}| = \sqrt{A_x^2 + A_y^2 + A_z^2} \tag{1-6}$$

$\boldsymbol{A}$와 x, y, z축과 이루는 각을 α, β, γ라 하면

$$\frac{A_x}{|\boldsymbol{A}|} = \cos\alpha = l, \quad \frac{A_y}{|\boldsymbol{A}|} = \cos\beta = m, \quad \frac{A_z}{|\boldsymbol{A}|} = \cos\gamma = n \tag{1-7}$$

의 관계가 성립한다. l, m, n를 벡터 $\boldsymbol{A}$의 방향 코사인(direction cosines)이라 하고 이 식으로부터 각 α, β, γ를 구할 수 있다.

(4) 벡터의 연산

점 $A(A_x,\ A_y,\ A_z)$의 위치벡터 $\boldsymbol{A} = A_x\boldsymbol{i}+ A_y\boldsymbol{j}+ A_z\boldsymbol{k}$에 스칼라 m을 곱한 벡터를 $\boldsymbol{B}$라 할 때 다음과 같이 나타낼 수 있다.

$$\boldsymbol{B} = m\boldsymbol{A} = m(A_x\boldsymbol{i}+ A_y\boldsymbol{j}+ A_z\boldsymbol{k}) = mA_x\boldsymbol{i}+ mA_y\boldsymbol{j}+ mA_z\boldsymbol{k} \tag{1-8}$$

두 벡터 $\boldsymbol{A}= A_x\boldsymbol{i}+ A_y\boldsymbol{j}+ A_z\boldsymbol{k}$, $\boldsymbol{B}= B_x\boldsymbol{i}+ B_y\boldsymbol{j}+ B_z\boldsymbol{k}$ 의 덧셈과 뺄셈은 각 성분별로 연산하여 다음과 같이 나타낼 수 있다.

$$\begin{aligned} \boldsymbol{A}\pm \boldsymbol{B} &= (A_x\boldsymbol{i}+ A_y\boldsymbol{j}+ A_z\boldsymbol{k}) \pm (B_x\boldsymbol{i}+ B_y\boldsymbol{j}+ B_z\boldsymbol{k}) \\ &= (A_x \pm B_x)\boldsymbol{i}+ (A_y \pm B_y)\boldsymbol{j}+ (A_z \pm B_z)\boldsymbol{k} \end{aligned} \tag{1-9}$$

예제 1.2 **어떤 물체에 $F_1=-3i+4j-5k$ 와 $F_2=6i+3j-2k$ 의 힘이 작용하고 있다. 이 물체에 F_3 를 가했을 때 세 힘이 평형이 되기 위한 F_3 를 구하라.**

풀이 세 힘이 평형이 되려면 $F_1+F_2+F_3=0$ 이어야 하므로
$F_3=-(F_1+F_2)=-(-3i+4j-5k+6i+3j-2k)=-3i-7j+7k$

(5) 벡터의 스칼라 적(또는 내적)

두 개의 벡터 $\boldsymbol{A}$와 $\boldsymbol{B}$의 곱에는 스칼라 적(scalar product)과 벡터 적(vector product)의 두 종류가 있다. 먼저 스칼라 적을 정의하고자 한다.

두 개의 벡터 $\boldsymbol{A}$, $\boldsymbol{B}$의 스칼라 적 또는 내적(inner product)은 $\boldsymbol{A}\cdot\boldsymbol{B}$로 표시하며 그 값은 다음과 같이 스칼라량이 된다.

$$\boldsymbol{A}\cdot\boldsymbol{B} = |\boldsymbol{A}|\,|\boldsymbol{B}|\cos\theta = AB\cos\theta \tag{1-10}$$

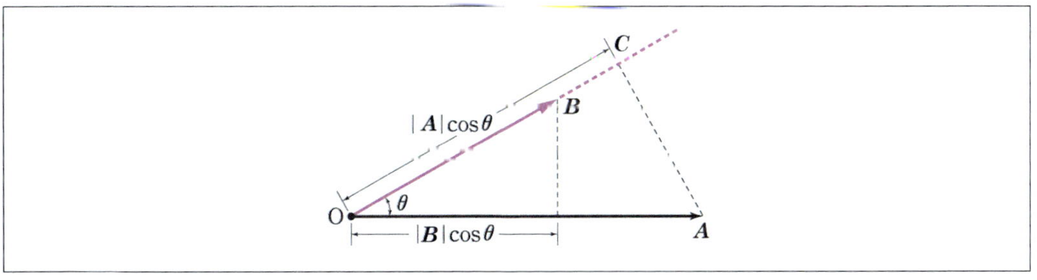

그림 1.4 벡터의 내적

여기서 θ는 두 벡터 $\boldsymbol{A}$, $\boldsymbol{B}$사이의 각이다. 그림 1.4로부터 내적 $\boldsymbol{A} \cdot \boldsymbol{B}$는 $|\boldsymbol{A}|\cos\theta$와 $|\boldsymbol{B}|$ 또는 $|\boldsymbol{B}|\cos\theta$와 $|\boldsymbol{A}|$의 곱이다.

예를 들어 힘에 의한 일을 고려하면 개념을 파악할 수 있을 것이다. 질점에 일정한 힘 $\boldsymbol{F}$가 작용하여 $\boldsymbol{l}$만큼 변위할 때 힘이 질점에 행하는 일 W는 벡터 $\boldsymbol{F}$와 $\boldsymbol{l}$과의 각이 θ라면 $\boldsymbol{F}$에 대한 $\boldsymbol{l}$방향의 성분 $|\boldsymbol{F}|\cos\theta$와 $|\boldsymbol{l}|$의 곱으로 표시되어

$$W = Fl\cos\theta \tag{1-11}$$

로 되며 이것을 내적으로 표시하면 다음과 같다.

$$W = \boldsymbol{F} \cdot \boldsymbol{l} \tag{1-12}$$

내적에는 다음과 같이 각각 교환법칙과 분배법칙이 성립한다.

$$\boldsymbol{A} \cdot \boldsymbol{B} = \boldsymbol{B} \cdot \boldsymbol{A} \tag{1-13}$$

$$\boldsymbol{A} \cdot (\boldsymbol{B} + \boldsymbol{C}) = \boldsymbol{A} \cdot \boldsymbol{B} + \boldsymbol{A} \cdot \boldsymbol{C} \tag{1-14}$$

다음은 내적의 특별한 경우를 나타낸 것이다.

1) $\boldsymbol{A}$와 $\boldsymbol{B}$가 수직인 경우

$\cos\theta = \cos 90° = 0$ 이므로

$$\boldsymbol{A} \cdot \boldsymbol{B} = 0 \tag{1-15}$$

이 된다. 따라서 $\boldsymbol{A} \cdot \boldsymbol{B} = 0$이면 두 벡터 $\boldsymbol{A}$와 $\boldsymbol{B}$가 서로 수직의 관계에 있다는 것을 의미한다.

2) $\boldsymbol{A}$와 $\boldsymbol{B}$가 같은 방향의 경우

$\cos\theta = \cos 0° = 1$이므로

$$\boldsymbol{A} \cdot \boldsymbol{B} = AB\cos 0° = AB \tag{1-16}$$

가 된다. 따라서 $\boldsymbol{A} \cdot \boldsymbol{B} = AB$이면 두 벡터 $\boldsymbol{A}$와 $\boldsymbol{B}$가 서로 같은 방향이라는 것을 의미한다.

3) $\boldsymbol{A}$와 $\boldsymbol{B}$가 반대방향의 경우

$\cos\theta = \cos 180° = -1$이므로

$$\boldsymbol{A} \cdot \boldsymbol{B} = AB\cos 180° = -AB \tag{1-17}$$

가 된다.

4) $\boldsymbol{A}$와 $\boldsymbol{B}$가 같은 경우

$\cos\theta = \cos 0° = 1$이며 $|A| = |B|$이므로

$$\boldsymbol{A} \cdot \boldsymbol{B} = A^2 = B^2 \tag{1-18}$$

이 된다. 이러한 성질을 기본벡터 $\boldsymbol{i}$, $\boldsymbol{j}$, $\boldsymbol{k}$에 적용하면 다음과 같은 결과를 얻을 수 있다.

$$\begin{aligned} \boldsymbol{i} \cdot \boldsymbol{i} = \boldsymbol{j} \cdot \boldsymbol{j} = \boldsymbol{k} \cdot \boldsymbol{k} = 1 \\ \boldsymbol{i} \cdot \boldsymbol{j} = \boldsymbol{j} \cdot \boldsymbol{k} = \boldsymbol{k} \cdot \boldsymbol{i} = 0 \end{aligned} \tag{1-19}$$

두 벡터 $\boldsymbol{A}$와 $\boldsymbol{B}$를 직각좌표 성분으로 표시하여 다음과 같을 때

$$\begin{aligned} \boldsymbol{A} = A_x \boldsymbol{i} + A_y \boldsymbol{j} + A_z \boldsymbol{k} \\ \boldsymbol{B} = B_x \boldsymbol{i} + B_y \boldsymbol{j} + B_z \boldsymbol{k} \end{aligned} \tag{1-20}$$

내적 $A \cdot B$의 연산은 각 성분을 각각 곱하여 합하면 된다.

$$\begin{aligned} \boldsymbol{A} \cdot \boldsymbol{B} &= (A_x \boldsymbol{i} + A_y \boldsymbol{j} + A_z \boldsymbol{k}) \cdot (B_x \boldsymbol{i} + B_y \boldsymbol{j} + B_z \boldsymbol{k}) \\ &= A_x B_x + A_y B_y + A_z B_z \end{aligned} \tag{1-21}$$

예제 1.3 **질점에 일정한 힘 $\boldsymbol{F} = 5\boldsymbol{i} + 6\boldsymbol{j} + 8\boldsymbol{k}$[N]이 작용하여 점 $A(-2, 1, -3)$[m]에서 점 $B(1, -3, 4)$[m]로 이동했다. 이때 행한 일은 얼마인가?**

풀이 점 $\boldsymbol{A}$에서 $\boldsymbol{B}$로 변위한 벡터 $\boldsymbol{l}$은 원점에서 점 $\boldsymbol{A}$및 $\boldsymbol{B}$로 향하는 벡터 $\boldsymbol{A}$, $\boldsymbol{B}$인 벡터차 $\boldsymbol{B} - \boldsymbol{A}$에 의하여 표시되며 $\boldsymbol{A} = -2\boldsymbol{i} + \boldsymbol{j} - 3\boldsymbol{k}$, $\boldsymbol{B} = \boldsymbol{j} - 3\boldsymbol{j} + 4\boldsymbol{k}$ 이므로 변위벡터 $\boldsymbol{l}$은
$\boldsymbol{l} = \boldsymbol{B} - \boldsymbol{A} = [1-(-2)]\boldsymbol{i} + [(-3)-1]\boldsymbol{j} + [4-(-3)]\boldsymbol{k} = 3\boldsymbol{i} - 4\boldsymbol{j} + 7\boldsymbol{k}$
따라서 이동하여 행한 일 W는 다음과 같이 구할 수 있다.

$$\begin{aligned} W = \boldsymbol{F} \cdot \boldsymbol{l} &= (5\boldsymbol{i} + 6\boldsymbol{j} + 8\boldsymbol{k}) \cdot (3\boldsymbol{i} - 4\boldsymbol{j} + 7\boldsymbol{k}) = 5 \times 3 + 6 \times (-4) + 8 \times 7 \\ &= 15 - 24 + 56 = 47[\mathrm{J}] \end{aligned}$$

(6) 벡터의 적(또는 외적)

각 θ를 이루는 두 벡터 $\boldsymbol{A}$와 $\boldsymbol{B}$의 벡터 적(vector product) 또는 외적(outer product)는

$$\boldsymbol{A} \times \boldsymbol{B} = \boldsymbol{n} AB\sin\theta \tag{1-22}$$

로 표시되는 벡터이며 벡터 적의 크기는 $\boldsymbol{A}$와 $\boldsymbol{B}$를 두 변으로 하는 평행사변형의 넓이와 같다. 여기서 $\boldsymbol{n}$은 $\boldsymbol{A}$와 $\boldsymbol{B}$를 포함하는 평면에 수직인 단위벡터이며, 벡터 $\boldsymbol{A}\times\boldsymbol{B}$의 방향은 그림 1.5과 같이 벡터 $\boldsymbol{A}$를 벡터 $\boldsymbol{B}$에 중첩시키는데 가장 가까운 길($\theta < 180°$)을 통하여 오른쪽 나사를 돌릴 때 나사가 진행하는 방향을 취하며, $\boldsymbol{A}$에서 $\boldsymbol{B}$로 향하여 오른손으로 감을 때 엄지손가락 방향에 해당된다. 따라서 곱하는 순서를 반대로 하면 방향도 반대로 되므로 다음과 같이 교환법칙은 성립되지 않는다.

$$\boldsymbol{A}\times\boldsymbol{B} = -\boldsymbol{B}\times\boldsymbol{A} \tag{1-23}$$

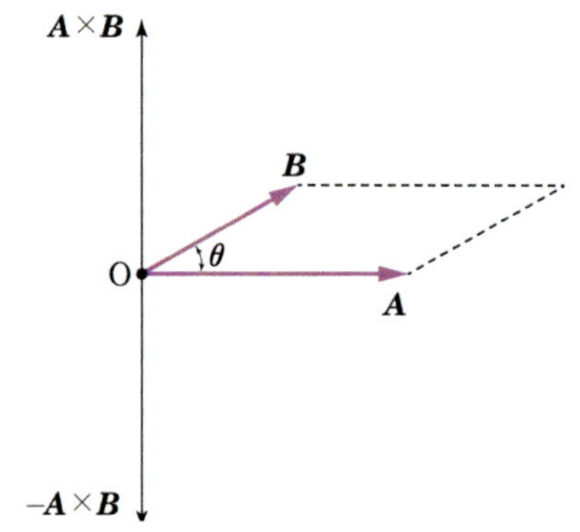

그림 1.5 벡터의 외적

이와 같이 벡터의 외적에서는 교환법칙은 성립하지 않으나 분배법칙은 다음과 같이 성립한다.

$$\boldsymbol{A}\times(\boldsymbol{B}+\boldsymbol{C}) = \boldsymbol{A}\times\boldsymbol{B}+\boldsymbol{A}\times\boldsymbol{C} \tag{1-24}$$

1) $\boldsymbol{A}$와 $\boldsymbol{B}$가 평행인 경우

$\sin\theta = \sin 0° = 0$이므로

$$|\boldsymbol{A}\times\boldsymbol{B}| = AB\sin 0° = 0 \tag{1-25}$$

이 된다. 식(1-25)는 $\boldsymbol{A}$, $\boldsymbol{B}$가 서로 평행이면 두 벡터의 외적은 0이 됨을 보여준다.

2) $\boldsymbol{A}$와 $\boldsymbol{B}$가 수직인 경우

$\sin\theta = \sin 90° = 1$ 이므로 식 (1-22)에 의해

$$|\boldsymbol{A} \times \boldsymbol{B}| = AB\sin 90° = AB \tag{1-26}$$

로 된다.

이러한 성질을 기본벡터 $\boldsymbol{i}$, $\boldsymbol{j}$, $\boldsymbol{k}$에 적용하면 다음과 같은 결과를 얻을 수 있다.

$$\begin{aligned} &\boldsymbol{i}\times\boldsymbol{i} = \boldsymbol{j}\times\boldsymbol{j} = \boldsymbol{k}\times\boldsymbol{k} = 0 \\ &\boldsymbol{i}\times\boldsymbol{j} = \boldsymbol{k},\quad \boldsymbol{j}\times\boldsymbol{k} = \boldsymbol{i},\quad \boldsymbol{k}\times\boldsymbol{i} = \boldsymbol{j} \\ &\boldsymbol{j}\times\boldsymbol{i} = -\boldsymbol{k},\quad \boldsymbol{k}\times\boldsymbol{j} = -\boldsymbol{i},\quad \boldsymbol{i}\times\boldsymbol{k} = -\boldsymbol{j} \end{aligned} \tag{1-27}$$

두 벡터 $\boldsymbol{A}$와 $\boldsymbol{B}$를 직각좌표 성분으로 표시하여 다음과 같을 때

$$\begin{aligned} \boldsymbol{A} &= A_x\boldsymbol{i} + A_y\boldsymbol{j} + A_z\boldsymbol{k} \\ \boldsymbol{B} &= B_x\boldsymbol{i} + B_y\boldsymbol{j} + B_z\boldsymbol{k} \end{aligned} \tag{1-28}$$

외적 $\boldsymbol{A}\times\boldsymbol{B}$의 연산은 기본벡터 외적의 결과를 적용하면 다음과 같이 행렬식으로 나타낼 수 있다.

$$\begin{aligned} \boldsymbol{A}\times\boldsymbol{B} &= (A_x\boldsymbol{i} + A_y\boldsymbol{j} + A_z\boldsymbol{k})\times(B_x\boldsymbol{i} + B_y\boldsymbol{j} + B_z\boldsymbol{k}) \\ &= (A_yB_z - A_zB_y)\boldsymbol{i} + (A_zB_x - A_xB_z)\boldsymbol{j} + (A_xB_y - A_yB_x) \\ &= \begin{vmatrix} \boldsymbol{i} & \boldsymbol{j} & \boldsymbol{k} \\ A_x & A_y & A_z \\ B_x & B_y & B_z \end{vmatrix} \end{aligned} \tag{1-29}$$

1.2 벡터의 미분

벡터의 미분에는 다음과 같이 정의되는 미분연산자 ∇(del 또는 nabla라 읽음)을 이용하여 나타내며 이는 x, y, z방향으로의 변화율과 방향을 나타낸다.

$$\nabla = \frac{\partial}{\partial x}\boldsymbol{i} + \frac{\partial}{\partial y}\boldsymbol{j} + \frac{\partial}{\partial z}\boldsymbol{k} \tag{1-30}$$

전자기학에서 가장 중요한 함수들인 전계와 자계는 크기와 방향을 갖는 벡터함수이다. 이러한 벡터함수의 미분에서 미분연산자 ∇을 도입하면 복잡한 식을 간단히 표현할 수 있고 물리적인 개념을 쉽게 이해할 수 있다.

(1) 스칼라 함수의 기울기(gradient)

공간상의 한 지점(x, y, z)에서 스칼라량을 갖는 함수 V(x, y, z)의 변화가 가장 큰 방향과 그 때의 변화율을 동시에 표현하려면 벡터로 나타내어야 한다. 이를 스칼라 함수의 기울기(gradient)라고 정의한다. 예컨대, 정전기학에서 스칼라량인 전압의 기울기는 벡터값을 갖는 전계가 된다.

$$\begin{aligned} \nabla V = \mathrm{grad}\,\mathrm{V} &= \left(\frac{\partial}{\partial x}\boldsymbol{i} + \frac{\partial}{\partial y}\boldsymbol{j} + \frac{\partial}{\partial z}\boldsymbol{k}\right)V \\ &= \frac{\partial V}{\partial x}\boldsymbol{i} + \frac{\partial V}{\partial y}\boldsymbol{j} + \frac{\partial V}{\partial z}\boldsymbol{k} \end{aligned} \tag{1-31}$$

이와 같이 스칼라 함수 V에 미분연산자를 적용하면 ∇V는 성분이 $\frac{\partial V}{\partial x}$, $\frac{\partial V}{\partial y}$, $\frac{\partial V}{\partial z}$인 벡터량이 된다.

(2) 벡터의 발산(divergence)

벡터의 미분은 발산과 회전의 두 가지로 정의된다. 벡터의 미분결과가 발산에서는 스칼라량으로, 회전에서는 벡터량으로 나타난다. 벡터의 미분 결과중 발산은 공간상에 분포한 벡터의 변화량을 임의의 한 점에서 스칼라로 표시한 것이 된다.

벡터의 미분연산자 ∇을 하나의 벡터로 보고, 이것과 다른 벡터 $\boldsymbol{A}(A_x, A_y, A_z)$와의 내적을 생각해 보면, 내적의 정의에서 다음 식으로 된다.

$$\begin{aligned}\nabla \cdot \boldsymbol{A} &= \left(\frac{\partial}{\partial x}\boldsymbol{i}+\frac{\partial}{\partial y}\boldsymbol{j}+\frac{\partial}{\partial z}\boldsymbol{k}\right)\cdot(A_x\boldsymbol{i}+A_y\boldsymbol{j}+A_z\boldsymbol{k}) \\ &= \frac{\partial A_x}{\partial x}+\frac{\partial A_y}{\partial y}+\frac{\partial A_z}{\partial z}\end{aligned} \tag{1-32}$$

이 $\nabla \cdot \boldsymbol{A}$를 벡터 $\boldsymbol{A}$의 발산(divergence)이라 하며 단위부피당 벡터방향으로 발산하는 변화량을 나타낸다. $\nabla \cdot \boldsymbol{A}$ 대신에 $\mathrm{div}\boldsymbol{A}$라고 쓰기도 하고, 벡터 $\boldsymbol{A}$에 발산을 적용하면 스칼라량이 된다. 따라서, 다음 식과 같이 된다.

$$\nabla \cdot \boldsymbol{A} = \mathrm{div}\boldsymbol{A} = \frac{\partial A_x}{\partial x}+\frac{\partial A_y}{\partial y}+\frac{\partial A_z}{\partial z} \tag{1-33}$$

1) 발산정리

표면적이 S인 미소부피 Δv로부터 외부로 빠져나가는 벡터 $\boldsymbol{A}$의 총량을 미소부피 Δv로 나눈 것을 벡터 $\boldsymbol{A}$의 발산이라고 한다. 이를 식으로 표시하면 다음과 같이 된다.

$$\nabla \cdot \boldsymbol{A} = \lim_{\Delta v \to 0}\frac{\oint_S \boldsymbol{A}\cdot d\boldsymbol{S}}{\Delta v} \tag{1-34}$$

이 정의에 따르면 공간상의 벡터 $\boldsymbol{A}$에 대해 부피 V를 감싸는 폐곡면 S상에서의 면적분은 다음과 같이 $\nabla \cdot \boldsymbol{A}$에 대한 부피적분과 같다.

$$\oint_S \boldsymbol{A}\cdot d\boldsymbol{S} = \int_V \nabla \cdot \boldsymbol{A}\,dv \tag{1-35}$$

이를 발산정리라고 한다. 어떤 폐곡면을 빠져나가는 벡터의 총량을 계산할 때는 좌변과 같은 적분을 해야 하지만 폐곡면상의 면적분은 계산하기 복잡할 때가 많다. 이 경우 우변과 같이 벡터의 발산을 먼저 구하고 부피적분을 적용하면 편리하게 계산할 수 있다.

2) 라플라스 방정식

전자기학에서는 스칼라 함수 V에 대한 기울기벡터를 구하고 이 벡터값에 대한 발산을 구할 때가 많다. 이러한 기울기의 발산을 라플라시안(Laplacian)이라고 한다.

식(1-31)의 grad V의 발산을 생각하면, 식(1-32)로부터 다음과 같이 된다.

$$
\begin{aligned}
\text{div grad } V &= \nabla \cdot \nabla V \\
&= \left(\frac{\partial}{\partial x}i + \frac{\partial}{\partial y}j + \frac{\partial}{\partial z}\boldsymbol{k}\right) \cdot \left(\frac{\partial}{\partial x}i + \frac{\partial}{\partial y}j + \frac{\partial}{\partial z}\boldsymbol{k}\right) V \\
&= \left(\frac{\partial^2}{\partial x^2} + \frac{\partial^2}{\partial y^2} + \frac{\partial^2}{\partial z^2}\right) V \\
&= \frac{\partial^2 V}{\partial x^2} + \frac{\partial^2 V}{\partial y^2} + \frac{\partial^2 V}{\partial z^2}
\end{aligned}
\tag{1-36}
$$

여기서,

$$\nabla \cdot \nabla = \frac{\partial^2}{\partial x^2} + \frac{\partial^2}{\partial y^2} + \frac{\partial^2}{\partial z^2} \equiv \nabla^2 \tag{1-37}$$

를 라플라스의 연산자 또는 라플라시안(Laplacian)이라 한다.

(3) 벡터의 회전

벡터의 미분연산자 ∇과 벡터 $\boldsymbol{A}$와의 외적을 벡터의 회전(rotation, curl)이라 하고, 기호는 rot A 또는 curl A를 사용한다.

외적의 정의로부터 rot A는 다음과 같이 된다.

$$
\begin{aligned}
\text{rot } \boldsymbol{A} = \text{curl } \boldsymbol{A} = \nabla \times \boldsymbol{A} &= \left(\frac{\partial A_z}{\partial y} - \frac{\partial A_y}{\partial z}\right)\boldsymbol{i} + \left(\frac{\partial A_x}{\partial z} - \frac{\partial A_z}{\partial x}\right)\boldsymbol{j} + \left(\frac{\partial A_y}{\partial x} - \frac{\partial A_x}{\partial y}\right)\boldsymbol{k} \\
&= \begin{vmatrix} \boldsymbol{i} & \boldsymbol{j} & \boldsymbol{k} \\ \frac{\partial}{\partial x} & \frac{\partial}{\partial y} & \frac{\partial}{\partial z} \\ A_x & A_y & A_z \end{vmatrix}
\end{aligned}
\tag{1-38}
$$

(4) 스토크스(Stokes)의 정리

벡터 $\boldsymbol{A}$에 대해 하나의 폐곡선 C와 이것을 주변으로 하는 곡면 S를 생각할 때 벡터 $\boldsymbol{A}$의 곡선 C상에서의 선적분은 곡면 S에 대하여 $\nabla \times \boldsymbol{A}$ 에 대한 면적분과 같다. 이것을 스토크스(Stokes)의 정리라 하고, 식으로 표시하면 다음과 같다.

$$\oint_C \boldsymbol{A} \cdot dl = \int_S (\nabla \times \boldsymbol{A}) \cdot d\boldsymbol{S} \tag{1-39}$$

여기서, dl는 곡선 C에 따른 접선방향의 미소벡터, $d\boldsymbol{S}$는 면 $\boldsymbol{S}$상의 각 지점에서의 법선 방향 미소 면적의 벡터이며, 그 방향은 $d\boldsymbol{S}$와 C의 주회적분의 방향이 오른 나사의 관계가 되도록 잡는 것으로 한다.

폐곡선 C로 둘러싸인 곡면 S를 미소면적으로 분할하고 각 미소면적의 회전량을 합하면 우변이 된다. 그런데 인접한 두 미소면적의 공통된 경계면에서 회전은 서로 크기가 같고 방향이 반대라서 내부 경계면에서는 모두 상쇄되고 곡면 S의 경계인 폐곡선 C를 따라 회전하는 양이 되므로 우변과 같게 된다.

따라서 스토크스의 정리는 벡터의 선적분을 회전벡터의 면적분으로 변환하는 공식이다.

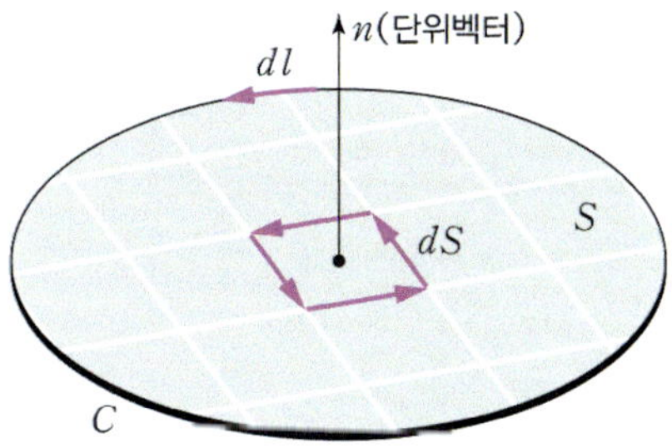

그림 1.6 스토크스(Stokes)의 정리

1.3 좌표계

(1) 원통좌표계

원통이나 구대칭성을 가진 문제를 풀이할 때는 **원통좌표계**(cylindrical coordinate system), 또는 **구좌표계**(spherical coordinate system)를 사용하는 것이 편리하다.

원통 좌표계에서 점 P는 $P(r,\ \phi,\ z)$로 표현되며, 편의상 직각좌표계의 z축을 중심으로 원통을 가정할 때, 원통표면의 한 점이라 생각하면 된다. r은 z축을 중심으로 점 P를 지나는 원통의 반지름이고, ϕ는 $+r$축으로부터 반시계방향으로 측정한 방위각이다.

원점 O를 중심으로 점 P를 지나는 원통을 가정하면 크기가 1이고 각각 r, ϕ, z 방향으로 증가하는 벡터를 원통좌표계의 단위벡터라 하고 각각 a_r, a_ϕ, a_z로 나타낸다. 원통좌표계에서도 직각좌표계처럼 단위벡터들은 서로 직교하므로 다음 관계가 성립한다.

$$
\begin{aligned}
a_r \times a_\phi &= a_z \\
a_\phi \times a_z &= a_r \\
a_z \times a_r &= a_\phi
\end{aligned}
\tag{1-40}
$$

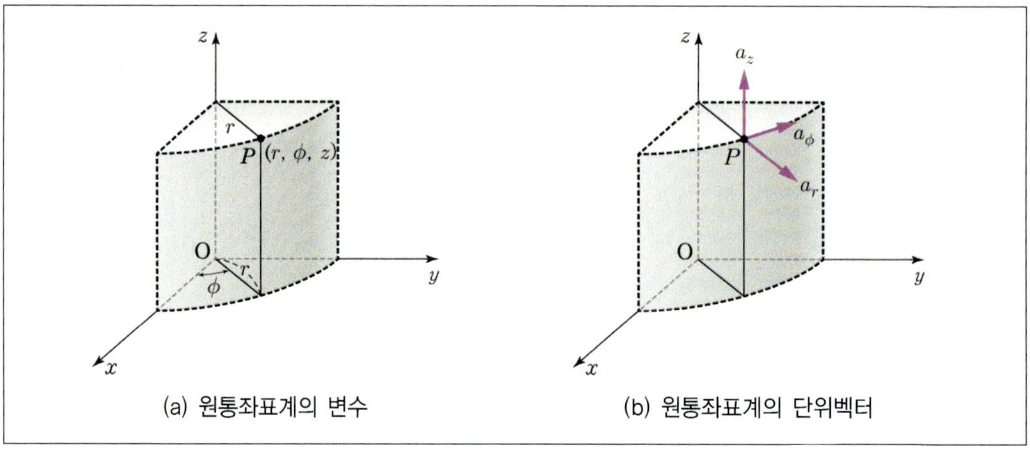

그림 1.7 원통좌표계의 변수 및 단위벡터

(2) 구좌표계

구좌표계(spherical coordinates)의 변수는 r, θ, ϕ로 임의의 한 점은 $P(r, \theta, \phi)$로 나타낸다. 좌표계의 변수 r은 원점으로부터 구표면상의 점 P까지의 거리를 표시한다. 구좌표계에서 r이 일정한 면은 구면을 표시한다.

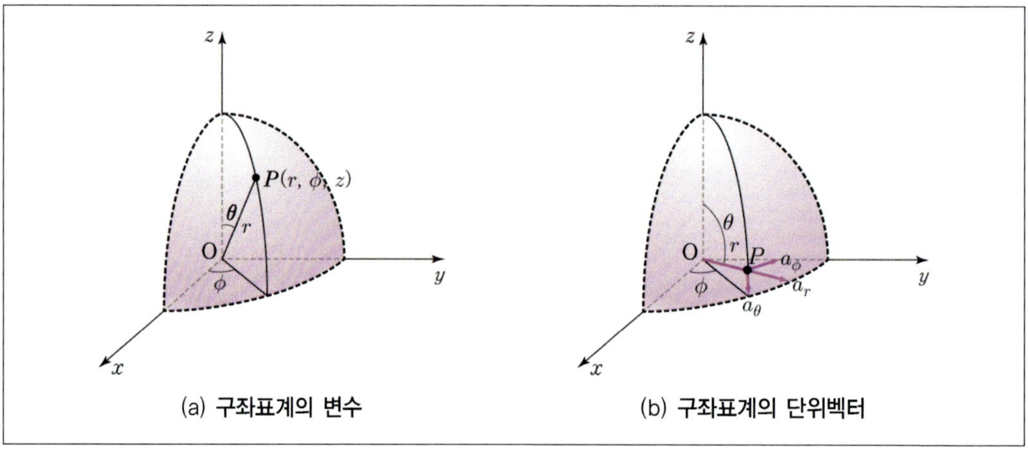

그림 1.8 구좌표계의 변수와 단위벡터

θ는 구의 중심으로부터 구 표면상의 점 P를 잇는 선과 z축 사이의 각을 표시하며 θ가 일정한 면은 원뿔 모양이 된다.

ϕ는 원통 좌표계의 경우와 같으며 구 표면상의 점 P를 xy평면에 투영할 때 원점에서 투영점을 잇는 선과 x축 사이의 각을 표시한다. ϕ가 일정한 면은 평면이 된다.

구좌표계를 사용하면 공간 속의 점은 서로 직교하는 세 면, 즉 구면, 원뿔면 및 평면의 교차점으로 표시할 수 있다. 이것을 그림으로 나타내면 그림 1.8과 같다.

원점 O를 중심으로 점 P를 지나는 구를 가정하면 크기가 1이고 각각 r, θ, ϕ 방향으로 증가하는 벡터를 구좌표계의 단위벡터라 하고 각각 $\boldsymbol{a}_r$, $\boldsymbol{a}_\theta$, $\boldsymbol{a}_\phi$ 로 나타낸다. 구좌표계에서도 직각좌표계나 원통좌표계와 마찬가지로 단위벡터들은 서로 직교하므로 다음 관계가 성립한다.

$$\begin{aligned} \boldsymbol{a}_r \times \boldsymbol{a}_\theta &= \boldsymbol{a}_\phi \\ \boldsymbol{a}_\theta \times \boldsymbol{a}_\phi &= \boldsymbol{a}_r \\ \boldsymbol{a}_\phi \times \boldsymbol{a}_r &= \boldsymbol{a}_\theta \end{aligned} \tag{1-41}$$

연습문제

01 벡터 $\boldsymbol{A}=2\boldsymbol{i}-3\boldsymbol{j}-2\boldsymbol{k}$의 단위벡터를 구하라.

02 어떤 물체에 $\boldsymbol{F}_1=-3\boldsymbol{i}+4\boldsymbol{j}-5\boldsymbol{k}$와 $\boldsymbol{F}_2=6\boldsymbol{i}+3\boldsymbol{j}-2\boldsymbol{k}$의 힘이 작용하고 있다. 이 물체에 $\boldsymbol{F}_3$를 가했을 때 세 힘이 평형이 되기 위한 $\boldsymbol{F}_3$를 구하라.

03 두 벡터가 $\boldsymbol{A}=2\boldsymbol{i}+4\boldsymbol{j}+\boldsymbol{k}$, $\boldsymbol{B}=3\boldsymbol{i}+2\boldsymbol{j}+3\boldsymbol{k}$일 때 $\boldsymbol{A}\cdot\boldsymbol{B}$를 구하라.

04 $\boldsymbol{A}=-7\boldsymbol{i}-\boldsymbol{j}$, $\boldsymbol{B}=-3\boldsymbol{i}-4\boldsymbol{j}$의 두 벡터가 이루는 각도를 구하라.

05 두 벡터 $\boldsymbol{A}=\boldsymbol{i}+\boldsymbol{j}+2\boldsymbol{k}$, $\boldsymbol{B}=-\boldsymbol{i}+z\boldsymbol{k}$가 서로 직교할 때 z의 값을 구하라.

06 어떤 물체가 힘 $\boldsymbol{F}=5\boldsymbol{i}+10\boldsymbol{j}+15\boldsymbol{k}$[N]의 힘을 받아 점 $\boldsymbol{P}$(1, 0, 3)[m]로부터 점 $\boldsymbol{Q}$(3, −1, 6)[m]까지 이동할 때 $\boldsymbol{F}$가 한 일은 몇 [J]인가?

07 두 벡터가 $\boldsymbol{A}=2\boldsymbol{i}+4\boldsymbol{j}+5\boldsymbol{k}$, $\boldsymbol{B}=3\boldsymbol{i}+2\boldsymbol{j}+\boldsymbol{k}$일 때 $\boldsymbol{A}\times\boldsymbol{B}$를 구하라.

08 $V=3x^2yz$일 때 점 (1, 3, 0)에서 grad V를 구하라.

09 벡터 $\boldsymbol{A}$의 성분벡터가 각각 $A_x=ax+b$, $A_y=bz+c$, $A_z=cy+d$일 때 div$\boldsymbol{A}$를 구하라.

2

정전계

2.1 대전

충분히 건조된 유리 막대기를 헝겊으로 마찰하면 유리 막대기와 헝겊에 각각 작은 종이조각이나 나무조각 등 가벼운 물체가 달라붙는 것을 경험할 수 있다. 이것은 마찰에 의해 유리 막대기와 헝겊에 각각 전기가 발생했기 때문이다. 이 경우 유리 막대기나 또는 헝겊에 각각 "전하(charge)가 생겼다"고 하거나 혹은 "대전(electrification)되었다"고 한다.

이 전기는 마찰전기라 일컫는 것인데 헝겊으로 마찰한 두 개의 유리막대기를 각각 다른 실로 수평으로 매달아 천천히 가까이 갖다대면 서로 반발한다. 그러나 다음에 이 유리 막대기와 헝겊을 가까이 갖다대면 서로 끌어당기는 것을 실험할 수 있다. 이 사실에 의해 유리 막대기와 헝겊이 띠는 전기가 서로 다르다는 것을 알 수 있다. 이 유리 막대기의 전하를 정 또는 양전하(postive charge)라 하여 "+"기호로 표시하고 헝겊의 전하를 부 또는 음전하(negative charge)라 하며 "−"기호로 표시한다.

마찰에 의해 양전하가 발생하는지 또는 음전하가 발생하는지는 서로 마찰하는 물질의 종류에 따라 다른 것으로, 일정한 물질에 일정한 전하가 생기는 것은 아니다. 이 점에 대해서는 패러데이의 마찰전기 서열(triboelectricity series)인 털가죽, 새털, 수정, 유리, 종이, 무명, 명주, 나무조각, 금속, 유황, 셀룰로이드, 고무 등의 재료 중에서 임의로 두 가지를 선택하여 마찰하면 상위의 것이 양전하를, 하위의 것이 음전하를 가지게 된다. 예를 들면 모피로 유리 막대기를 마찰하면 모피에는 양전하가, 유리 막대기에는 음전하가 발생하는 것이다.

이와 같이 전하에는 양전하와 음전하가 있다는 것이 알려져 있다. 따라서 양전하를 가지는 두 개의 유리 막대기는 서로 반발하고 양전하를 가지는 유리 막대기와 음전하를 가지는 헝겊은 서로 끌어당긴다는 점으로 미루어 전하에는 "부호가 같은 전하는 서로 반발하고, 부호가 다른 전하는 서로 끌어당긴다."는 성질이 있음을 알 수 있다.

2.2 전기의 본질

전기의 본질은 물질의 구조에 기인한다. 물질은 다수의 분자로 형성되며 분자는 원자로 구성되어 있다.

예를 들면 암모니아(NH_3)의 분자는 한 개의 질소원자와 세 개의 수소원자로 구성되고 수소(H_2)의 분자는 두 개의 수소원자로 구성되어 있다.

각 원자는 원자핵(atomic nucleus)과 이것을 중심으로 그 주위의 궤도를 일정한 속도로 돌고 있는 Z개의 전자(electron)로 되어 있는데 Z를 원자번호(atomic number)라 한다. 전자 한 개의 전하 e는 음(−)이고 그 크기는,

$$e = 1.602 \times 10^{-19}[\mathrm{C}] \tag{2-1}$$

이므로 원자가 가지는 모든 전자의 전하는 $-Ze[\mathrm{C}]$으로 표시한다. 그리고 전자 한 개의 질량 m은,

$$m = 9.1095 \times 10^{-31}[\mathrm{kg}] \tag{2-2}$$

으로 산정된다.

원자핵은 양성자(proton)와 중성자(neutron)가 결합한 것으로 그 반지름은 1.1×10^{-15}[m]정도이다. 양성자의 수는 원자 번호와 같은 수인 Z개로 그 전하량은 전자와 같지만 기호는 $+Ze$가 되며 양성자 한 개의 질량은 전자의 약 1837배, 1.673×10^{-27}[kg] 이다. 중성자는 전하를 띠지 않으므로 정상상태에 있어서 원자의 전전하량은 $(+Ze)+(-Ze)=0$가 되어 전기적으로 중성이다.

또 원자핵 속의 양성자 수와 중성자 수와의 합을 질량수(mass number)라고 한다. 예를 들면 원자번호 47, 질량수 107인 은(Ag)은 양성자수가 47이고 중성자수가 107−47=60이 되는 것이다.

전자는 맨 안쪽의 궤도(K각)에 2개, 그 바깥쪽 궤도(L각)에 8개, 그리고 순차적으로 M, N, O각에 각각 18개, 18개, 1개로 2+8+18+18+1=47개가 있는데 그 배열은 그림 2.1과 같다. 각(shell)의 직경은 10^{-10}[m]정도로 원자핵 직경의 약 10^4배이다.

열 또는 전계 등의 형태로 외부에서 원자에 에너지를 공급하면 궤도상의 전자는 그 에너지를 받고 원자 밖으로 뛰쳐나가기 때문에 원자 전체로서의 전하는 양(+)이 되는데 이 상태를 "양으로 대전되었다"고 한다. 반대로 이 원자 속에 외부로부터 다른 전자가 들어가면 그 원자는 음으로 대전하게 된다.

유리 막대기를 헝겊으로 마찰했을 때 유리 막대기가 양으로, 헝겊이 음으로 대전되는 것은 유리 막대기를 형성하는 원자의 전자가 마찰에 의해 헝겊 쪽으로 이동했기 때문인 것으로 생각된다.

2.3 도체, 절연체 및 반도체

그림 2.1에 표시된 은(Ag) 원자의 맨 바깥쪽에 있는 O각에는 전자가 한 개뿐이고 더구나 원자핵으로부터의 거리가 멀기 때문에 원자핵으로부터 받는 속박력(쿨롱의 힘)이 극히 약하다. 따라서 전자에 소량의 열에너지를 주거나 전계를 작용시키는 것만으로도 그 전자는 용이하게 다른 원자쪽으로 이동하여 전류가 발생한다. 이와 같이 이동하기 쉬운 전자를 **자유전자**(free electron)라 하고 이와는 반대로 원자핵에 강하게 속박되어 이동하기 어려운 전자를 **속박전자**(bound electron)라 한다.

전계를 작용시키면 용이하게 이동하는 전자를 많이 가진 물체를 **도체**(conductor)라 하고 전계를 작용시켜도 용이하게 이동하지 않는 전자를 가진 물체를 **절연체**(insulator) 또는 **부도체**(nonconductor)라 한다. 도체에 속하는 물질은 대부분 금속이고 절연체에 속하는 물질은 에보나이트, 유황, 고무 등이다. 절연체에 전계를 작용시켜도 전자는 이동하기 어렵지만 외각 전자는 원자핵에 속박된 채 그 위치에 변화를 일으키는데 이를 변위가 발생했다고 한다. 전자가 변위를 일으켜 정렬하여 표면에 전기를 띠는 상태가 되는 것을 **분극**(polarization)이라 한다. 절연체는 이와 같은 분극 현상을 일으키기 때문에 **유전체**(dielectrics)라고도 한다.

그림 2.1 은(Ag) 원자의 구조

도체와 절연체와의 중간에 속하며, 도체만큼 전자의 이동이 용이하지 않고 또 절연체 만큼 이동이 곤란하지 않은 성질을 가진 물체를 **반도체**(semi-conductor)라 한다. 게르마늄, 규소 등은 반도체에 속한다.

고체는 전자가 용이하게 이동할 수 있는가 없는가에 따라 도체와 절연체 그리고 그 중간물질인 반도체로 분류할 수 있다. 여러 가지 물질의 상온에 있어서의 그 저항률을 측정한 결과는 그림 2.2와 같다.

이 중에서 저항률이 10^{-4}[Ω · cm]이하인 것을 도체, 10^{8}[Ω · cm]이상인 것을 절연체, 그 중간의 저항률 10^{-3}~10^{7}[Ω · cm]인 것을 반도체라 불리고 있다.

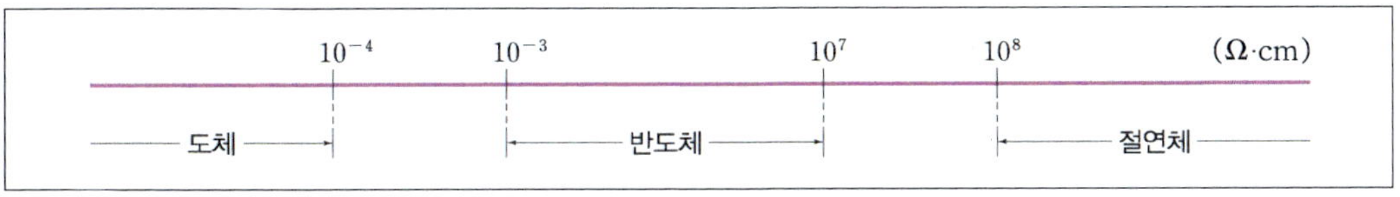

그림 2.2 물질의 저항률

2.4 정전유도

그림 2.3과 같이 절연체에 의해 절연된 중성 도체 B에 대전한 물체 A를 갖다대면 A에 가까운 도체 B의 부분에는 A와 이종의 전기가, 반대쪽에는 동종의 전기가 나타난다. 이러한 현상을 정전유도(electrostatic induction)라 한다.

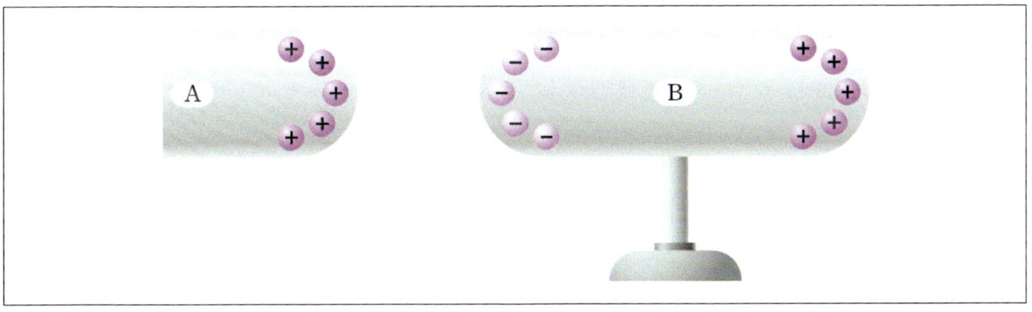

그림 2.3 정전유도

정전유도는 동종의 전기는 서로 반발하고 이종의 전기는 서로 흡인하는 정전력에 의한 것으로, 그림 2.3에서 +전하를 가진 A가 가까워짐으로써 B의 전자 중에서 자유로이 움직일 수 있는 전자, 즉 자유전자가 좌측으로 이동하기 때문에 좌측에는 과잉전자가 모이고(−로 대전), 우측에서는 전자가 부족하기 때문에 +로 대전하는 것이다. 그러나 본래 중성이므로 과부족의 전자수는 동등하고 따라서 A를 멀리 떼어 놓으면 B의 전자의 과부족은 없어지기 때문에 원래의 중성으로 환원한다.

2.5 쿨롱의 법칙(Coulomb's Law)

두 전하 사이에 작용하는 정전기적인 힘은 쿨롱(Charles Coulomb)의 실험에 의해 측정되었다. 이 실험의 결과 두 전하 사이에 작용하는 힘은 각각의 전하량에 비례하고 거리의 제곱에 반비례하는 것으로 밝혀졌으며 이를 **쿨롱의 법칙**(Coulomb's Law)이라고 한다.

점전하 Q_1, 또 다른 점전하 Q_2가 거리 r[m]떨어져 있을 때 그 전하 사이에 작용하는 힘 F는 다음과 같다.

$$F = K\frac{Q_1 Q_2}{r^2} = \frac{1}{4\pi\epsilon_0}\frac{Q_1 Q_2}{r^2} \approx 9\times 10^9 \frac{Q_1 Q_2}{r^2}\,[\mathrm{N}] \qquad (2-3)$$

여기서, K는 전하 주위의 매질이나 단위에 의해 결정되는 비례상수로, 진공 중에서 MKS 단위계로 전하량 Q_1, Q_2[C], 힘 F[N]를 적용하면 $K = \frac{1}{4\pi\epsilon_o}$이다. 이때 ϵ_0는 진공의 유전율로

$\epsilon_o = 8.854\times 10^{-12} \approx \frac{1}{36\pi}\times 10^{-9}\,[\mathrm{F/m}]$이다.

따라서 진공 중에서 비례상수 $K ≒ 9\times 10^9\,[\mathrm{N \cdot m^2/C^2}]$이 된다.

Q_1, Q_2 두 전하의 부호가 같으면 서로 밀어내는 힘(척력)이 작용하며, 부호가 반대이면 서로 당기는 힘(인력)이 작용한다.

두 점전하 사이에 작용하는 정전기력의 벡터량을 구하는 것을 알아보자.

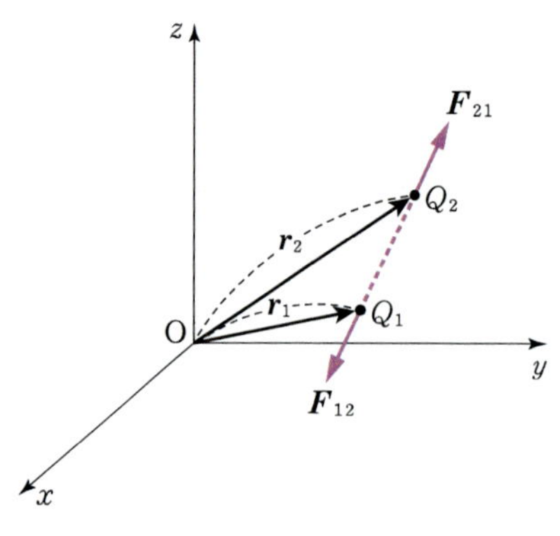

그림 2.4 쿨롱의 법칙

그림 2.4의 두 점전하 Q_1, Q_2의 위치 벡터를 원점 O에서 각각 r_1, r_2라고 하면 두 반발력 F_{12}, F_{21}은 각각

$$\boldsymbol{F}_{12}=\frac{Q_1Q_2(\boldsymbol{r}_1-\boldsymbol{r}_2)}{4\pi\epsilon_o|\boldsymbol{r}_1-\boldsymbol{r}_2|^3},\quad \boldsymbol{F}_{21}=\frac{Q_1Q_2(\boldsymbol{r}_2-\boldsymbol{r}_1)}{4\pi\epsilon_o|\boldsymbol{r}_2-\boldsymbol{r}_1|^3}=-\boldsymbol{F}_{12} \tag{2-4}$$

이 된다. 만일 r_1과 r_2가 각각

$$\boldsymbol{r}_1=x_1\boldsymbol{i}+y_1\boldsymbol{j}+z_1\boldsymbol{k},\quad \boldsymbol{r}_2=x_2\boldsymbol{i}+y_2\boldsymbol{j}+z_2\boldsymbol{k} \tag{2-5}$$

와 같이 주어지면

$$\boldsymbol{r}_1-\boldsymbol{r}_2=(x_1-x_2)\boldsymbol{i}+(y_1-y_2)\boldsymbol{j}+(z_1-z_2)\boldsymbol{k} \tag{2-6}$$

이므로 두 점 전하 사이의 거리 $|\boldsymbol{r}_1-\boldsymbol{r}_2|$는 $\left\{(x_1-x_2)^2+(y_1-y_2)^2+(z_1-z_2)^2\right\}^{1/2}$이다.

이것을 식 (2-4)에 대입하면

$$\begin{aligned}\boldsymbol{F}_{12}&=\frac{Q_1Q_2\{(x_1-x_2)\boldsymbol{i}+(y_1-y_2)\boldsymbol{j}+(z_1-z_2)\boldsymbol{k}\}}{4\pi\epsilon_0\left\{(x_1-x_2)^2+(y_1-y_2)^2+(z_1-z_2)^2\right\}^{3/2}}\\ \boldsymbol{F}_{21}&=\frac{Q_1Q_2\{(x_2-x_1)\boldsymbol{i}+(y_2-y_1)\boldsymbol{j}+(z_2-z_1)\boldsymbol{k}\}}{4\pi\epsilon_0\left\{(x_2-x_1)^2+(y_2-y_1)^2+(z_2-z_1)^2\right\}^{3/2}}\end{aligned} \tag{2-7}$$

이 된다.

예제 2.1 **+1[C]의 점전하로부터 1[m] 떨어진 거리에 +1[C]의 점전하를 놓는 경우 이 전하에 작용하는 힘의 크기를 구하라.**

풀이 $Q_1=+1$[C], $Q_2=+1$[C], $r=1$[m]인 경우이므로 쿨롱의 법칙을 적용하면

$$F=\frac{1}{4\pi\epsilon_0}\frac{Q_1Q_2}{r^2}=9\times10^9\frac{1\times1}{1^2}=9\times10^9[\text{N}]$$

2.6 전계와 전계의 세기

전하가 놓여 있는 부근에 다른 전하를 가져오면 이 전하에는 쿨롱의 법칙에 의한 힘이 작용한다. 이와 같이 전하를 가져오면 전기적인 힘이 작용하는 성질은 공간이 가지고 있는 전기적인 성질로 생각할 수 있다. 따라서 전기적인 힘이 미치고 있는 공간을 전기장 또는 전계(electric field)라고 한다. 전계는 전기장을 발생하는 전하의 배치가 판명되는 경우도 있지만 전하의 배치가 드러나지 않아 모르는 경우에도 독립적으로 생각할 수 있고 발생원과는 거의 독립적으로 변화하여 이동해 갈 때도 있다. 전계가 시간에 따라 변화하지 않는, 즉 전계를 발생하는 전하가 정지하고 있을 경우의 전계를 정전계(electrostatic field)라고 한다.

전계 내의 임의의 한 점에 놓인 단위 전하(+1[C])에 작용하는 힘을 전계의 세기(intensity of electric field)로 정의한다. 그러나 실제로 1쿨롱이나 되는 전기량을 가지고 가면 측정하고자 하는 전계의 상태가 혼란해진다. 따라서 그 전부터 존재하는 전하를 흐트러뜨리지 않는 극소량의 전하에 작용하는 힘을 측정하여 단위 전하에 작용하는 힘을 구해야 한다. 힘은 벡터량이고 크기와 동시에 방향을 가지고 있으므로 전계의 세기도 역시 벡터량이다.

전계 내에 놓인 미소전하 ΔQ에 작용하는 힘을 $\Delta \boldsymbol{F}$라 하면 전계의 세기 $\boldsymbol{E}$는

$$\boldsymbol{E} = \lim_{\Delta Q \to 0} \frac{\Delta \boldsymbol{F}}{\Delta Q} \, [\mathrm{N/C}] \tag{2-8}$$

이다. 전계의 세기의 단위는 MKS 단위계에서는 [N/C]이지만 다음과 같이

$$E = [\mathrm{N/C}] = \left[\frac{\mathrm{N \cdot m}}{\mathrm{C \cdot m}}\right] = \left[\frac{\mathrm{J}}{\mathrm{C}} \cdot \frac{1}{\mathrm{m}}\right] = [\mathrm{V/m}] \tag{2-9}$$

로 되며 보통 사용되는 단위는 [V/m]이다.

전계의 세기가 $\boldsymbol{E}$[V/m]인 공간에서 점전하 Q[C]이 받는 힘 $\boldsymbol{F}$을 고려해보면 단위전하가 받는 힘이 전계의 세기 $\boldsymbol{E}$[V/m]이므로 Q[C]의 경우는 $\boldsymbol{E}$에 Q배한 것과 같다. 따라서 다음과 같이 쓸 수 있다.

$$\boldsymbol{F} = Q\boldsymbol{E} \, [\mathrm{N}] \tag{2-10}$$

예제 2.2 **전계 E [V/m]내의 한 점에 Q[C]의 점전하를 놓는 경우 이 전하에 작용하는 힘의 크기를 구하라.**

풀이 전계의 세기 : $E = \dfrac{1}{4\pi\epsilon_0} \dfrac{Q}{r^2}$ [V/m]

쿨롱의 힘 : $F=\frac{1}{4\pi\epsilon_0}\frac{Q_1Q_2}{r^2}=\frac{1}{4\pi\epsilon_0}\frac{Q^2}{r^2}$ [N]

따라서 $F=QE$ [N]

예제 2.3 **전계중에 단위 점전하를 놓았을 때 그에 작용하는 힘을 그 점에서의 무엇이라 하는가?**

① 전계의 세기 ② 전위

③ 전위차 ④ 변위전류

풀이 전계의 세기는 Q[C]의 점전하가 단위 점전하($Q=1$[C])에 작용하는 쿨롱의 힘이다.

따라서 $F=\frac{1}{4\pi\epsilon_0}\frac{Q\times 1}{r^2}=E$ [V/m]

정답 ①

(1) 한 개의 점전하에 의한 전계

그림 2.5와 같이 한 점 O에 Q[C]의 점전하가 있을 때 점 O에서 거리 r[m]인 점 P의 전계를 구하려면 점 P에 단위전하 +1[C]을 놓고 두 점전하 사이에 작용하는 힘을 쿨롱의 법칙에 의하여 구하면 된다. 따라서 전계의 세기는

$$E(=F)=\frac{1}{4\pi\epsilon_o}\frac{Q\times 1}{r^2}=\frac{Q}{4\pi\epsilon_o r^2}\fallingdotseq 9\times 10^9\frac{Q}{r^2}\ \text{[V/m]} \tag{2-11}$$

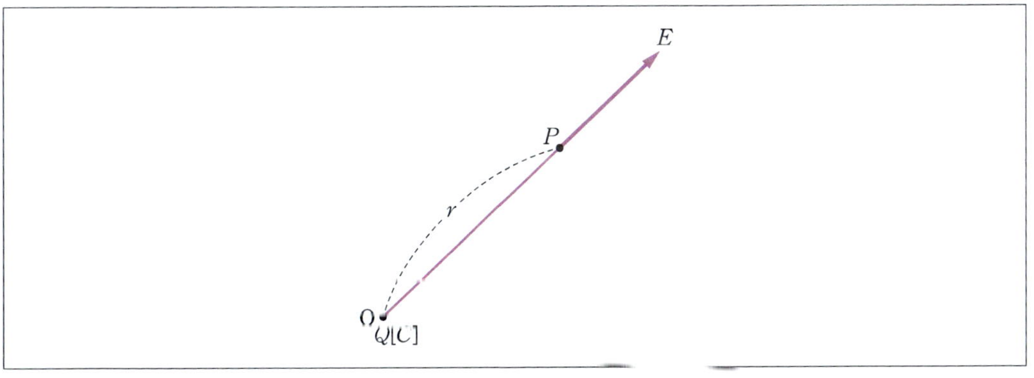

그림 2.5 점전하에 의한 전계

전계의 방향은 $Q>0$의 경우 점 O에서 점 P로 향하는 방향이다. 따라서 O에서 P까지 거리가 r, O에서 P의 방향인 벡터를 $\boldsymbol{r}$로 표시하면 전계는

$$\boldsymbol{E}=\frac{Q}{4\pi\epsilon_o r^2}\cdot\frac{\boldsymbol{r}}{r}=\frac{Q}{4\pi\epsilon_o r^3}\boldsymbol{r} \tag{2-12}$$

이 된다. 전계의 세기는 거리 r의 제곱에 반비례한다.

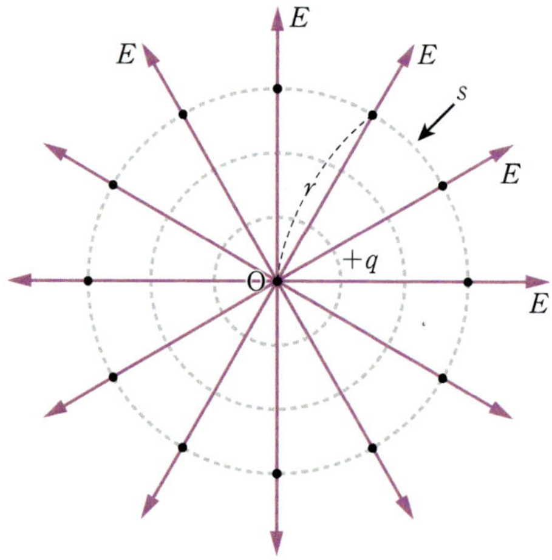

그림 2.6 양의 점전하 주변에 분포하는 전계의 크기와 방향

(2) 여러 개의 점전하에 의한 전계

n개의 점전하 Q_1, Q_2 ……Q_n이 있을 때, 한 점 P에 작용하는 전계는 각각의 전하에 의한 점 P에 대한 전계를 구한 후 이들을 모두 벡터적으로 합성하면 된다.

$$\boldsymbol{E} = \boldsymbol{F} = \boldsymbol{F}_1 + \boldsymbol{F}_2 + \boldsymbol{F}_3 + \cdots\cdots \boldsymbol{F}_n = \boldsymbol{E}_1 + \boldsymbol{E}_2 + \cdots\cdots \boldsymbol{E}_n$$

$$= \frac{Q_1}{4\pi\epsilon_o}\frac{\boldsymbol{r}_1}{r_1^3} + \frac{Q_2}{4\pi\epsilon_o}\frac{\boldsymbol{r}_2}{r_2^3} + \cdots\cdots + \frac{Q_n}{4\pi\epsilon_o}\frac{\boldsymbol{r}_n}{r_n^3}$$

$$= \sum_{i=1}^{n}\frac{Q_i}{4\pi\epsilon_o}\frac{\boldsymbol{r}_i}{r_i^3} \tag{2-13}$$

여기서, $\boldsymbol{r}_1$, $\boldsymbol{r}_2$, ……, $\boldsymbol{r}_n$은 각 전하가 존재하는 점에서 점 P방향으로의 거리 벡터이다. 위의 식은 벡터식이므로 실제 계산에서는 각 좌표 성분마다 행할 필요가 있다.

예제 2.4 **그림 2.7과 같이 $q_1 = 1.4$[C], $q_2 = 7.5$[C], $q_3 = -5$[C], $r_1 = 20$[cm], $r_2 = 50$[cm], $r_3 = 100$[cm]이고 q_1, q_2, q_3는 x축과 180°, −90°, 0°의 각을 이루고 있다고 하면 점 O에 있어서의 전계는 얼마인가?**

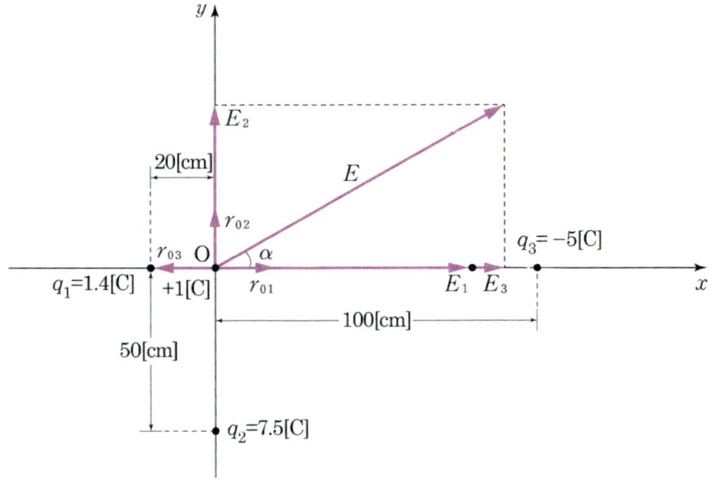

그림 2.7 점전하에 의한 전계예

풀이 q_1, q_2, q_3가 독립하여 존재할 때의 O에 있어서의 전계를 각각 $\boldsymbol{E_1}$, $\boldsymbol{E_2}$, $\boldsymbol{E_3}$라 하면 O에 $q = +1$[C]을 두었을 때 작용하는 전기력이다. 각각의 전계를 벡터적으로 합성하면

$$\boldsymbol{E} = (E_1 + E_3)\boldsymbol{i} + E_2\boldsymbol{j}$$

$$= \frac{1}{4\pi\epsilon_0}\left[\left(\frac{q_1}{r_1} + \frac{q_3}{r_3^{\ 2}}\right)\boldsymbol{i} + \frac{q_2}{r_2^{\ 2}}\boldsymbol{j}\right]$$

$$= \frac{1}{4\pi\epsilon_0}\left[\left(\frac{1.4}{0.2^2} + \frac{5}{1^2}\right)\boldsymbol{i} + \frac{7.5}{0.5^2}\boldsymbol{j}\right] = 9 \times 10^9(40\boldsymbol{i} + 30\boldsymbol{j})$$

$$\therefore\ E = 9 \times 10^9\sqrt{40^2 + 30^2} = 4.5 \times 10^{11}\,[\text{V/m}]$$

$$\tan\alpha = 30/40 = 0.75 \quad \therefore\ \alpha = 36.9°$$

(3) 무한히 긴 선전하에 의한 전계의 세기

그림 2.8과 같이 무한 길이의 선전하가 단위길이당 전하량, 즉 선전하 밀도 ρ_l[C/m]로 균일하게 분포되어 있다고 가정하고 선전하의 중심에서 수직 거리 r[m]되는 점 P에서 전계의 세기를 구해보자. 원점 O에서 거리 y의 점 A에 미소길이 dy를 고려하면 이 부분의 미소 선전하량은 $\rho_l dy$로 생각할 수 있으므로 미소 선전하에 의한 점 P의 전계의 세기 dE는 방향이 $A \to P$이고 크기는 전계 공식 $E = \dfrac{Q}{4\pi\epsilon_0 r^2}$에 의해 다음과 같이 된다.

$$dE = \frac{\rho_l dy}{4\pi\epsilon_o (y^2 + r^2)} \ [\mathrm{V/m}] \tag{2-14}$$

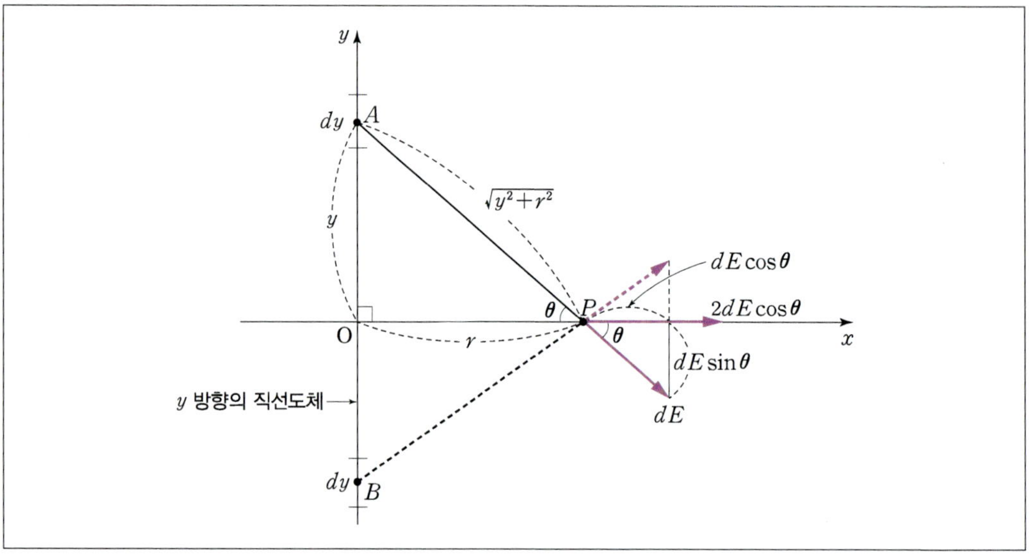

그림 2.8 무한히 긴선전하에 의한 전계

이 전계의 성분은 그림 2.8과 같이 선전하에 대해 수직인 $O \rightarrow P$방향의 성분 $dE\cos\theta$와 선전하와 평행인 성분 $dE\sin\theta$로 나눌 수 있다. 그런데 선전하와 평행인 성분은 점 P를 기준으로 대칭위치에 있는 미소 선전하 성분에 의해 발생하는 전계의 평행성분에 의해 서로 상쇄되어 소멸되는 것을 알 수 있다. 따라서 점 P에서의 전계는 선전하와 수직방향인 성분 $dE\cos\theta$만 존재하므로 다음과 같이 구할 수 있다.

$$\begin{aligned} dE\cos\theta &= \frac{\rho_l dy}{4\pi\epsilon_o (y^2 + r^2)} \ \frac{r}{\sqrt{y^2 + r^2}} \\ &= \frac{\rho_l r dy}{4\pi\epsilon_o (y^2 + r^2)^{3/2}} \end{aligned} \tag{2-15}$$

여기서 $y = r\tan\theta$, $\cos\theta = \dfrac{r}{\sqrt{y^2 + r^2}}$이므로 $(y^2 + r^2)^{3/2} = r^3 \sec^3\theta$, $dy = r\sec^2\theta d\theta$로 된다. 따라서 점 P에서 전계의 세기 E는 다음과 같이 된다.

$$\begin{aligned} E &= \frac{\rho_l}{4\pi\epsilon_o} \int_{-\infty}^{+\infty} \frac{r dy}{(y^2 + r^2)^{3/2}} = \frac{\rho_l}{4\pi\epsilon_o r} \int_{-\pi/2}^{\pi/2} \cos\theta d\theta = \frac{\rho_l}{4\pi\epsilon_0 r} [\sin\theta]_{-\pi/2}^{\pi/2} \\ &= \frac{\rho_l}{2\pi\epsilon_o r} \end{aligned} \tag{2-16}$$

2.7 전기력선

쿨롱의 법칙을 이용하여 점전하에 의한 전계의 방향과 크기를 구하는데 있어서 전하의 분포가 복잡해지면 전계를 표시하는 식은 매우 복잡해지게 된다. 따라서, 전기력의 분포를 그림으로 표시하면 쉽게 파악할 수 있다. 전계 내의 각 점에서 단위 양전하가 받는 힘의 방향을 가상의 선으로 나타내고 이를 전기력선(line of electric force)이라고 하는데 전기력선을 보면 전계의 분포상태를 쉽게 알 수 있다. 어느 점에 있어서의 전기력선의 방향은 전계방향과 같고 양전하에서 음전하로 향하는데 그 방향에 화살표를 달아 표시한다.

한편, 전계의 세기는 단위 면적당의 전기력선의 수로 정의한다. 즉, 주어진 전계분포에서 미소면적 ΔS당 전기력선의 수가 ΔN이라면 전계의 세기 E는 다음과 같다.

$$E = \lim_{\Delta S \to 0} \frac{\Delta N}{\Delta S} \tag{2-17}$$

즉, 전계의 세기는 전계와 수직인 가상의 단위면적을 관통하는 전기력선의 수를 표시하는 것이 되는데 그림 2.9(a)의 강전계와 같이 전계가 강한 장소에서는 전기력선의 밀도가 크고 반대로 그림 2.9(b)의 약전계와 같이 전계가 약한 장소에서는 전기력선의 밀도가 낮다.

그림 2.9(c)와 같이 균일한 계인 평면에서 전계 E의 방향이 면벡터 S와 각 α를 이루고 있을 때는 E의 수직방향으로의 성분 E_n을 사용하면 전기력선 수 N은

$$N = E_n S = (E\cos\alpha)S = \boldsymbol{E} \cdot \boldsymbol{S} \text{ [lines]} \tag{2-18}$$

따라서 N은 두 개의 벡터 $\boldsymbol{E}$와 $\boldsymbol{S}$와의 내적으로 주어지는 하나의 스칼라량임을 알 수 있다.

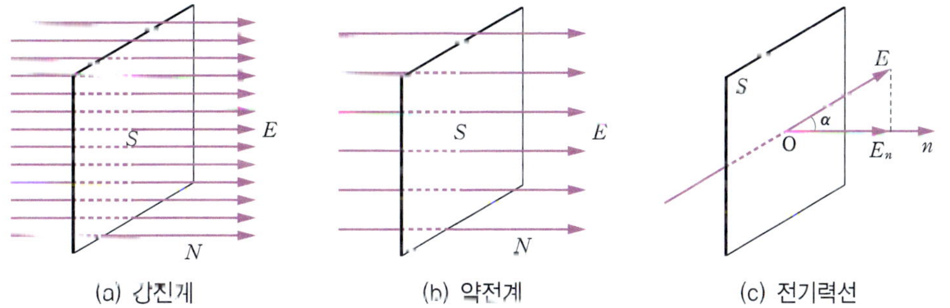

(a) 강전계 (b) 약전계 (c) 전기력선

그림 2.9 전기력선

불균일한 계가 통과하는 곡면에서 미소면적 dS를 취하면 그 미소단면을 통과하는 부분의 전계는 균일한 계인 평면으로 볼 수 있기 때문에 그 점의 전계 $\boldsymbol{E}$와 미소면적 $d\boldsymbol{S}$가 이루는 각, 즉 $\boldsymbol{E}$와 $d\boldsymbol{S}$의 법선이 이루는 각을 α라고 하면 $d\boldsymbol{S}$를 관통하는 전기력선 수 dN은 균일계의 경우를 적용하면

$$dN = EdS\cos\alpha = \boldsymbol{E}\cdot d\boldsymbol{S} \ \text{[lines]} \tag{2-19}$$

이 된다. 따라서 전체면적 S를 통과하는 전기력선 수 N은 전체면적 S에 걸쳐 적분하면 된다.

$$N = \int_S dN = \int_S EdS\cos\alpha = \int_S \boldsymbol{E}\cdot d\boldsymbol{S} \ \text{[lines]} \tag{2-20}$$

한편 점전하 $+Q$에서 거리 r이 되는 각 점의 전계의 세기는,

$$E = \frac{Q}{4\pi\epsilon_o r^2} \ \text{[V/m]} \tag{2-21}$$

이며, 이들 각 점을 에워싸는 구의 표면적 $S = 4\pi r^2$이고, 전기력선이 통과하는 가상구면에서 전계 $\boldsymbol{E}$는 구면과 수직이므로 전계 $\boldsymbol{E}$와 $d\boldsymbol{S}$가 이루는 각 $\alpha = 0$이다. 따라서 단위구 표면을 통하여 중심으로부터 외측으로 향하는 전기력선 수는 식(2-19)에서

$$\begin{aligned} N &= \int_S \boldsymbol{E}\cdot d\boldsymbol{S} = \int_S EdS\cos\alpha = \int_S EdS\cos 0° = E\int_S dS = ES \\ &= \frac{Q}{4\pi\epsilon_o r^2}4\pi r^2 = \frac{Q}{\epsilon_0} \end{aligned} \tag{2-22}$$

가 되고, 1[C]의 점전하로부터 나오는 전기력선 수는 $1/\epsilon_0 = 1.13\times10^{11}$[선]이 된다.

또한 점전하 $+Q$ 가까이 점전하 $-Q$가 있을 때는 $+Q$에서 Q/ϵ_o개의 전기력선이 나오고 $-Q$에는 Q/ϵ_o개의 전기력선이 들어가게 되기 때문에 그 분포는 그림 2.10의 (a)와 같게 되며, $+Q$와 $+Q$의 경우는 두 전하로부터 모두 Q/ϵ_o개의 전기력선이 나오므로 그 분포는 그림 2.10의 (b)와 같이 된다. 그리고 1개의 점전하만 있는 경우에는 Q/ϵ_o개의 전기력선이 전하 $+Q$에서 나와 무한원점에 있는 전하 $-Q$로 들어가는 것으로 간주한다.

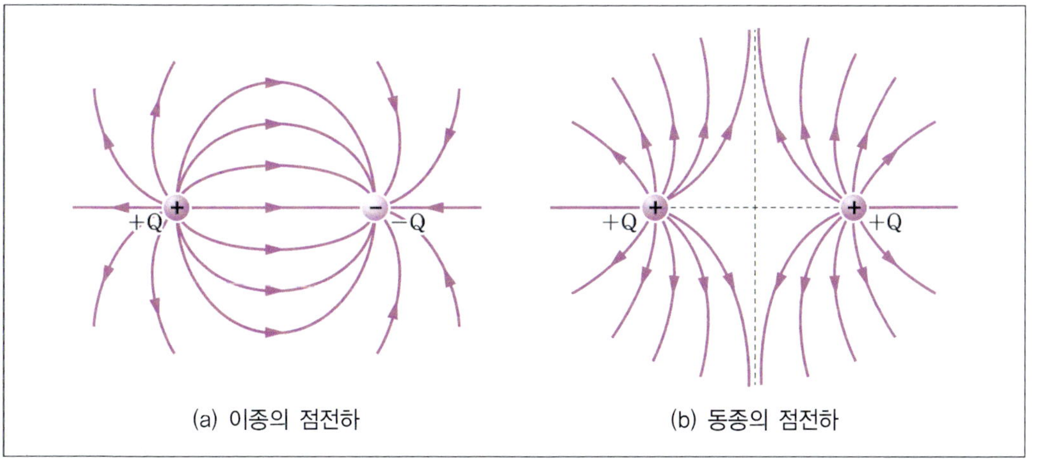

그림 2.10 점전하에 의한 전기력선

전기력선은 다음과 같은 성질을 갖고 있다.

① 전기력선의 방향은 전계의 방향과 같다.

② 전기력선은 전위가 높은 곳에서 낮은 곳으로 향한다.

③ 전기력선은 양전하에서 출발하여 음전하에서 끝난다. 양전하만 있는 경우 무한원점까지 퍼지거나, 음전하만 있는 경우 무한원점으로부터 시작하여 음전하에서 끝난다.

④ 두 개의 전기력선은 서로 교차하지 않는다.

⑤ 전기력선은 그 자신만으로 폐곡선이 되지 않는다.

⑥ 전기력선은 등전위면과 직교한다.

전기력선 상의 임의의 한 점에서 전계와 그 전계에 접하는 미소 변위벡터는 다음과 같이 나타낼 수 있다.

$$\begin{aligned} \boldsymbol{E} &= E_x\boldsymbol{i} + E_y\boldsymbol{j} + E_z\boldsymbol{k} \\ dl &= dx\,\boldsymbol{i} + dy\,\boldsymbol{j} + dz\,\boldsymbol{k} \end{aligned} \tag{2-23}$$

전기력선의 접선방향과 전계의 방향이 항상 일치하기 때문에 외적 $\boldsymbol{E}\times dl = 0$ 이 되므로

$$\boldsymbol{E}\times dl = \begin{vmatrix} \boldsymbol{i} & \boldsymbol{j} & \boldsymbol{k} \\ E_x & E_y & E_z \\ dx & dy & dz \end{vmatrix}$$

$$= (E_y dz - E_z dy)\boldsymbol{i} + (E_z dx - E_x dz)\boldsymbol{j} + (E_x dy - E_y dx)\boldsymbol{k} = 0$$

$$\therefore E_y dz - E_z dy = 0,\ E_z dx - E_x dz = 0,\ E_x dy - E_y dx = 0 \tag{2-24}$$

따라서 다음과 같은 전기력선의 방정식이 유도된다.

$$\frac{dx}{E_x} = \frac{dy}{E_y} = \frac{dz}{E_z} \tag{2-25}$$

예제 2.5 **전기력선의 기본성질에 관한 설명으로 맞지 않는 것은?**

① 전기력선의 방향은 그 점의 전계의 방향과 일치한다.
② 전기력선은 전위가 높은 점에서 낮은 점으로 향한다.
③ 전기력선 밀도는 전계의 세기와 무관하다.
④ 두 개의 전기력선은 교차하지 않으며 그 자신만으로 폐곡선이 되지 않는다.

풀이 전기력선의 밀도는 전계의 세기이다.

(전기력선의 총수 $N = \int_S \boldsymbol{E} \cdot d\boldsymbol{S} = \frac{Q}{\epsilon_0}$)

정답 ③

예제 2.6 **전계 $E = \frac{2}{x}i + \frac{2}{y}j$[V/m]에서 점 (2, 4)[m]를 통과하는 전기력선의 방정식은?**

풀이 전기력선의 방정식 $\frac{dx}{E_x} = \frac{dy}{E_y}$에서 $\frac{xdx}{2} = \frac{ydy}{2}$, $xdx = ydy$이므로 양변을 적분하면

$\frac{1}{2}x^2 = \frac{1}{2}y^2 + C$ (C : 적분상수)가 된다. $x = 2$, $y = 4$를 대입하면 $C = -6$이므로

전기력선의 방정식은 $y^2 - x^2 = 12$

2.8 전속과 전속밀도

진공 중의 점전하 $+Q$에서 나오는 총 전기력선의 수는 Q/ϵ_0[개]가 된다. 이와 같이 전기력선의 수는 매질에 따라 바뀌는데 매질에 무관하게 작용하는 어떠한 것이 존재한다고 생각하여 정의된 개념이 **전속**(electric flux)이다. 전속의 기호는 Ψ이며, Q[C]의 전하에서 발생되는 전속 $\Psi = Q$[C]이 된다.

전속과 전기력선은 선속이라는 개념은 같지만 Q[C]에서 나오는 전속선은 매질에 관계없이 Q[C]로 일정하고, 전기력선은 매질에 따라 다르고 진공일 때는 Q/ϵ_0[개]이다. 또한, 단위면적을 수직으로 통과하는 전속의 수를 **전속밀도**(electric flux density) D[C/m^2]로 정의한다.

진공 중의 점전하에서 발생하는 전속수는 Q[C]이므로 이 때 전속밀도를 구하면

$$D = \frac{\Psi}{S} = \frac{Q}{4\pi r^2}[\mathrm{C/m^2}]$$
$$\boldsymbol{D} = \frac{Q}{4\pi r^2}\boldsymbol{r}_0 \tag{2-26}$$

이 된다. 여기서 $\boldsymbol{r}_0$는 원점에서 외부로 향하는 단위벡터이다.

한편 전하로부터 r[m] 떨어진 구면상의 전계는

$$\boldsymbol{E} = \frac{Q}{4\pi\epsilon_0 r^2}\boldsymbol{r}_0\,[\mathrm{V/m}] \tag{2-27}$$

이므로 위의 두 식으로부터

$$\boldsymbol{D} = \epsilon_0\boldsymbol{E}[\mathrm{C/m^2}] \quad \text{(매질이 진공인 경우)}$$
$$\boldsymbol{D} = \epsilon_0\epsilon_r\boldsymbol{E}[\mathrm{C/m^2}] \quad \text{(매질의 비유전율이 } \epsilon_r \text{ 인 유전체인 경우)} \tag{2-28}$$

이 된다. 전계 $\boldsymbol{E}$와 전속밀도 $\boldsymbol{D}$는 모두 벡터량이며 진공 중에서 두 벡터의 방향은 같다. 진공 중에서 E와 D는 비례하지만 본질적으로 전계의 세기 E는 단위전하에 작용하는 전기력이고, 전속밀도 D는 전하에서 나오는 단위면적당 전속의 수이며 매질과는 무관하고 단지 전하분포와 측정 위치에 의해서만 결정되는 물리량이다.

예제 2.7 **10[cm^3]의 부피에 3[μC/cm^3]의 부피전하분포가 있을 때 이 부피전체에서 발산하는 전속은 몇 [C]인가?**

풀이 전속의 수 Ψ는 폐곡면 내의 전하량 Q와 같으므로

$\Psi = Q = \rho_v \times v = 3\times10^{-6}\times10 = 3\times10^{-5}$[C]

예제 2.8 **반지름 a[m]인 도체구에 전하 Q[C]을 주었을 때 구 중심에서 r[m] 떨어진 구 밖 $(r > a)$의 전속밀도 D[C/m^2]는?**

풀이 단위면적당 전속의 수가 전속밀도이므로

$D = \frac{\Psi}{S} = \frac{Q}{S} = \frac{Q}{4\pi r^2}$[C/m^2]$(=\epsilon_0 E = \rho_s)$

2.9 가우스의 법칙

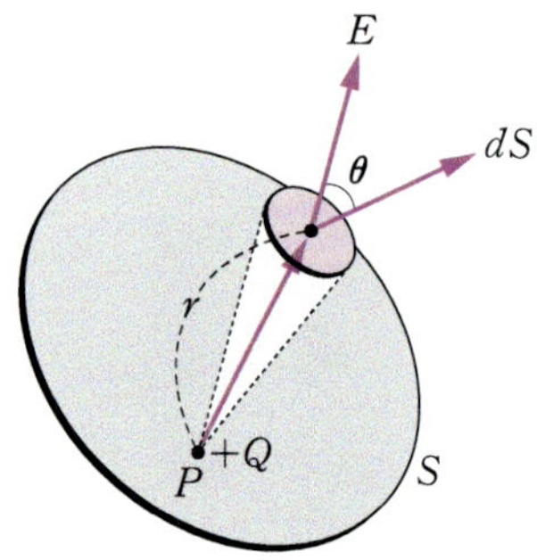

그림 2.11 가우스의 법칙

그림 2.11과 같이 폐곡면 내부에 있는 총전하량 Q에 의한 전속 및 전속밀도를 생각해 보자. 이 전하분포에 의해 곡면상에는 전속밀도가 형성될 것이다. 미소면적 dS를 통과하는 전속을 $d\Psi$라 하고, dS에서의 전속밀도를 $\boldsymbol{D}$라 하자. 이 때 미소면적 dS는 벡터량으로 그 면적에 수직한 외부로 향하는 방향을 그 면적벡터의 정방향으로 정의한다. 이 미소면적 dS를 통과하는 전속 $d\Psi$은

$$d\Psi = \boldsymbol{D} \cdot \boldsymbol{dS} \tag{2-29}$$

가 되고 폐곡면 전체를 관통하는 전속 Ψ는

$$\Psi = \int d\Psi = \oint_S \boldsymbol{D} \cdot \boldsymbol{dS} \tag{2-30}$$

가 되며, 전속 Ψ는 폐곡면 내에 존재하는 총전하량 Q와 같으므로 다음과 같이 된다.

$$\oint_S \boldsymbol{D} \cdot \boldsymbol{dS} = Q \tag{2-31}$$

이를 가우스의 법칙(Gauss's law)라고 하며 어떤 폐곡면을 통과하는 전속은 그 폐곡면 내에 존재하는 총전하량과 같음을 나타낸다. 적분기호에 표기된 원형기호는 적분연산이 폐곡면 또는 폐곡선 전체에 걸쳐 이루어지고 있음을 의미한다.

만일 폐곡면내에 다수의 점전하가 있을 때는 각각 전하에 대해서 식(2-31)이 성립하므로 전하량의 합을 $\sum Q$라 하면

$$\oint_S \boldsymbol{D} \cdot \boldsymbol{dS} = \sum_i Q_i \tag{2-32}$$

가 된다. 지금 폐곡면내의 전하가 선전하, 면전하, 부피전하 형태로 분포하고, 그 밀도가 각각 ρ_l[C/m], ρ_s[C/m^2], ρ_v[C/m^3]라면 식(2-31)의 우변은 다음과 같이 계산할 수 있다.

$$Q = \int \rho_l dl = \int \rho_s dS = \int \rho_v dv \tag{2-33}$$

진공에서 전계의 세기는 $\boldsymbol{D} = \epsilon_0 \boldsymbol{E}$ 의 관계가 있으므로 이를 가우스의 법칙에 적용하면

$$\oint_S \boldsymbol{D} \cdot d\boldsymbol{S} = \oint_S \epsilon_0 \boldsymbol{E} \cdot d\boldsymbol{S} = \epsilon_0 \oint_S \boldsymbol{E} \cdot d\boldsymbol{S} = Q \tag{2-34}$$

가 된다. 따라서 진공에서 전계의 세기와 전하량의 관계를 나타내는 가우스의 법칙은 다음과 같이 된다.

$$\oint_S \boldsymbol{E} \cdot d\boldsymbol{S} = \frac{Q}{\epsilon_0} \tag{2-35}$$

예제 2.9 **폐곡면을 통과하는 전속과 폐곡면 내부의 전하와의 상관관계를 나타내는 법칙은?**

① 가우스의 법칙
② 쿨롱의 법칙
③ 패러데이의 법칙
④ 라플라스의 법칙

풀이 가우스의 법칙 : 어떤 폐곡면을 통과하는 전속은 그 폐곡면 내의 전하량과 같다.

$\oint_S \boldsymbol{D} \cdot d\boldsymbol{S} = Q$

정답 ①

2.10 가우스 법칙의 계산예

점전하에 의한 전계의 세기는 쿨롱의 법칙에 의해 계산할 수 있다. 그러나 전하의 분포가 복잡한 형태를 가지면 쿨롱의 법칙을 적용할 수 없다. 따라서 임의의 전하분포에 대해서는 가우스의 법칙을 이용하여 전속밀도 또는 전계를 계산해야 한다. 가우스의 법칙은 어떠한 전하분포에도 적용되는 일반적인 법칙이지만, 전하분포가 대칭성을 가지는 경우 가우스의 법칙을 이용하면 전계의 계산이 쉬워진다. 가우스의 법칙을 이용하여 정전계를 해석할 때에는 다음과 같은 점을 고려한다.

- 전기력선의 개략적인 형상을 파악한다.
- 전기력선에 수직이 되는 가상의 가우스 폐곡면을 잡는다.
- 가능한 대칭성을 고려하여 전계의 분포가 점대칭이면 구형, 축대칭이면 원통형 등으로 가우스 폐곡면을 잡는다.

(1) 구체상 정전하에 의한 전계

그림 2.12와 같이 반지름 a[m]인 구체 내에 Q인 전하가 균일하게 분포하고 있을 때 그 중심에서 반지름 r인 외측의 점 P에 있어서의 전계 E를 구해 보자.

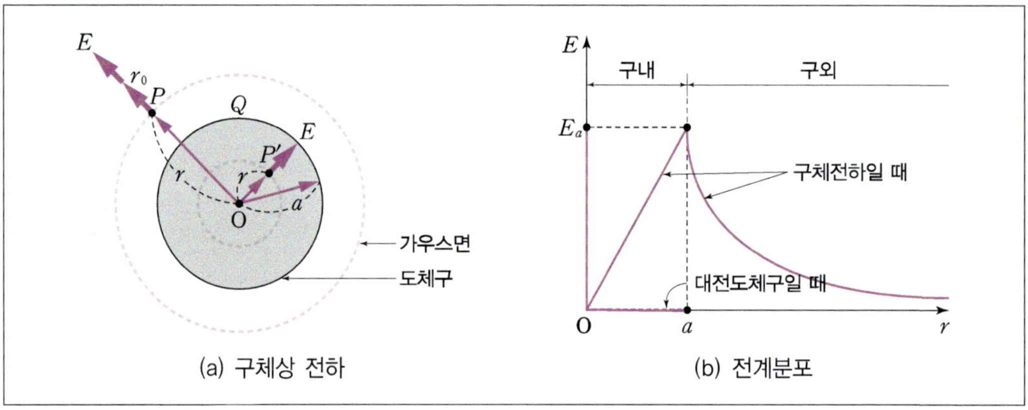

그림 2.12 구체 정전하에 의한 전계

1) 구체 외부($r > a$)

O를 중심으로 하여 반지름 r인 가상의 구면을 가우스 폐곡면으로 하면 구의 표면적 $S = 4\pi r^2$이고, 이 면 내에 있는 전하는 Q이다. 그런데 전하의 분포가 모든 방향에 대해 대칭

이고 전계나 전속밀도는 거리에만 좌우되므로 가우스의 법칙을 적용하면

$$\Psi = \oint_S \boldsymbol{D} \cdot d\boldsymbol{S} = D(4\pi r^2) = Q$$
$$D = \frac{Q}{4\pi r^2}, \quad E = \frac{Q}{4\pi\epsilon_o r^2} \quad (r > a) \tag{2-36}$$

가 된다. 즉 전하 Q가 O를 중심으로 하여 구 모양으로 균일하게 분포하고 있을 때는 그 전하가 모두 중심에 존재한다고 가정했을 때의 점전하 Q에 의한 전계와 마찬가지로 취급할 수 있다.

2) 구의 표면($r = a$)

구의 표면($r = a$)에 구 모양의 가우스 폐곡면을 설정하고 가우스의 법칙을 적용하면 구체표면상에서의 전계 E_a는 다음과 같이 된다.

$$\Psi = \oint_S \boldsymbol{D} \cdot d\boldsymbol{S} = D(4\pi a^2) = Q$$
$$D = \frac{Q}{4\pi a^2}, \quad E_a = \frac{Q}{4\pi\epsilon_o a^2} \quad (r = a) \tag{2-37}$$

3) 구체 내부($r < a$)

중심으로부터 거리 r[m] 떨어진 구의 내부($r < a$)의 한 점을 포함하는 구 모양의 가우스 폐곡면을 설정하고 이 면 내측의 전하량을 Q', 가우스면의 부피를 V'이라 하면, 전하량은 부피에 비례하므로 가우스면이 포함하는 내측 전하량 Q'는 다음과 같이 구할 수 있다.

$$Q' = \frac{V'}{V} Q = \frac{(4/3)\pi r^3}{(4/3)\pi a^3} Q = \frac{r^3}{a^3} Q \tag{2-38}$$

여기서 가우스의 법칙을 적용하면

$$\Psi = \oint_S \boldsymbol{D} \cdot d\boldsymbol{S} = D(4\pi r^2) = Q' = \frac{r^3}{a^3} Q$$
$$D = \frac{rQ}{4\pi a^3}, \quad E = \frac{rQ}{4\pi\epsilon_o a^3} \quad (r < a) \tag{2-39}$$

로 되어 구내의 전계는 r에 비례하여 증가한다.

(2) 도체구의 전계

반지름 a인 도체구에 전하 Q가 균일하게 분포하고 있을 때의 전계를 계산해 보자. 단, 도체의 성질상 내부에 전하가 존재하지 않고 표면에만 분포하게 되는 점이다.

도체구 외부의 경우($r > a$)와 표면($r = a$)에서 각각 가우스 폐곡면을 설정하면 그 내부의 전하량은 Q이다. 따라서 구체 정전하에 의한 전계와 같은 결과가 얻어진다. 그러나 도체구 내부($r < a$)는 전하가 존재하지 않으므로 도체구 내부에 가우스 폐곡면을 잡아도 내부전하가 0이다.

$$\text{도체구 외부}(r > a) \ : \ E = \frac{Q}{4\pi\epsilon_o r^2} \,[\mathrm{V/m}] \tag{2-40}$$

$$\text{도체구 표면}(r = a) \ : \ E = \frac{Q}{4\pi\epsilon_o a^2} \,[\mathrm{V/m}] \tag{2-41}$$

$$\text{도체구 내부}(r < a) \ : \ E = 0 \tag{2-42}$$

이상의 결과에서 구의 중심에서의 거리 r에 대한 전계 E의 분포를 나타내면 그림 2.12의 (b)와 같이 된다. 구 내부의 경우 전하가 균일하게 분포되어 있을 때 내부의 전계는 거리 r에 비례하지만 모든 전하가 구 표면에만 존재한다면 내부의 전하 $Q = 0$이므로 내부의 전계 세기 $E = 0$이 된다.

예제 2.10 **반지름 a[m]인 도체구에 전하 Q[C]이 주어졌을 때 구의 중심에서 r[m] 떨어진 구 밖 ($r > a$)의 전속밀도 $D\,[\mathrm{C/m^2}]$를 구하라.**

풀이 가우스의 법칙을 적용하면

$$\oint_S \boldsymbol{D} \cdot d\boldsymbol{S} = D(4\pi r^2) = Q$$

$$\therefore D = \frac{Q}{4\pi r^2}\,[\mathrm{C/m^2}]$$

(3) 무한길이 선전하에 의한 전계

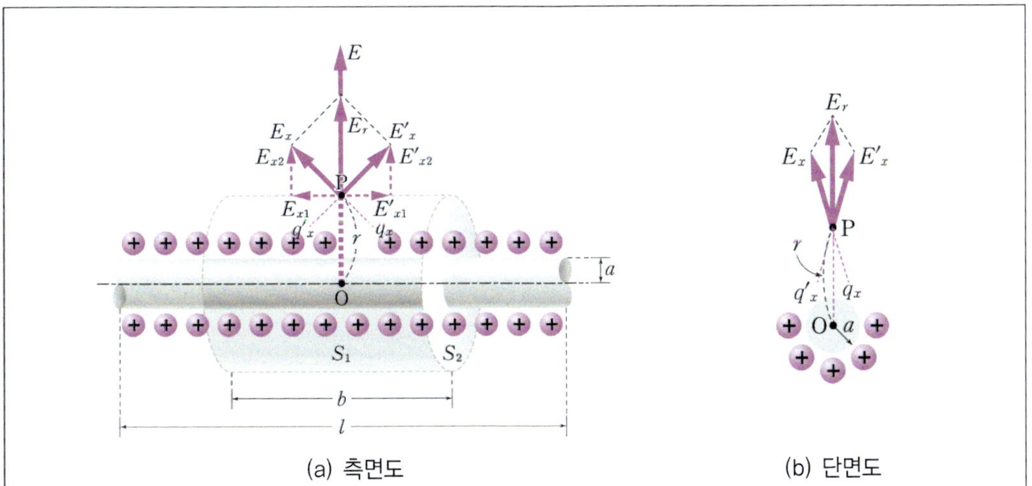

그림 2.13 무한길이 선전하에 의한 전계

그림 2.13과 같이 선전하밀도 ρ_l[C/m]로 균일하게 분포하는 무한 길이의 선전하에 의한 전계 및 전속밀도를 가우스의 법칙을 이용하여 구해 보자.

무한길이의 선전하를 중심에 두고 감싸는 반지름이 r이고 길이가 l인 가우스면을 생각한다. 이러한 원통형의 가우스면은 그림에서 왼쪽면, 오른쪽면, 원통의 측면으로 이루어져 있으므로 가우스의 정리를 적용하면 다음과 같이 된다.

$$\Psi = \oint_S \boldsymbol{D} \cdot d\boldsymbol{S} = \int_{\text{원통측면}} + \int_{\text{왼쪽면}} + \int_{\text{오른쪽면}} \tag{2-43}$$

그림에서 전속밀도는 $\boldsymbol{a}_r$ 방향이지만 왼쪽면이나 오른쪽면에서 면벡터의 방향은 각각 $\boldsymbol{a}_z$, $-\boldsymbol{a}_z$ 방향으로 서로 수직이므로 내적을 취하면 0이 된다. 따라서 원통측면에 대한 적분만 하면 된다. 원통측면에서의 미소면적벡터 $d\boldsymbol{S} = r d\phi dz\, \boldsymbol{a}_r$이고 전속밀도는 원통면에 대해 대칭이므로

$$\oint_S \boldsymbol{D} \cdot d\boldsymbol{S} = D\int dS = D\int_{z=0}^{l}\int_{\phi=0}^{2\pi} r d\phi dz = 2\pi r l D = Q = \rho_l l$$
$$D = \frac{\rho_l}{2\pi r}, \qquad E = \frac{\rho_l}{2\pi\epsilon_o r} \tag{2-44}$$

이 된다.

예제 2.11 **무한길이 직선도체에 선전하밀도 10[C/m]의 전하가 분포되어 있을 때 직선도체를 축으로 하는 반지름 5[m]의 원통면상의 전계를 구하라.**

풀이 선전하에 의한 전속밀도나 전계의 세기는 원통면에 대해 대칭이므로 원통면을 가우스면으로 설정하고 가우스의 법칙을 적용하면

$$\oint_S \boldsymbol{D} \cdot d\boldsymbol{S} = D\int dS = D\int_{z=0}^{l}\int_{\phi=0}^{2\pi} r d\phi dz = 2\pi r l D = Q = \rho_l l \text{ 이고 } D = \frac{\rho_l}{2\pi r} \text{ 이므로}$$

$$E = \frac{D}{\epsilon_0} = \frac{\rho_l}{2\pi\epsilon_o r} = 18\times10^9\frac{\rho_l}{r} = 18\times10^9\frac{10}{5} = 3.6\times10^{10}[\text{V/m}]$$

(4) 무한 평면 도체의 전계

1) 한 장의 평면판

평면판 그림 2.14와 같이 평면에 균일하게 분포하는 무한 면전하밀도 $\rho_s[\text{C/m}^2]$에 의한 전계 및 전속밀도를 가우스의 법칙을 이용하여 구해 보자.

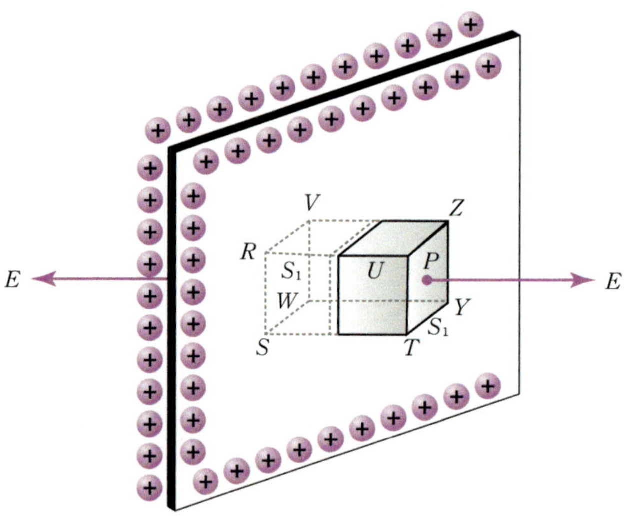

그림 2.14 한 장의 평면도체에 의한 전계

이 경우 전계 및 전속밀도는 전하가 존재하는 평면에 수직인 방향이므로 가우스면 dS를 육면체로 설정하여 가우스의 법칙을 적용하면 다음과 같이 된다.

$$\oint_S \boldsymbol{D} \cdot d\boldsymbol{S} = \int_{\text{앞면}} + \int_{\text{뒷면}} + \int_{\text{오른쪽면}} + \int_{\text{왼쪽면}} + \int_{\text{윗면}} + \int_{\text{아랫면}} \tag{2-45}$$

전기력선은 판의 양쪽을 향하기 때문에 양쪽면을 제외한 나머지 면에서는 $\boldsymbol{D} \cdot d\boldsymbol{S} = 0$이 되

므로 가우스의 법칙을 적용하면

$$\oint_S \boldsymbol{D} \cdot d\boldsymbol{S} = \int_{\text{오른쪽면}} D_x \boldsymbol{a}_x \cdot dydz\, \boldsymbol{a}_x + \int_{\text{왼쪽면}} D_x(-\boldsymbol{a}_x) \cdot dydz(-\boldsymbol{a}_x) \qquad (2\text{-}46)$$

이 된다. 여기서 선택한 가우스면의 면적을 S라 하자. 무한 평면전하이므로 전속밀도는 평면에 대해 수직방향만을 가지고 대칭이므로

$$\oint_S \boldsymbol{D} \cdot d\boldsymbol{S} = D_x \left[\int_{\text{오른쪽면}} dS + \int_{\text{왼쪽면}} dS \right] = 2SD_x = Q = \rho_s S$$

$$D = \frac{\rho_s}{2}, \qquad E = \frac{\rho_s}{2\epsilon_o} \qquad (2\text{-}47)$$

가 된다. 평면판이 무한 넓이를 가지고 평면판 위에 전하가 균일하게 분포되어 있을 경우에는, 전기력선은 판면에 직각으로, 그리고 동일 밀도로 평행으로 나간다. 이러한 전계를 **평등전계**(uniform field)라고 한다.

2) 두 장의 평행판

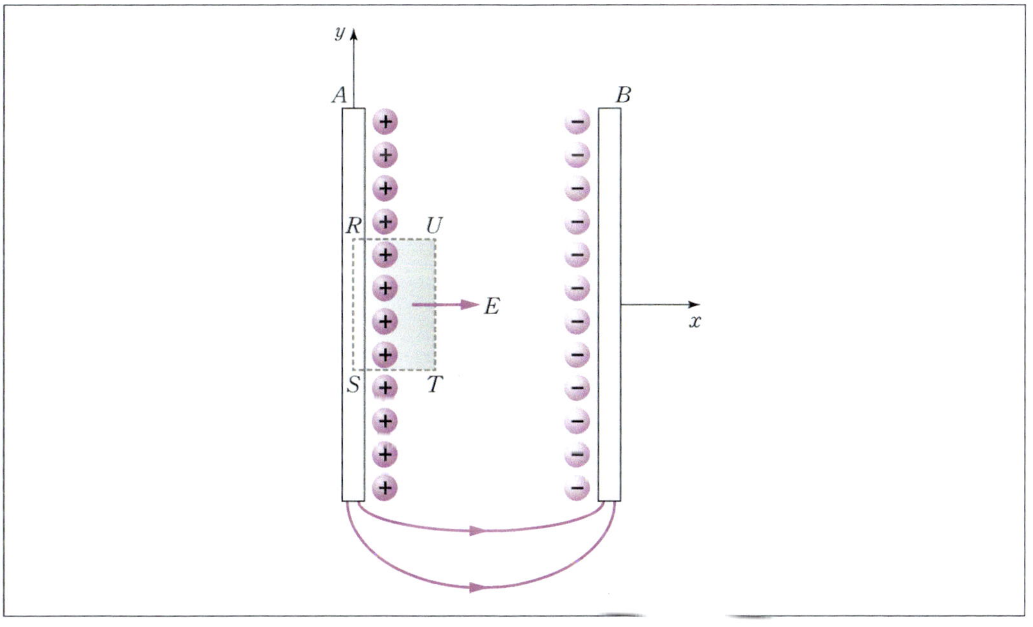

그림 2.15 두 장의 무한 평면전하에 의한 전계

그림 2.15와 같이 (+)로 대전한 평면 A와 (−)로 대전한 평면 B가 그 면적의 치수보다 극히 작은 간격을 두고 평행으로 놓여 있을 때 전하는 쿨롱의 힘에 의해 판상에 균일하게 분포하고 있다고 생각할 수 있다.

균일하게 대전된 무한 평면 전하에 의한 전계의 세기는 평면으로부터 어떤 거리에 있더라도 $E = \frac{\rho_s}{2\epsilon_o}$ 이며 어느 위치에서나 균일하다. 따라서 표면전하밀도 $+\rho_s$로 대전된 무한평면전하에 의한 전계의 세기는 $E = +\frac{\rho_s}{2\epsilon_o}$ 이며, 표면전하밀도 $-\rho_s$로 대전된 무한평면전하에 의한 전계의 세기는 $E = -\frac{\rho_s}{2\epsilon_o}$ 가 된다.

두 평판 외부에서는 각각의 전계가 서로 상쇄되어 0이 되고, 두 평판 사이에서는 서로 방향이 같아 더해지므로 두 평판 내부의 전계는 다음과 같게 된다.

$$E = \frac{\rho_s}{2\epsilon_o} + \frac{\rho_s}{2\epsilon_o} = \frac{\rho_s}{\epsilon_o} \tag{2-48}$$

연습문제

01 진공중에 전하량이 3×10^{-6} [C]인 두 개의 대전체가 서로 떨어져 있고 상호간에 작용하는 힘이 9×10^{-3}[N]일 때 이들 사이의 거리는 몇 [m]인가?

02 진공중에 놓인 1[μC]의 점전하에서 3[m]되는 점의 전계의 세기[V/m]는?

03 전계의 세기가 1500[V/m]인 공간에 5[μC]의 전하를 놓으면 얼마의 힘[N]이 작용하는가?

04 지구의 표면에서 대지방향으로 $E=300$[V/m]의 전계가 존재하는 경우 지표면의 전하밀도는 몇 [C/m^2]인가?

05 진공중에 있는 임의의 구도체 표면의 전하밀도가 σ[C/m^2]일 때 구도체 표면의 전계의 세기[V/m]는?

06 진공중에서 Q[C]의 전하가 반지름 a[m]인 구의 내부까지 균일하게 분포되어 있는 경우 구의 중심으로부터 $\frac{a}{2}$[m]인 거리에 있는 점의 전계의 세기[V/m]는?

07 무한길이 직선도체에 선전하밀도 ρ_l[C/m]의 전하가 분포하는 경우 이 선로로부터 r[m] 떨어진 점에서의 전계의 세기[V/m]는?

3

전위, 전기력선의 발산, 정전용량

3.1 전계 중의 전하가 가지고 있는 에너지

일반적으로 전계 내에 있는 전하는 쿨롱의 법칙에 의한 힘을 받는다. 이는 마치 모든 물체가 중력장으로부터 힘을 받고 있는 것과 마찬가지이다. 따라서 전계 $\boldsymbol{E}$내에서 전하 Q를 움직이게 하려면 이러한 전계로부터 받는 힘을 극복해야 하며 이를 위해 외부에서 $\boldsymbol{F}= Q\boldsymbol{E}$[N]만큼을 가해줘야 한다. 이렇게 힘을 가해 미소거리 dl만큼 전하를 이동하는데 필요한 일 dW는 다음과 같다.

$$dW = -Q\boldsymbol{E}\cdot dl \tag{3-1}$$

이 때 외부에서 힘을 가해야 하므로 부호는 (−)가 되고 힘 $\boldsymbol{F}$의 변위 dl에 대한 유효성분으로 계산해야 하므로 힘 $\boldsymbol{F}$와 변위 dl, 두 벡터의 내적으로 표현할 수 있다.

따라서 주어진 전계 내에서 전하 Q를 시점 B에서 종점 A까지 이동시킬 때 필요한 일 W는 다음과 같다.

$$W = -Q\int_B^A \boldsymbol{E}\cdot dl \tag{3-2}$$

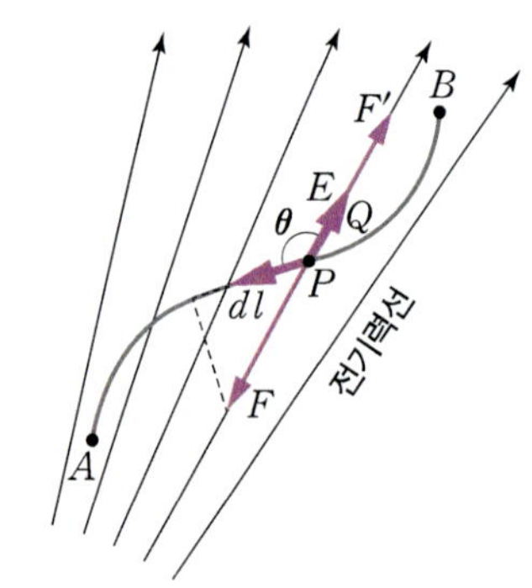

그림 3.1 전계 내에서 전하의 일

3.2 전위

(1) 전위 및 전위차

전계 내의 한 점 A에서 무한히 먼 거리의 한 점을 기준(영전위)으로 전하 Q가 갖는 위치에너지는 다음과 같이 나타낼 수 있다.

$$W_A = -Q\int_{\infty}^{A} \boldsymbol{E} \cdot dl \tag{3-3}$$

여기서 (−)부호는 전하 Q가 전계에 대해 반대 방향으로 한 일을 나타내며 그 크기는 무한원점에서 점 A로 이동하는데 필요한 일이다.

전위(electric potential)는 전위의 기준점(영전위, 무한원점)으로부터 임의의 한 점까지 단위전하를 이동시키는데 필요한 일로 정의된다. 이는 무한원점(영전위)에 대해 임의의 한 점에서 단위전하가 갖는 전기적인 위치에너지라는 의미가 된다. 식(3-3)에 $Q=+1[C]$을 대입하면

$$V_A = -\int_{\infty}^{A} \boldsymbol{E} \cdot dl \tag{3-4}$$

이 된다. 무한원점의 전위를 영전위 기준점으로 삼는 것은 쿨롱의 법칙에 따라 전계는 전하로부터 떨어진 거리의 제곱에 반비례하는데 전위는 전계를 적분한 값이므로 전하로부터 무한히 먼 점의 전위는 0[V]가 될 수 밖에 없기 때문이다. 실용적인 영전위 기준점은 대지면이다.

전위차(potential difference)는 전계 내의 임의의 두 점 사이에서 단위 양전하를 이동시키는데 외부에서 가해주어야 할 에너지(필요한 일)이며 두 점 사이의 단위전하가 갖는 전기적인 위치에너지의 차이며 이는 상대적인 값이다. 전계 내의 두 점 A, B의 전위차는 두 점의 전위를 각각 V_A, V_B라 할 때 다음과 같이 나타낼 수 있다.

$$V_{AB} = V_A - V_B = -\int_{B}^{A} \boldsymbol{E} \cdot dl \tag{3-5}$$

위의 식에서 적분구간은 전위가 낮은 저전위 점 B를 시점, 전위가 높은 고전위 점 A를 종점으로 하면 된다.

전위는 단위전하당의 일이므로 [J/C]의 단위를 사용하며 실용단위로 볼트[V]를 사용한다. 전위와 전위차를 통틀어 전압이라고 하며 이는 보다 넓은 의미로 사용되는 용어이다.

전위 또는 전위차가 V인 전계 내에서 전하 Q가 한 일은 식(3-2), (3-5)에 의해 다음과 같이 나타낼 수 있다.

$$W = -Q\int \boldsymbol{E}\cdot dl = QV \qquad \therefore\ W = QV \tag{3-6}$$

식(3-5)에서 알 수 있듯이 전계 내에서 단위 전하를 B에서 A로 이동시킬 경우 어떤 경로를 거쳐도 전위차는 경로에는 관계없이 두 점의 전위에만 의해서 결정된다.

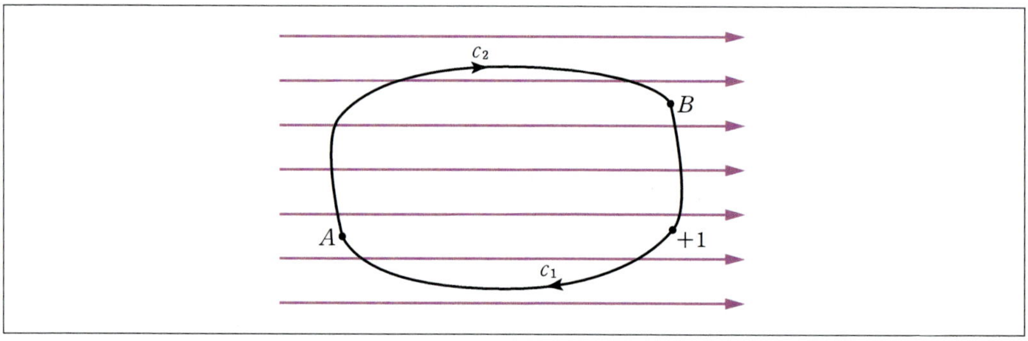

그림 3.2 보존장

그림 3.2와 같은 전계 내에서 단위 전하가 B에서 출발하여 임의의 경로 c_1을 지나 A에 도달한 뒤 경로 c_2를 거쳐 다시 B로 복귀하도록 이동시키면서 전위차를 계산해 보면 식(3-5)에 의해

$$\begin{aligned} V &= \left[-\int_B^A \boldsymbol{E}\cdot dl\right]_{c_1} + \left[-\int_A^B \boldsymbol{E}\cdot dl\right]_{c_2} \\ &= -\left[\int_B^A \boldsymbol{E}\cdot dl\right]_{c_1} + \left[\int_B^A \boldsymbol{E}\cdot dl\right]_{c_2} = 0 \end{aligned} \tag{3-7}$$

이 된다. 계산과정에서 적분경로를 반대로 하면 부호가 바뀌게 된다. 또한 $B \rightarrow A \rightarrow B$와 같은 폐곡선을 통한 적분은 다음과 같이 표기할 수 있다.

$$\oint \boldsymbol{E}\cdot dl = 0 \tag{3-8}$$

이와 같은 방정식을 만족하는 장을 **보존장** 또는 **보존계**(conservative field)라고 한다. 이는 어떤 폐경로를 통해 전하를 이동시키는데 일이 필요하지 않기 때문에 에너지가 장 내에서 보존되기 때문이다. 보존장은 전계(전기장) 뿐만 아니라 중력장에도 해당된다.

식(3-8)에 스토크스의 정리를 이용하면 다음과 같이 나타낼 수 있다.

$$\oint_C \boldsymbol{E}\cdot dl = \int_S (\nabla \times \boldsymbol{E})\cdot d\boldsymbol{S} = 0 \qquad \Rightarrow \qquad \nabla \times \boldsymbol{E} = 0 \tag{3-9}$$

이는 전계가 회전하지 않고 발산하는 자연현상을 나타낸 것으로 정전계의 보존적 성질을 나타낸 중요한 식이다.

예제 3.1 **시간적으로 변화하지 않는 보존적(conservative)인 전하가 비회전성이라는 의미를 나타낸 식은?**

① $\nabla E=0$　　② $\nabla \cdot \boldsymbol{E}=0$

③ $\nabla \times \boldsymbol{E}=0$　　④ $\nabla^2 E=0$

풀이 전하의 비회전성

$$\oint_C \boldsymbol{E} \cdot dl=\int_S (\nabla \times \boldsymbol{E}) \cdot d\boldsymbol{S}=0 \quad \Rightarrow \quad \nabla \times \boldsymbol{E}=0$$

정답 ③

(2) 점전하에 의한 전위

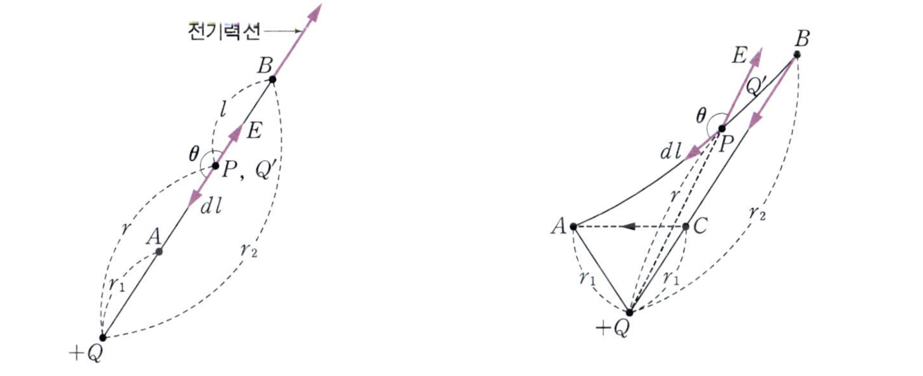

(a) 두 점 A, B가 직선상에 있는 경우　　(b) 두 점 A, B가 곡선상에 있는 경우

그림 3.3 점전하에 의한 전위

그림 3.3과 같이 점전하 Q로부터 r_1, r_2만큼 떨어진 두 점 A, B 사이의 전위차를 구해보자. 우선 전계 $\boldsymbol{E}=\dfrac{Q}{4\pi\epsilon_0 r^2}\boldsymbol{a}_r$ 이므로 전위는 다음과 같이 계산할 수 있다.

$$V_{AB}=-\int_B^A \boldsymbol{E} \cdot d\boldsymbol{l}=-\int_{r_2}^{r_1} \frac{Q}{4\pi\epsilon_0 r^2}\boldsymbol{a}_r \cdot dr\,\boldsymbol{a}_r=\frac{Q}{4\pi\epsilon_0}\left(\frac{1}{r_1}-\frac{1}{r_2}\right) \tag{3-10}$$

위 식에서 $r_1 < r_2$이면 $V_{AB}>0$이므로 양전하를 B점에서 A점으로 이동시키려면 외부에서 일을 해주어야 한다. 이는 A점의 전계가 B점의 전계보다 크기 때문에 전계가 약한 B점에서 A점으로 전하를 옮기려면 외부로부터의 일이 필요하다는 의미이다.

한편 두 점 사이의 전위차는 $V_{AB}=V_A-V_B$ 이므로 다음과 같이 쓸 수 있다.

$$V_{AB}=V_A-V_B=\frac{Q}{4\pi\epsilon_0 r_1}-\frac{Q}{4\pi\epsilon_0 r_2} \tag{3-11}$$

여기에서 V_A, V_B는 각각 영전위 기준점에 대한 A점과 B점의 절대전위로 표현할 수 있으며 이는 무한원점을 영전위 기준점으로 다음과 같이 계산하면 같은 결과를 얻게 된다.

$$\begin{aligned} V_{AB}&=V_A-V_B \\ &=-\int_{\infty}^{r_1}\frac{Q}{4\pi\epsilon_0 r^2}\boldsymbol{a}_r\cdot dr\,\boldsymbol{a}_r-\left(-\int_{\infty}^{r_2}\frac{Q}{4\pi\epsilon_0 r^2}\boldsymbol{a}_r\cdot dr\,\boldsymbol{a}_r\right) \\ &=\frac{Q}{4\pi\epsilon_0 r_1}-\frac{Q}{4\pi\epsilon_0 r_2} \end{aligned} \tag{3-12}$$

예제 3.2 **점전하에 의한 어느 점의 전위를 처음 전위의 1/2이 되도록 하려면 전하로부터의 거리를 몇 배로 하여야 하는가?**

풀이 점전하에 의한 전위 $V=\dfrac{Q}{4\pi\epsilon_0 r}$ 이므로 전위와 거리는 반비례한다. 따라서 전위를 1/2로 하려면 거리를 2배로 하면 된다.

예제 3.3 **반지름이 a[m]인 구도체에 Q[C]의 전하가 주어졌을 때 구의 중심에서 $5a$[m]인 점의 전위를 구하라.**

풀이 구도체 외부의 점에서 바라보면 구도체에 의한 전위는 점전하에 의한 전위로 간주할 수 있으므로 가우스의 법칙을 적용하면

$$\oint_S \boldsymbol{D}\cdot d\boldsymbol{S}=D(4\pi r^2)=Q$$

$$D=\frac{Q}{4\pi r^2},\ E=\frac{Q}{4\pi\epsilon_o r^2}\qquad (r>a)$$

$$V=-\int_{\infty}^{r}\boldsymbol{E}\cdot dl=-\int_{\infty}^{r}\frac{Q}{4\pi\epsilon_0 r^2}dr=\frac{Q}{4\pi\epsilon_0 r}(r=5a)=\frac{Q}{20\pi\epsilon_0 a}\,[\mathrm{V}]$$

(3) 다수의 점전하 및 연속적인 전하분포에 의한 전위

다수의 점전하 Q_1, Q_2, Q_3, …가 있을 때, 이로 인한 한 점 P에서의 전계는 각 전하가 만들어내는 전계의 합이므로 합성전계는 $\boldsymbol{E}=\boldsymbol{E}_1+\boldsymbol{E}_2+\boldsymbol{E}_3+\cdots$이다. 따라서 이 전계에 의한 전위를 구하면 다음과 같다.

$$\begin{aligned} V &= -\int_{\infty}^{P} \boldsymbol{E} \cdot dl = -\int_{\infty}^{P} (\boldsymbol{E}_1 + \boldsymbol{E}_2 + \boldsymbol{E}_3 + \cdots) \cdot dl \\ &= \left(-\int_{\infty}^{P} \boldsymbol{E}_1 \cdot dl\right) + \left(-\int_{\infty}^{P} \boldsymbol{E}_2 \cdot dl\right) + \left(-\int_{\infty}^{P} \boldsymbol{E}_3 \cdot dl\right) + \cdots \end{aligned} \tag{3-13}$$

위 식의 첫 번째 항은 점전하 Q_1에 의한 전위 V_1이며 다른 항들도 각각의 전하에 의한 전위이므로 다음과 같이 나타낼 수 있다.

$$V = V_1 + V_2 + V_3 + \cdots \tag{3-14}$$

각 전하에 의한 전위는 $V_1 = \dfrac{Q_1}{4\pi\epsilon_o r_1}$, $V_2 = \dfrac{Q_2}{4\pi\epsilon_o r_2}$, … 이므로 전체 전위는 다음과 같이 된다.

$$V = \frac{1}{4\pi\epsilon_o}\left(\frac{Q_1}{r_1} + \frac{Q_2}{r_2} + \cdots + \frac{Q_n}{r_n}\right) = \frac{1}{4\pi\epsilon_o}\sum_{i=1}^{n}\frac{Q_i}{r_i} \tag{3-15}$$

점전하가 아닌 전하가 선, 면, 부피에 걸쳐 연속적으로 분포된 경우는 다음과 같이 된다.
선전하밀도 ρ_l에 의한 전위는

$$V = \int_l \frac{\rho_l}{4\pi\epsilon_0 r} dl \tag{3-16}$$

면전하밀도 ρ_s에 의한 전위는

$$V = \int_S \frac{\rho_s}{4\pi\epsilon_0 r} dS \tag{3-17}$$

부피전하밀도 ρ_v에 의한 전위는

$$V = \int_v \frac{\rho_v}{4\pi\epsilon_0 r} dv \tag{3-18}$$

(4) 전위경도

지금까지는 전하분포로부터 전계를 구하고 전계의 선적분으로 전위를 구할 수 있었는데 반대로 전위로부터 전계의 세기를 구하는 방법을 알아보자. 식 (3-4)로부터 전계 내에서 단위전하를 미소거리 Δl만큼 이동시키는데 필요한 일은 다음과 같이 나타낼 수 있다.

$$\Delta V = -\boldsymbol{E} \cdot \Delta l = -E\Delta l \cos\theta = -E_l \Delta l \tag{3-19}$$

여기서 θ은 전계와 이동 방향사이의 각이며 E_l은 Δl방향의 전계성분이다. 전위와 미소거리에 대한 극한값 $\Delta V \to 0$의 $\Delta l \to 0$을 취하면

$$E_l = -\frac{dV}{dl}, \ \frac{dV}{dl} = -E_l = -E\cos\theta \tag{3-20}$$

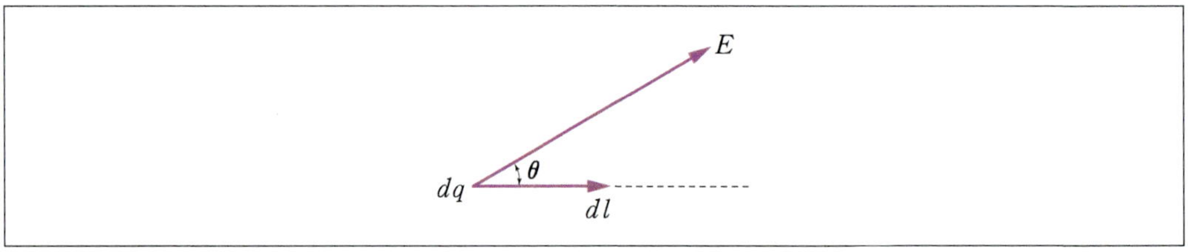

그림 3.4 전계와 전위경도

위 식에서 $\cos\theta = -1$일 때 $\frac{dV}{dl}$은 최대값이 된다. 즉 거리의 변화에 대한 전위 변화율의 최대값이 곧 전계의 세기가 된다. 다시 말해서 전계는 거리에 따라 전위가 가장 급격히 감소하는 방향으로 발생한다는 것이다.

전계 내에서 전위가 같은 점들을 이어서 만들어진 일정한 면을 **등전위면**(equipotential surface)이라 한다. 등전위면에서는 전위가 모두 같으므로 등전위면을 따라 미소거리 Δl이 변화해도 전위의 변화 $\Delta V = 0$이다.

$$\Delta V = -\boldsymbol{E} \cdot \Delta l = -E\Delta l \cos\theta = 0 \tag{3-21}$$

위 식에서 알 수 있듯이 $\theta = 90°$가 되어 전계는 Δl에 대해 수직이 되기 때문에 전계는 항상 등전위면에 수직이며 전위가 감소하는 방향이 된다.

직각좌표계에서 전계와 전위는 변수 x, y, z의 함수이고 x, y, z방향의 성분으로 나타낼 수 있으므로 식 (3-20)을 각 좌표별 편미분기호로 다시 쓰면

$$E_x = -\frac{\partial V}{\partial x}, \ E_y = -\frac{\partial V}{\partial y}, \ E_z = -\frac{\partial V}{\partial z} \tag{3-22}$$

위 식을 미분연산자를 사용하여 다시 쓰면

$$\begin{aligned}\boldsymbol{E} &= E_x\boldsymbol{i} + E_y\boldsymbol{j} + E_z\boldsymbol{k} = -\frac{\partial V}{\partial x}\boldsymbol{i} - \frac{\partial V}{\partial y}\boldsymbol{j} - \frac{\partial V}{\partial z}\boldsymbol{k} \\ &= -\left(\frac{\partial}{\partial x}\boldsymbol{i} + \frac{\partial}{\partial y}\boldsymbol{j} + \frac{\partial}{\partial z}\boldsymbol{k}\right)V \\ &= -\nabla V = -\mathrm{grad}\ \mathrm{V}\end{aligned} \tag{3-23}$$

위 식처럼 전위에 미분연산자를 취한 것을 전위경도(potential gradient)라 하며 전계와 전위경도와의 관계식은 다음과 같이 된다.

$$\boldsymbol{E} = -\nabla V = -\mathrm{grad}\ \mathrm{V} \tag{3-24}$$

예제 3.4 $V = x^2 + y^2$**의 전위에서 전계** E**를 구하라.**

풀이 $\boldsymbol{E} = -\nabla V = -\mathrm{grad}\ \mathrm{V} = -\frac{\partial V}{\partial x}\boldsymbol{i} - \frac{\partial V}{\partial y}\boldsymbol{j} = -2x\boldsymbol{i} - 2y\boldsymbol{j}$

예제 3.5 **등전위면을 따라 전하** Q**[C]을 운반하는 데 필요한 일은?**

① 전하의 크기에 따라 변한다.
② 전위의 크기에 따라 변한다.
③ QV
④ 0

풀이 등전위면은 전위가 일정하여 전위차가 0이므로 전하를 운반하는데 필요한 일은 0이 된다.

정답 ④

3.3 전기력선의 발산과 가우스 법칙의 미분형

전하분포로부터 가우스의 법칙을 이용하여 전속밀도 및 전계를 구하는 경우 쿨롱의 법칙이 제공하는 전계의 성질을 이용하였고 균일한 전하분포에 대해 적용하였다. 그러나 전하의 분포가 불균일하여 전계의 방향을 예측할 수 없는 경우는 적절한 가우스면의 설정이 곤란하여 가우스의 법칙을 이용해 전계를 계산할 수 없다. 이 때에는 발산정리를 이용하여야 한다. 발산정리를 이용하면 면적분을 부피적분으로 바꾸어 계산할 수 있으므로 가우스면의 설정이 곤란한 경우에도 전계를 편리하게 계산할 수 있다.

공간전하밀도 ρ_v의 전하를 포함하는 미소부피 Δv와 미소면적 ΔS에 대해 가우스의 법칙을 적용하면

$$\oint_{\Delta S} \boldsymbol{D} \cdot d\boldsymbol{S} = Q = \rho_v \Delta v \tag{3-25}$$

가 되고, 양변을 미소부피로 나누고 미소부피에 대해 극한값을 취하면 다음과 같이 된다.

$$\lim_{\Delta v \to 0} \frac{\oint_{\Delta S} \boldsymbol{D} \cdot d\boldsymbol{S}}{\Delta v} = \rho_v \tag{3-26}$$

이 식의 좌변은 표면적이 ΔS인 미소부피 Δv로부터 외부로 빠져나가는 단위부피당의 전속의 총량이며 이를 전속의 발산 div $\boldsymbol{D}$로 정의한다. 즉, 전속밀도를 나타내는 벡터 $\boldsymbol{D}$의 발산은 폐곡면 밖으로 나오는 단위부피당 전속수와 같다. 따라서 전속밀도의 발산은 그 점의 부피 전하밀도와 같다.

다시 나타내면

$$\begin{aligned} \text{div } \boldsymbol{D} &= \nabla \cdot \boldsymbol{D} = \rho_v \\ \text{div } \boldsymbol{E} &= \nabla \cdot \boldsymbol{E} = \frac{\rho_v}{\epsilon_0} \end{aligned} \tag{3-27}$$

위의 식은 가우스의 법칙으로부터 유도되어 같은 의미를 가지며 가우스의 법칙이 적분형태인 것에 비교하여 식 (3-27)을 가우스 법칙의 미분형이라고 한다.

만약, 전하가 존재하지 않는 경우에는 div $\boldsymbol{E} = 0$이 되며 div $\boldsymbol{E}$는 전기력선의 발산을 나타내므로 전기력선이 발산하지 않음을 의미한다.

가우스의 법칙과 식 (3-27)을 조합하면

$$\oint D \cdot dS = Q = \int \rho_v dv = \int \nabla \cdot D dv \tag{3-28}$$

이와 같이 면적분과 부피적분과의 관계를 나타내는 발산정리가 유도된다. 주어진 조건에서 면적분과 부피적분 중 편리한 것으로 선택하여 계산할 수 있다.

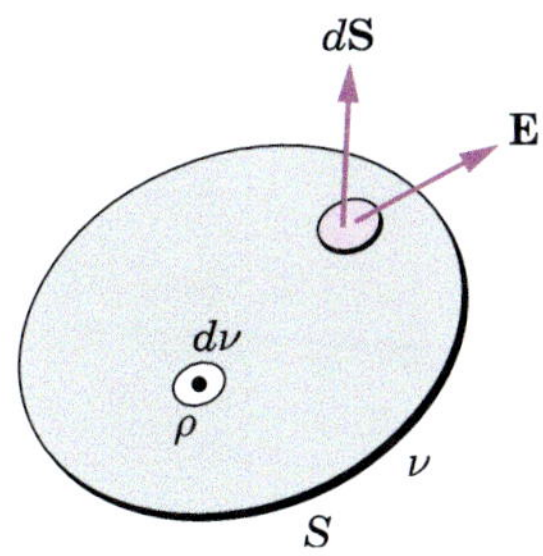

그림 3.5 발산정리

예제 3.6 **전속밀도 $D = 3x\boldsymbol{i} + 2y\boldsymbol{j} + z\boldsymbol{k}$ [C/m^3]를 발생하는 전하분포에서 1[mm^3]내의 전하량를 구하라.**

풀이 div$D = \nabla \cdot D = \rho_v$이므로

$\nabla \cdot D = \left(\frac{\partial}{\partial x}i + \frac{\partial}{\partial y}j + \frac{\partial}{\partial z}k\right) \cdot D = \frac{\partial}{\partial x}(3x) + \frac{\partial}{\partial y}(2y) + \frac{\partial}{\partial z}(z) = 3 + 2 + 1 = 6$[C/m^3]

따라서, 6[C/m^3 = 6×10^{-9}[C/mm^3]이므로 1[mm^3]내의 전하량은 6[nC]이다.

예제 3.7 div$D = \rho$**와 관계가 가장 깊은 것은?**

① 암페어의 주회적분법칙
② 패러데이의 전자유도 법칙
③ 라플라스의 방정식
④ 가우스의 법칙

풀이 div$D = \rho$는 가우스 법칙의 미분형으로 전하로부터 전속이 발산한다는 뜻이다.

정답 ④

예제 3.8 **원점에 점전하 Q[C]이 있을 때 원점을 제외한 모든 점에서 $\nabla \cdot D$의 값은?**

① ∞ ② 0
③ 1 ④ ϵ_0

풀이 원점에만 전하가 있고 그 외에는 전하가 없는 경우 원점을 제외한 곳에서는 $\nabla \cdot D = 0$

정답 ②

3.4 정전용량

(1) 정전용량과 정전에너지

도체계에 전압 V를 인가하면 전하 Q가 축적되는데 이 때 축적되는 전하량은 인가한 전압에 비례하며, 전하와 전압과의 비율은 항상 일정하다. 이 비율은 절연도체의 전하를 축적하는 능력의 정도를 표시하는 것으로 정전용량(electrostatic capacity) 또는 커패시턴스(capacitance)라 하고 다음과 같이 나타낼 수 있다.

$$C = \frac{Q}{V} \tag{3-29}$$

정전용량은 도체계 내 유전체의 유전율과 도체계의 형상과 관련된 상수의 곱에 의존하며, 인가한 전위의 크기에는 무관한 상수이다. 만약 전위가 증가하면 전계 및 전속밀도도 증가하며 이에 따라 가우스 법칙에 의해 전하량도 증가하므로 전하량과 전위의 비로 정의되는 정전용량에는 아무런 변화가 없게 된다.

공간에 전하가 분포되어 있으면 전하들간에 힘이 작용하므로 전계가 발생되어 주변 공간에 에너지가 축적되어있다고 할 수 있으며 이를 정전에너지라 하고 다음과 같이 나타낼 수 있다.

$$W_e = \frac{1}{2}\int_V \boldsymbol{D} \cdot \boldsymbol{E} dv = \frac{1}{2}\int_V \epsilon E^2 dv \tag{3-30}$$

정전용량을 에너지의 관점에서 보면 도체계에 축적되는 정전에너지 W는 다음과 같다.

$$W = \frac{1}{2}QV = \frac{1}{2}CV^2 = \frac{1}{2}\frac{Q^2}{C} \ [\mathrm{J}] \tag{3-31}$$

정전용량의 단위는 정의에 의해 [C/V]이지만 실용단위로 패럿(Farad, F)을 주로 사용한다. 즉 1[C]의 전하를 가진 도체의 전위가 1[V]일 때 이 도체의 정전용량은 1[F]이 된다. 패럿은 현실적으로는 매우 큰 값이므로 $1[\mu\mathrm{F}] = 10^{-6}[\mathrm{F}]$이나 $1[p\mathrm{F}] = 10^{-12}[\mathrm{F}]$을 많이 사용한다.

예제 3.9 **정전용량 C인 콘덴서에 전압 V로 Q의 전하를 충전하였을 때의 에너지는?**

풀이 $W = \frac{1}{2}QV = \frac{1}{2}CV^2 = \frac{1}{2}\frac{Q^2}{C}[\mathrm{J}]$

예제 3.10 **용량 $0.01[\mu F]$의 콘덴서가 있다. 여기에 전압 $1000[V]$를 인가할 때 충전되는 전하는 얼마인가?**

풀이 $Q = CV = 0.01 \times 10^{-6} \times 1000 = 10[\mu C]$

예제 3.11 **용량 $0.1[\mu F]$의 표준 콘덴서에 전압 $100[V]$를 인가했을 때 충전되는 전하와 어느 콘덴서에 전압 $200[V]$를 인가했을 때 충전되는 전하량이 같았다면 그 콘덴서의 용량은 얼마인가?**

풀이 표준 콘덴서에 전압 $100[V]$를 줄 때 여기에 충전되는 전하량을 Q로 하면,

$Q = 0.1 \times 10^{-6} \times 100 = 10 \times 10^{-6}[C] = 10[\mu C]$

용량을 구하고자 하는 콘덴서의 용량을 C로 하면 전압 $200[V]$ 인가시 같은 전하량이 충전되므로

$C \times 200 = 10 \times 10^{-6}$

$$\therefore C = \frac{10}{200} \times 10^{-6} = 0.05 \times 10^{-6}[F]$$
$$= 0.05[\mu F]$$

(2) 진공 내 도체의 정전용량

1) 도체구의 정전용량

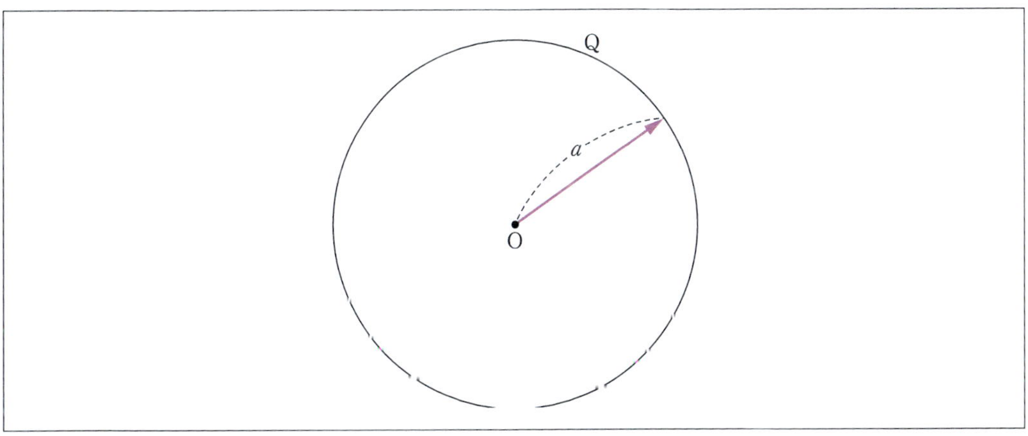

그림 3.6 도체구의 정전용량

그림 3.6과 같은 반지름 a의 도체구에 전하 Q를 주고 무한원점에 $-Q$의 전하를 부여하고 도체구의 외부에 구형의 가우스 폐곡면을 설정하여 가우스 정리를 적용하면 전계는 방향에는 무관하게 균일하므로

$$\oint \boldsymbol{E} \cdot d\boldsymbol{S} = E(4\pi r^2) = \frac{Q}{\epsilon_0} \qquad \therefore E = \frac{Q}{4\pi\epsilon_0 r^2}[V/m] \qquad (3-32)$$

가 되고 전위를 구하면

$$V(r) = -\int_{\infty}^{r} \boldsymbol{E} \cdot dl = -\int_{\infty}^{r} \frac{Q}{4\pi\epsilon_0 r^2} dr = \frac{Q}{4\pi\epsilon_0}\left[\frac{1}{r}\right]_{\infty}^{r}$$
$$= \frac{Q}{4\pi\epsilon_0 r} \tag{3-33}$$

로 된다. 도체구 표면의 전위는

$$V = \frac{Q}{4\pi\epsilon_0 a}[\text{V}] \tag{3-34}$$

로 되기 때문에 정전용량은 다음과 같이 된다.

$$C = \frac{Q}{V} = 4\pi\epsilon_o a[\text{F}] \tag{3-35}$$

예제 3.12 **정전용량이 1[F]인 도체구가 있다. 이 도체구 주변의 길이는 지구 주변의 길이 $(4\times10^7[\text{m}])$의 몇 배인가?**

풀이 도체구의 반지름을 r로 하면 정전용량 C는 식(3-35)에서 $C = 4\pi\epsilon_o r[\text{F}]$이고 도체구 주변의 길이는 $2\pi r = C/2\epsilon_o[\text{m}]$가 된다. 따라서 정전용량이 1[F]인 도체구의 주변과 지구의 주변과의 비는, $\epsilon_o = 8.854\times10^{-12}[\text{F/m}]$으로 대입하면

$$\frac{1}{2\times8.854\times10^{-12}}\times\frac{1}{4\times10^7} = \frac{10^5}{8\times8.854} \fallingdotseq \frac{10^5}{70.83} \fallingdotseq 1.41\times10^3$$

이 되어 1[F]이 극히 큰 수치임을 알 수 있다.

2) 두 개의 동심 도체구 사이의 정전용량

그림 3.7과 같은 두 도체구에 있어서 내부 도체구에 전하 Q를, 외부 도체구에 전하 $-Q$를 주면, 내부 도체구의 전하 Q는 그 표면에 균일하게 분포하고 외부 도체구의 내면에는 $-Q$가 균일하게 분포한다.

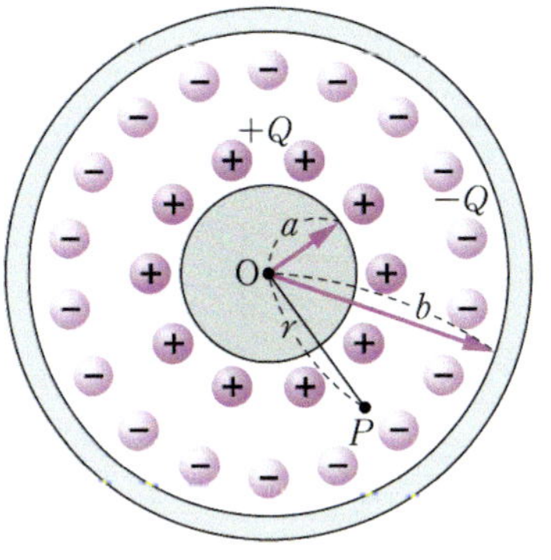

그림 3.7 동심도체구의 정전용량

따라서 도체구 사이에는 방사선상으로 균일한 전계가 형성되는데 도체구 사이에 구형의 가우스 폐곡면을 설정하고 중심 O에서 거리가 r인 점 P에서 가우스 법칙을 적용하면

$$\oint \boldsymbol{E} \cdot d\boldsymbol{S} = E(4\pi r^2) = \frac{Q}{\epsilon_0} \qquad \therefore\ E = \frac{Q}{4\pi\epsilon_0 r^2}\,[\mathrm{V/m}] \tag{3-36}$$

가 되고, 도체구 사이의 전위를 구하면

$$\begin{aligned} V &= -\int_b^a \boldsymbol{E} \cdot dl = -\int_b^a \frac{Q}{4\pi\epsilon_0 r^2}dr = \frac{Q}{4\pi\epsilon_0}\left[\frac{1}{r}\right]_b^a \\ &= \frac{Q}{4\pi\epsilon_0}\left[\frac{1}{a} - \frac{1}{b}\right]\,[\mathrm{V}] \end{aligned} \tag{3-37}$$

로 되기 때문에 정전용량은 다음과 같이 된다.

$$C = \frac{Q}{V} = \frac{4\pi\epsilon_o}{\left(\frac{1}{a} - \frac{1}{b}\right)}\,[\mathrm{F}] \tag{3-38}$$

예제 3.13 **동심 구형 콘덴서의 내외 반지름을 각각 2배로 하면 정전용량은 몇 배가 되는가?**

풀이 동심구의 정전용량 $C=\dfrac{4\pi\epsilon_o ab}{(b-a)}$ 이므로

$C'=\dfrac{4\pi\epsilon_o(2a\times 2b)}{(2b-2a)}=\dfrac{4\pi\epsilon_o ab}{(b-a)}\times 2=2C$으로 2배가 된다.

3) 무한길이 동축 원통 도체의 정전용량

그림 3.8과 같은 무한 길이의 동축 원통에서 내·외 도체가 각각 ρ_l, $-\rho_l$[C/m]의 선전하 밀도로 대전되어 있다고 하고 원통의 중심 O에서 거리가 r인 원통형의 가우스면을 설정하면 동축원통 사이의 전계는 원주 방향을 따라 균일하므로

$$\oint \boldsymbol{E}\cdot d\boldsymbol{S}=E(2\pi rl)=\frac{Q}{\epsilon_0}=\frac{\rho_l l}{\epsilon_0} \qquad \therefore\ E=\frac{\rho_l}{2\pi\epsilon_0 r} \tag{3-39}$$

가 되고, 내·외 도체간의 전위차를 구하면

$$\begin{aligned} V&=-\int_b^a \boldsymbol{E}\cdot dl=-\frac{\rho_l}{2\pi\epsilon_o}\int_b^a \frac{1}{r}dr=-\frac{\rho_l}{2\pi\epsilon_o}[\ln r]_b^a=\frac{\rho_l}{2\pi\epsilon_o}[\ln b-\ln a] \\ &=\frac{\rho_l}{2\pi\epsilon_o}\ln\left(\frac{b}{a}\right) \end{aligned} \tag{3-40}$$

따라서 길이가 무한대인 동축원통 사이의 단위 길이당 정전용량은 다음과 같다.

$$C=\frac{\rho_l}{V}=\frac{2\pi\epsilon_o}{\ln\dfrac{b}{a}}[\mathrm{F/m}] \tag{3-41}$$

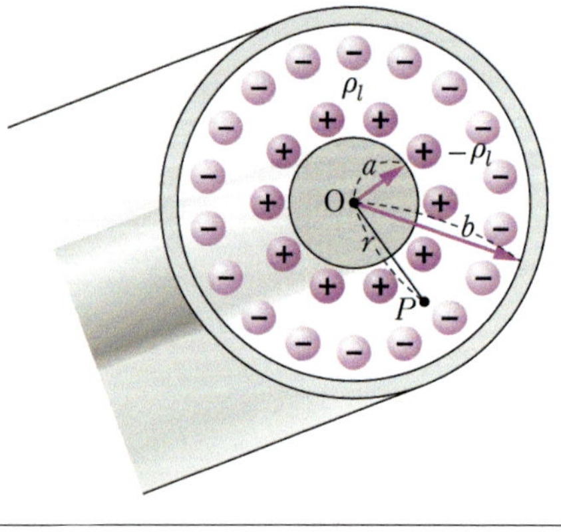

그림 3.8 무한길이 동축 원통 도체의 정전용량

4) 평행평판 도체계의 정전용량

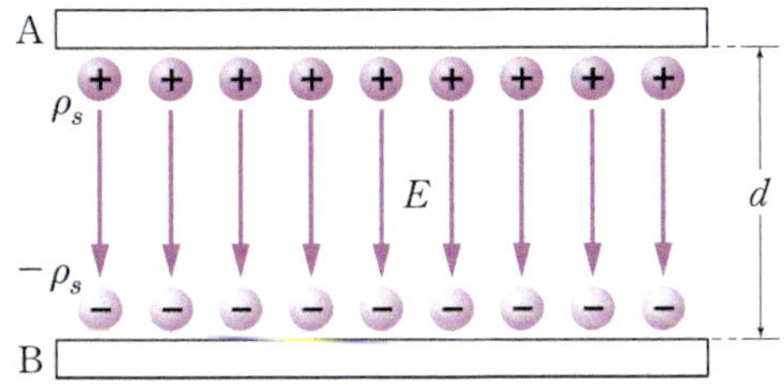

그림 3.9 무한 평행평판 도체의 정전용량

하나의 평판의 경우 전기력선은 판의 양쪽을 향하기 때문에 양쪽면을 제외한 나머지 면에서는 $\boldsymbol{D} \cdot d\boldsymbol{S} = 0$이 되므로 가우스의 법칙을 적용하면

$$\oint_S \boldsymbol{D} \cdot d\boldsymbol{S} = \int_{오른쪽면} D_x \boldsymbol{a}_x \cdot dydz\,\boldsymbol{a}_x + \int_{왼쪽면} D_x(-\boldsymbol{a}_x) \cdot dydz(-\boldsymbol{a}_x) \tag{3-42}$$

선택한 가우스면의 면적을 S라 하면 무한평면전하이므로 전속밀도는 평면에 대해 수직방향만을 가지고 대칭이므로

$$\oint_S \boldsymbol{D} \cdot d\boldsymbol{S} = D_x\left[\int_{오른쪽면} dS + \int_{왼쪽면} dS\right] = 2SD_x = Q = \rho_s S$$
$$D = \frac{\rho_s}{2}, \qquad E = \frac{\rho_s}{2\epsilon_o} \tag{3-43}$$

그림 3.9와 같이 넓이 무한대의 평면판이 간격 d를 두고 평행으로 놓여 있을 때 각각 면전하밀도 ρ_s, $-\rho_s\left(\rho_s = \dfrac{Q}{S}\right)$[C/m^2]를 인가하면 평면판 사이에는 전계가 균일하게 형성된다. 표면전하밀도 $+\rho_s$로 대전된 무한평면전하에 의한 전계의 세기는 $E = +\dfrac{\rho_s}{2\epsilon_o}$이며, 표면전하밀도 $-\rho_s$로 대전된 무한평면전하에 의한 전계의 세기는 $E = -\dfrac{\rho_s}{2\epsilon_o}$가 된다.

두 평판 외부에서는 각각의 전계가 서로 상쇄되어 0이 되고, 두 평판 사이에서는 서로 방향이 같아 더해지므로 두 평판 내부의 전계는 다음과 같게 된다.

$$E = \frac{\rho_s}{2\epsilon_o} + \frac{\rho_s}{2\epsilon_o} = \frac{\rho_s}{\epsilon_o} \tag{3-44}$$

전계 $\boldsymbol{E}$는 모든 영역에서 균일하므로 평면판 사이의 전위차 V는

$$V = -\int \boldsymbol{E} \cdot dl = -E\int_d^0 dx = Ed = \frac{\rho_s}{\epsilon_o} d \tag{3-45}$$

가 된다. 따라서 평면판 사이의 단위 면적당 정전용량 C_0는

$$C_0 = \frac{\rho_s}{V} = \frac{\epsilon_o}{d} \, [\mathrm{F/m^2}] \tag{3-46}$$

가 된다. 면적이 S인 평행평판 도체의 전체 정전용량 C는 전하량이 $\pm Q$일 때 말단효과를 고려하지 않으면 다음과 같이 된다.

$$C = \frac{Q}{V} = \epsilon_0 \frac{S}{d} \ \ [\mathrm{F}] \tag{3-47}$$

예제 3.14 **평행판 콘덴서의 양극판 면적을 3배로 하고 간격을 1/2배로 하면 정전용량은 처음의 몇 배가 되는가?**

풀이 평행판 콘덴서의 정전용량 $C = \epsilon_0 \frac{S}{d}$

양극판 면적을 3배로, 거리를 1/2배로 하면 $C' = \epsilon_0 \frac{3S}{d/2} = \epsilon_0 6 \frac{S}{d} = 6C$

따라서 정전용량은 6배가 된다.

예제 3.15 **정전용량이 5[μF]인 평행판 콘덴서를 20[V]로 충전한 뒤에 극판거리를 처음의 2배로 하였다. 이 때 콘덴서의 전압은 몇 [V]가 되겠는가?**

풀이 평행판 콘덴서의 정전용량 $C = \frac{Q}{V} = \epsilon_0 \frac{S}{d}$

극판거리를 2배로 하면 $C' = \epsilon_0 \frac{S}{2d} = \frac{1}{2} C$

충전한 후에는 전하량은 일정하므로 $Q = CV$, $V = \frac{Q}{C}$이므로 정전용량이 1/2가 되었으므로 전압은 2배가 되어야 한다.

$V' = 2V = 40[\mathrm{V}]$

5) 무한길이 평행선로의 정전용량

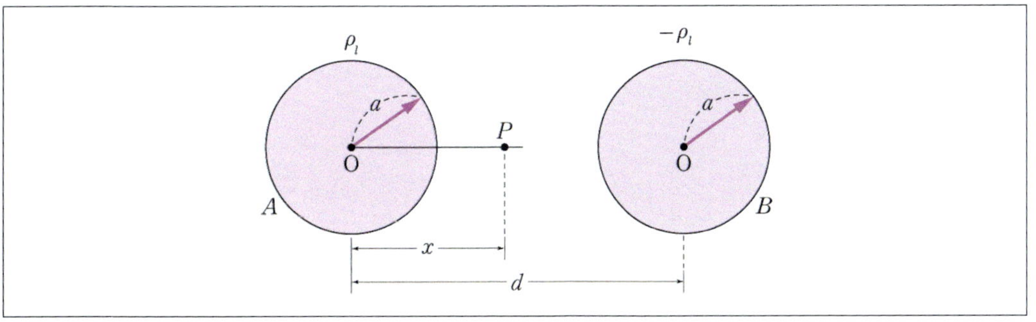

그림 3.10 무한길이 평행선로의 정전용량

반지름 a인 길이 무한대의 평행도체 A, B가 거리 d를 두고 떨어져 있을 때의 정전용량을 구해보자.($d \gg a$라고 가정한다)

우선 각 선로가 각각 $+\rho_l$, $-\rho_l\left(\rho_l = \dfrac{Q}{l}\right)$[C/m]의 선전하 밀도로 대전되어 있다고 하고 A도체의 중심에서 거리가 x인 한 점 P에서 원통형의 가우스면을 설정하면 전계는 원주 방향을 따라 균일하고 선로 길이 방향의 전계는 0이므로 A도체에 의한 전계 $\boldsymbol{E_A}$는

$$\oint \boldsymbol{E_A} \cdot d\boldsymbol{S} = E_A(2\pi x l) = \frac{Q}{\epsilon_0} = \frac{\rho_l l}{\epsilon_0} \qquad \therefore E_A = \frac{\rho_l}{2\pi\epsilon_0 x} \tag{3-48}$$

이 된다. 같은 방법으로 B도체에 의한 전계 $\boldsymbol{E_B}$는

$$\oint \boldsymbol{E_B} \cdot d\boldsymbol{S} = E_B[2\pi(d-x)l] = \frac{Q}{\epsilon_0} = \frac{-\rho_l l}{\epsilon_0} \qquad \therefore E_B = \frac{-\rho_l}{2\pi\epsilon_0(d-x)} \tag{3-49}$$

이 되는데 점 P에서의 전계 $\boldsymbol{E_A}$, $\boldsymbol{E_B}$는 모두 A에서 B로 향하는 같은 방향이므로 점 P에 합성전계는

$$E = E_A + E_B = \frac{\rho_l}{2\pi\epsilon_o x} + \frac{\rho_l}{2\pi\epsilon_o(d-x)} \tag{3-50}$$

가 되고 평행 선로 사이의 전위차 V는 B도체의 표면에서 A도체의 표면까지 전계를 거슬러 단위전하를 이동시키는 일이므로

$$\begin{aligned} V &= -\int_{d-a}^{a} \boldsymbol{E} \cdot dl = \frac{\rho_l}{2\pi\epsilon_o}\left(\int_a^{d-a} \frac{1}{x}dx + \int_a^{d-a} \frac{1}{d-x}dx\right) \\ &= \frac{\rho_l}{\pi\epsilon_o}\ln\left(\frac{d-a}{a}\right) \end{aligned} \tag{3-51}$$

가 되므로 길이 무한대의 평행 선로 사이의 단위 길이당 정전용량은

$$C = \frac{\rho_l}{V} = \frac{\pi\epsilon_o}{\ln\dfrac{d-a}{a}}[\mathrm{F/m}] \tag{3-52}$$

가 된다. $d \gg a$를 고려하면 정전용량은 다음과 같이 근사적으로 나타낼 수 있다.

$$C = \frac{\pi\epsilon_o}{\log\dfrac{d}{a}}[\mathrm{F/m}] \tag{3-53}$$

예제 3.16 **도선의 반지름이 a이고 두 도선 중심간의 간격이 d인 평행 2선 선로의 정전용량에 대한 설명으로 맞는 것은?**

① 정전용량 C는 $\ln\frac{d}{a}$에 직접 비례한다.

② 정전용량 C는 $\ln\frac{d}{a}$에 반비례한다.

③ 정전용량 C는 $\ln\frac{a}{d}$에 직접 비례한다.

④ 정전용량 C는 $\ln\frac{a}{d}$에 반비례한다.

풀이 평행왕복도선의 정전용량 $C = \dfrac{\pi\epsilon_o}{\log\dfrac{d}{a}}$[F/m]이므로 정전용량 C는 $\ln\frac{d}{a}$에 반비례한다.

정답 ②

(3) 정전차폐

그림 3.11과 같이 도체 A에 전하 $+Q$를 주면 전기력선은 그림에 표시된 바와 같이 방사선상으로 나온다. 이때 전계 중에 도체 B가 있으면 이 영향을 받아 B의 전위가 변화한다.

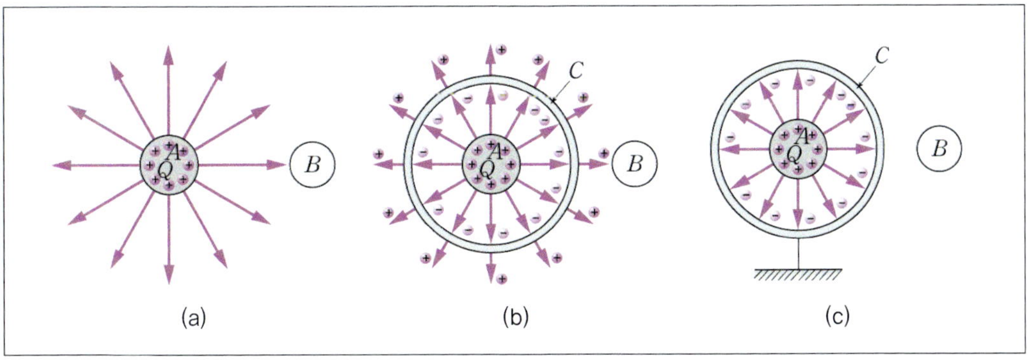

그림 3.11 정전차폐

다음에 (b)와 같이 도체 A를 중공(中空)의 도체 C로 둘러싸면 정전유도에 의해 내면에는 $-Q$, 외면에는 $+Q$의 전하가 유도되기 때문에 전기력선은 도체 B에 도달, A의 전하에 의해 B의 전위가 변화한다.

그런데 (c)와 같이 도체 C를 접지하면 C의 표면의 자유전하 $+Q$는 대지면으로 달아나기 때문에 C의 외부에는 도체 A의 전하 $+Q$에 의해 전계가 생성되지 않으므로 B에 영향을 주지 않는다. 또 반대로 B에 전하가 있을 때도 C의 전위는 항상 대지면과 같아 0을 유지하므로 B의 전하가 A의 전위에 변화를 주지 않게 된다.

이와 같이 도체 C를 접지함으로써 도체 A, B 사이를 정전기적으로 영향을 주지 않는 상태로 할 수 있다. 이것을 정전차폐(electrostatic shielding)라고 한다. 정전차폐는 전기자기 측정, 통신회로, 안테나회로, 송배전선로 등에 널리 응용되고 있다.

예제 3.17 **도체계에서 임의의 도체를 일정 전위의 도체로 완전 포위하면 내외공간의 전계를 완전히 차단할 수 있다. 이것을 무엇이라 하는가?**

① 전자차폐 ② 정전차폐
③ 홀(Hall) 효과 ④ 핀치(pinch) 효과

정답 ②

연습문제

01 전위함수 $V = x^2 + 2y^2$[V]일 때 점 (1, 2, 0)에서의 전계 $\boldsymbol{E}$를 구하라.

02 지구가 가진 정전용량[F]을 구하라. 단, 지구의 반지름은 6400[km]이고 완전도체로 생각한다.

03 반지름 a[m]인 구의 정전용량[F]을 구하라.

04 내구의 반지름 a[m], 외구의 내반지름 b[m], 외반지름 c[m]인 동심구도체의 정전용량[F]을 구하라.

05 내원통 반지름 10[cm], 외원통 반지름 20[cm]인 동축 원통도체의 정전용량[pF/m]를 구하라.

06 전속밀도 $\boldsymbol{D} = x^2\boldsymbol{i} + y^2\boldsymbol{j} + z^2\boldsymbol{k}$[C/m^3]를 발생시키는 점 (1, 2, 3)[m]에서의 공간 전하밀도[C/m^2]를 구하라.

07 극판의 면적 $S = 10$[cm^2], 간격 1[mm]의 평행판 콘덴서에 비유전율 $\epsilon_r = 3$인 유전체를 채우고 전압 100[V]를 인가했을 때 축적되는 에너지[J]를 구하라.

4

유전체 및 전류

4.1 분극(Polarization)과 유전체(Dielectric)

도체와 유전체(절연체) 사이의 근본적인 차이는 도체는 전자가 물질의 결정구조를 통해 비교적 자유롭게 이동할 수 있는 반면, 유전체의 최외각 전자는 원자에 단단하게 구속되어 있다는 점이다. 도체에 외부에서 전계를 인가했을 때 느슨하게 구속되어 있던 대부분의 전자들은 한 원자에서 다른 원자로 쉽게 이동하므로 전류를 생성한다. 유리, 고무, 플라스틱, 증류수, 종이, 석영 등 유전체에는 자유전자가 없고 전하는 원자나 분자에 속박되어 있다. 유전체에 전계가 가해지면 유전체 내에 속박된 (+), (−)전하는 각각 아주 미세하게 (−)전하는 전계 반대쪽으로, (+)전하는 전계 방향으로 움직이게 된다. 이와 같이 전계에 의해 전하가 약간의 위치적 변화를 일으키는 현상을 **분극**(polarization)이라 한다. 원자가 분극을 하게 되면 같은 크기의 양전하와 음전하가 매우 가까운 위치에 놓이게 되는데 이러한 전하의 배열을 **전기쌍극자**(electric dipole)라고 한다. 즉 유전체에 전계를 인가하면 매우 많은 전기쌍극자가 발생하는 분극현상을 일으키게 되며 유전체의 여러 성질은 이러한 분극현상에 기초하게 된다.

분극을 일으킨 원자가 그림 4.1과 같이 여러 개 모이면 유전체 내부의 분극 전하는 서로 상쇄되지만 유전체 표면의 양단에서는 상쇄되지 않고 전극과 반대부호의 고정된 전하가 나타나게 된다. 이렇게 유전체 표면에 나타나는 전하를 **분극전하**(polarization charge)라 하고 이렇게 전하가 유도되기 때문에 절연체를 유전체라고도 하는 것이다.

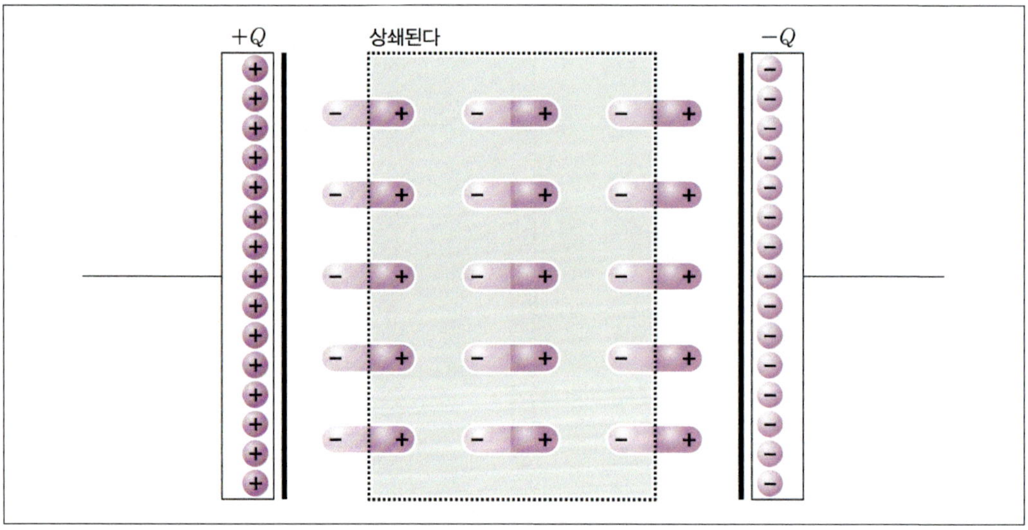

그림 4.1 유전체 내의 분극

평행판 콘덴서의 전극판 사이를 진공으로 하고 두 전극에 각각 단위면적당 전하 $+\rho_s$, $-\rho_s$를 준 다음 극판 사이에 유전체를 삽입하면 그림 4.2와 같이 밀도 $-\rho_s'$, $+\rho_s'$의 분극전하가 유전체 양쪽 단면에 나타난다. 이렇게 유도된 전계를 분극전계라 하며 이는 외부전계보다 훨씬 약하고 방향은 반대이다. 따라서 유전체 내부에서는 외견상 전하 $\rho_s - \rho_s'$에 의한 전계가 만들어지게 된다. 즉 유전체 내부의 전계는 극판 사이가 진공이었을 때보다 작아지므로 두 극판 사이의 전위차는 감소한다. 따라서 유전체를 삽입함으로써 그 정전용량이 증가한다.

분극전하는 전계에 의한 원자나 분자 내부에 생기는 전하의 변위에 기인한다. 이에 따라 전계에 의해서 발생하는 분극전하의 변위 방향에 수직인 단위면적을 통과하는 전하량을 크기로 하고 성선하의 통과방향을 향하는 분극벡터 $\boldsymbol{P}$를 정의한다.

전계와 분극의 크기가 정비례할 경우 유전체는 선형이라 하고 분극과 전계가 같은 방향일 때 등방성(isotropic)이라 한다. 어떤 결정체의 경우 특정방향에서 다른 방향에 비해 더 많은 분극이 일어나는 주기적 결정구조를 지니기도 하는데 이러한 비등방성(anisotropic) 유전체에서는 $\boldsymbol{E}$와 $\boldsymbol{D}$의 방향이 다르다.

분극의 크기를 나타내는 벡터 $\boldsymbol{P}$는 선형 관계를 가지는 등방성 물질의 경우 분극은 인가된 전계에 비례하므로 다음과 같이 비례상수를 써서 나타낼 수 있다

$$\boldsymbol{P} = \chi \boldsymbol{E} \tag{4-1}$$

이 비례상수 χ를 분극률(polarizability)이라고 한다. 분극률은 유전체의 분극 용이성을 나타낸다.

그림 4.2에 있어서 유전체가 유전율이 균일한 등방성 물질이라면 유전체 중의 전계나 분극은 장소에 관계없이 일정하다.

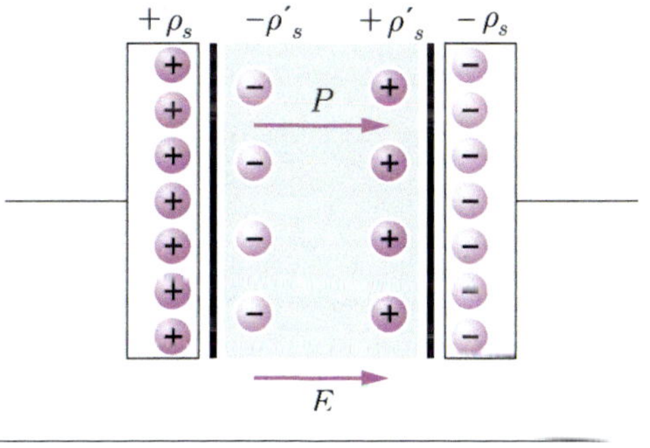

그림 4.2 분극 벡터

유전체 표면에 나타나는 분극 전하밀도 ρ_s'는 그 정의로부터 분극의 크기 P와 같으므로

$$\rho_s' = P = \chi E \tag{4-2}$$

그리고 유전체 내부의 전계의 크기 E는 양단의 외견상 전하 $\rho_s - \rho_s'$에 의해 형성되어 전하

와 진공으로 채워진 구조로 바꾸어 생각할 수 있으므로

$$E = \frac{\rho_s - \rho_s{}'}{\epsilon_o} = \frac{\rho_s - P}{\epsilon_o} \tag{4-3}$$

가 되고, 유전체의 유전율 $\epsilon = \epsilon_0 \epsilon_r$을 적용하면

$$\begin{aligned} &\text{진공에서의 전계} \quad E_0 = \frac{\rho_s}{\epsilon_0} \\ &\text{유전체 내부 전계} \quad E = \frac{\rho_s}{\epsilon} = \frac{\rho_s}{\epsilon_0 \epsilon_r} = \frac{E_0}{\epsilon_r} \\ &\therefore \ \rho_s = \epsilon_0 \epsilon_r E \end{aligned} \tag{4-4}$$

가 된다. 식 (4-3), (4-4)로부터

$$P = \epsilon_o (\epsilon_r - 1) E \tag{4-5}$$

로 되어 분극율 χ는 다음과 같이 된다.

$$\chi = \epsilon_o (\epsilon_r - 1) = \epsilon - \epsilon_o \tag{4-6}$$

분극 벡터의 크기 P는 다음과 같이 쓸 수도 있다.

$$P = \chi_e \epsilon_0 E \tag{4-7}$$

여기서 χ_e는 **비분극률**(susceptibility)이라 하며 비분극률은 $\chi_e = \dfrac{P}{\epsilon_0 E}$로 자유전하에 대한 분극전하 즉 속박전하의 비율을 나타낸다.

진공에서 전속밀도와 전계의 관계는 $\boldsymbol{D} = \epsilon_0 \boldsymbol{E}$와 같았다. 이러한 관계에 분극에 의한 전하가 추가되어 유전체에서 전속밀도와 전계는 다음과 같이 된다.

$$\boldsymbol{D} = \epsilon_0 \boldsymbol{E} + \boldsymbol{P} = \epsilon_0 \boldsymbol{E} + \chi_e \epsilon_0 \boldsymbol{E} = (1 + \chi_e) \epsilon_0 \boldsymbol{E} = \epsilon \boldsymbol{E} = \epsilon_0 \epsilon_r \boldsymbol{E} \tag{4-8}$$

위 식에서 물질의 유전율 ϵ과 진공의 유전율 ϵ_0의 비를 **비유전율**(relative permitivity)이라 하며 일반적으로 1보다 큰 값이다.

$$\epsilon_r = \frac{\epsilon}{\epsilon_0} = 1 + \chi_e \tag{4-9}$$

표 4.1은 각종 물질의 비유전율을 표시한 것이다.

표 4.1 각종 유전체의 비유전율

물질	비유전율 ϵ_r
진공	1.000
공기	1.0006
종이	2~4
테프론	2.1
변압기유	2.2~2.4
폴리에틸렌	2.25
폴리스티렌	2.55
고무	2.0~3.5
석영	4.3
운모	6
유리	4~10
실리콘	11.7
알코올	28
물(증류수)	75~81
산화티탄	100
티탄산바륨	500~4500

예제 4.1 다음중 전기분극에 대한 설명으로 옳은 것은?

① 도체 내의 원자핵의 변위이다.
② 유전체 내의 원자의 흐름이다.
③ 유전체 내의 속박전하의 변위이다.
④ 도체 내의 자유전자의 흐름이다.

풀이 전기분극은 유전체 내의 속박전하가 외부전계에 의해 변위된 현상이다.

정답 ③

예제 4.2 비유전율 ϵ_r에 대한 설명으로 옳은 것은?

① 진공의 비유전율은 0이고, 공기의 비유전율은 1이다.
② ϵ_r은 항상 1보다 작은 값이다.
③ ϵ_r은 절연물의 종류에 따라 다르다.
④ ϵ_r의 단위는 [C/m]이다.

풀이 진공, 공기의 비유전율은 1이고 $\epsilon_r > 1$, 비유전율은 물질의 종류에 따라 다르며 단위는 없다.

정답 ③

예제 4.3 **비유전율이 5인 등방 유전체의 한 점에서의 전계의 세기가 10[kV/m]이다. 이 점의 분극의 세기[C/m^2]를 구하라.**

풀이 분극의 세기

$P=\epsilon_o(\epsilon_r-1)E=8.854\times10^{-12}\times(5-1)\times10\times10^3=3.54\times10^{-7}[\mathrm{C/m^2}]$

예제 4.4 **전계 E, 전속밀도 D, 분극의 세기 P와의 관계를 나타낸 식은?**

① $\boldsymbol{P}=\boldsymbol{D}+\epsilon_0\boldsymbol{E}$

② $\boldsymbol{D}=\epsilon_0\boldsymbol{E}+\boldsymbol{P}$

③ $\epsilon_0\boldsymbol{P}=\boldsymbol{D}+\boldsymbol{E}$

④ $\epsilon_0\boldsymbol{P}=\boldsymbol{D}-\boldsymbol{E}$

풀이 진공에서 전속밀도와 전계의 관계는 $\boldsymbol{D}=\epsilon_0\boldsymbol{E}$가 된다. 유전체에서는 분극에 의한 전하가 추가된다.

정답 ②

4.2 유전체 경계면에서의 경계조건

유전율이 다른 두 개의 유전체 경계면 상에 있어서의 전속밀도 및 전계의 경계조건에 대해서 고찰한다.

(1) 법선성분의 경계조건

그림 4.3과 같이 유전율 ϵ_1과 ϵ_2를 갖는 두 종류의 유전체가 접하는 경계면 양쪽에 미소면적 ΔS인 원통을 가정하고 여기에 전속에 관한 가우스의 법칙을 적용한다.

경계면을 수직으로 관통하는 미소 원통의 측면을 통과하는 전속은 무시할 수 있으므로 상하의 단면을 통과하는 전속만을 고려한다. ϵ_1쪽에서 ϵ_2방향에의 단위법선 벡터 $\boldsymbol{n}$에 대해 전속밀도의 법선성분을 영역 1과 영역 2에서 각각 D_{1n}, D_{2n}라 하고 경계면에 유출입하는 전속밀도 D를 가우스의 정리를 이용하여 계산하면 다음과 같다.

$$\oint_S \boldsymbol{D}\cdot d\boldsymbol{S}=\oint_S \boldsymbol{D}\cdot\boldsymbol{n}dS=\oint_S D_n dS=D_{1n}\Delta S-D_{2n}\Delta S=\rho_s\Delta S \tag{4-10}$$

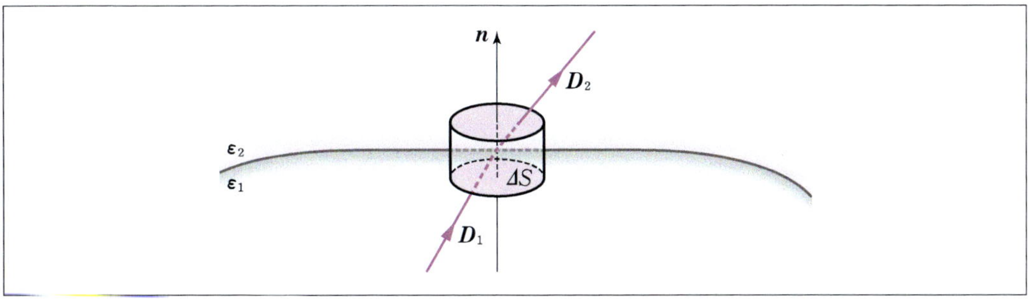

그림 4.3 유전체 경계면의 법선성분

$$D_{1n} - D_{2n} = \rho_s \tag{4-11}$$

일반적으로 유전체에서는 자유전하가 없으므로 $\rho_s = 0$이다. 따라서

$$\begin{aligned} D_{1n} &= D_{2n} \\ \epsilon_1 E_{1n} &= \epsilon_2 E_{2n} \end{aligned} \tag{4-12}$$

이 된다. 식 (4-12)는 서로 다른 유전체 경계면상에서는 전속밀도의 수직성분이 경계면 양쪽에서 서로 같다는 것을 표시한다.

(2) 접선성분의 경계조건

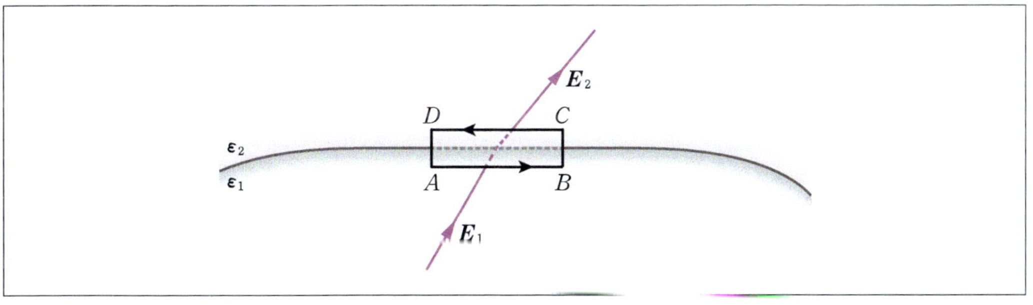

그림 4.4 유전체 경계면의 접선성분

그림 4.4와 같이 유전율 ϵ_1, ϵ_2를 갖는 두 종류의 유전체가 접하는 경계면상을 따라 평행인 직사각형의 경로를 가정한다. 유전체 경계면상에서도 전계의 보존적 성질이 성립하므로 폐로를 따라 적분하면 0이 된다. 즉

$$\oint \boldsymbol{E} \cdot dl = 0 \tag{4-13}$$

따라서

$$\oint_{ABCD} \boldsymbol{E} \cdot dl = \int_A^B \boldsymbol{E} \cdot dl + \int_B^C \boldsymbol{E} \cdot dl + \int_C^D \boldsymbol{E} \cdot dl + \int_D^A \boldsymbol{E} \cdot dl = 0 \qquad (4-14)$$

이 된다. 여기서 경로 BC, DA는 매우 짧다고 가정하면 적분값은 무시할 수 있다. 경계면에서의 전계의 접선성분을 영역 1과 영역 2에서 각각 E_{1t}, E_{2t}라 하고 경계면의 길이를 Δl이라 하면

$$\oint \boldsymbol{E} \cdot \boldsymbol{dl} \fallingdotseq \int_A^B E \cdot dl - \int_D^C E \cdot dl = E_{1t}\Delta l - E_{2t}\Delta l = 0 \qquad (4-15)$$

이 된다. 따라서

$$\begin{aligned} E_{1t} &= E_{2t} \\ \frac{D_{1t}}{\epsilon_1} &= \frac{D_{2t}}{\epsilon_2} \end{aligned} \qquad (4-16)$$

가 되기 때문에 서로 다른 유전체 경계면에서 전계의 세기의 면에 평행이 되는 성분, 즉 접선성분은 경계면의 양측에서 서로 같다.

(3) 전기력선의 굴절

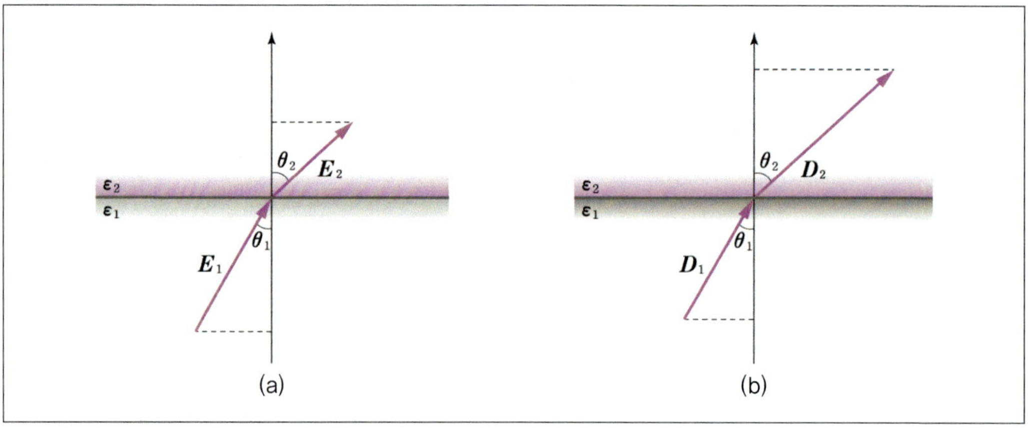

그림 4.5 유전체 경계면에서의 굴절

그림 4.5와 같이 전계 E_1, E_2가 유전율 ϵ_1, ϵ_2인 유전체 경계면의 법선에 대해 각각 θ_1, θ_2의 각을 이루고 있다면 경계조건에 의해 $D_{1n} = D_{2n}$이므로

$$D_1 \cos\theta_1 = D_2 \cos\theta_2 \tag{4-17}$$

가 된다. 또 $E_{1t} = E_{2t}$의 조건에서 $\dfrac{D_{1t}}{\epsilon_1} = \dfrac{D_{t2}}{\epsilon_2}$이므로

$$\frac{D_{1t}}{D_{2t}} = \frac{D_1 \sin\theta_1}{D_2 \sin\theta_2} = \frac{\epsilon_1}{\epsilon_2} \tag{4-18}$$

가 된다. 위의 두 식으로부터

$$\frac{\tan\theta_1}{\tan\theta_2} = \frac{\epsilon_1}{\epsilon_2} \tag{4-19}$$

을 얻을 수 있다. θ_1과 θ_2와의 관계는 두 유전체의 유전율에 의해 정해지다.

위의 사항들을 정리하면 두 유전체가 접히고 있을 때 경계면에서는 다음과 같은 조건이 성립한다.

① 전속밀도의 법선성분(경계면에 수직인 성분)은 같다.
② 유전체 중의 전계의 접선성분(경계면에 평행이 되는 성분)은 같다.
③ 입사각과 굴절각의 탄젠트값의 비는 두 유전체의 유전율의 비와 같다.

예제 4.5 **서로 다른 유전체 사이의 경계면에 전하분포가 없다면 경계면 양쪽에서의 전계 및 전속밀도는?**

① 전계의 법선 성분 및 전속밀도의 접선 성분은 서로 같다.
② 전계의 접선 성분 및 전속밀도의 법선 성분은 서로 같다.
③ 전계 및 전속밀도의 법선 성분은 서로 같다.
④ 전계 및 전속밀도의 접선 성분은 서로 같다.

풀이 전계의 접선 성분 및 전속밀도의 법선 성분이 연속

정답 ②

4.3 유전체 내 도체의 정전용량

(1) 평행판 도체 사이에 유전체를 넣은 경우

1) 직렬연결된 유전체의 정전용량

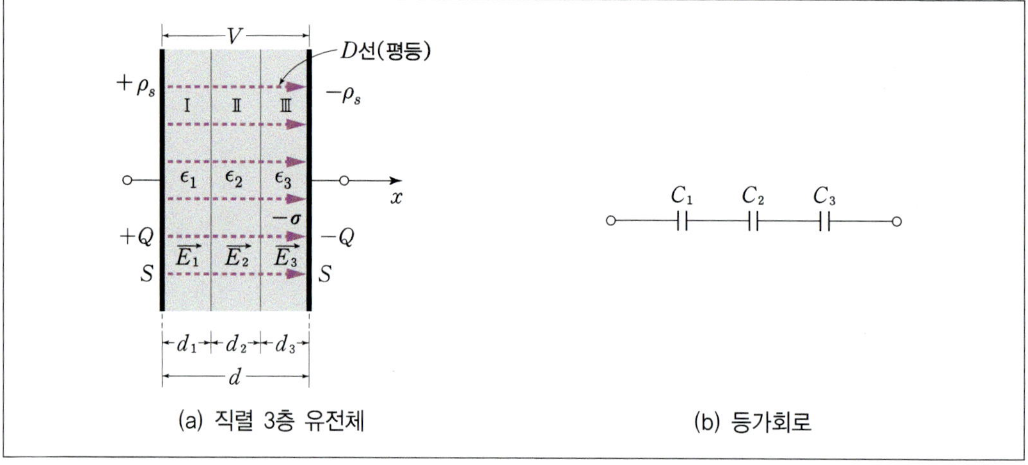

그림 4.6 직렬연결된 유전체의 정전용량

그림 4.6과 같이 평행판 도체 사이에 면적 S, 두께 d_1, d_2, d_3, 유전율 ϵ_1, ϵ_2, ϵ_3인 세 종류의 유전체 Ⅰ, Ⅱ, Ⅲ이 직렬로 배치되어 있다. 극판에 수직인 방향을 x축으로 취하면 Ⅰ, Ⅱ, Ⅲ 속의 전계 E_1, E_2, E_3는 x축 방향과 일치하여 극판 사이의 전위차 V는

$$V = \int E dx = E_1 \int_0^{d_1} dx + E_2 \int_0^{d_2} dx + E_3 \int_0^{d_3} dx$$
$$\therefore V = E_1 d_1 + E_2 d_2 + E_3 d_3 \ \text{[V]} \tag{4-20}$$

이다. 또 각 유전체 중의 전속밀도 D_1, D_2, D_3도 x축 방향이므로 극판상의 전하밀도를 ρ_s로 하면, 유전체의 경계조건에 의해 $D_{1n} = D_{2n} = D_{3n} = \rho_s$ 또는 $\epsilon_1 E_{1n} = \epsilon_2 E_{2n} = \epsilon_3 E_{3n}$가 성립하며 전계의 경계면에 대한 접선성분은 없으므로 $\epsilon_1 E_1 = \epsilon_2 E_2 = \epsilon_3 E_3$의 경계조건이 성립한다.

$$E_1 = \frac{D_1}{\epsilon_1} = \frac{\rho_s}{\epsilon_1}, \ E_2 = \frac{D_2}{\epsilon_2} = \frac{\rho_s}{\epsilon_2}, \ E_3 = \frac{D_3}{\epsilon_3} = \frac{\rho_s}{\epsilon_3} \tag{4-21}$$

전계 E는 x축 방향이지만 각 유전체 내의 크기는 각각 다르다. 식 (4-21)을 (4-20)에 대입하면 다음과 같이 된다.

$$V=\rho_s\left(\frac{d_1}{\epsilon_1}+\frac{d_2}{\epsilon_2}+\frac{d_3}{\epsilon_3}\right) \tag{4-22}$$

한편 극판상의 전하 총량을 Q로 하면, $Q=\rho_s S$인데 이것을 식 (4-22)에 대입하면 정전용량 C는 다음과 같이 나타낼 수 있다.

$$\frac{1}{C}=\frac{V}{Q}=\frac{1}{S}\left(\frac{d_1}{\epsilon_1}+\frac{d_2}{\epsilon_2}+\frac{d_3}{\epsilon_3}\right)=\frac{1}{C_1}+\frac{1}{C_2}+\frac{1}{C_3} \tag{4-23}$$

여기서, C_1, C_2, C_3는 각 유전체의 정전용량으로 다음과 같다.

$$C_1=\frac{\epsilon_1 S}{d_1},\ C_2=\frac{\epsilon_2 S}{d_2},\ C_3=\frac{\epsilon_3 S}{d_3} \tag{4-24}$$

식 (4-24)에서 전체 정전용량 C는 C_1, C_2, C_3의 직렬접속으로 생각할 수 있으며 그림 4.6(a)는 (b)와 같은 등가회로로 바꾸어 해석할 수 있다.

식 (4-22)로부터 전극판의 전하밀도 ρ_s는

$$\rho_s=\frac{V}{\dfrac{d_1}{\epsilon_1}+\dfrac{d_2}{\epsilon_2}+\dfrac{d_3}{\epsilon_3}} \tag{4-25}$$

이므로 식 (4-21)에 대입하면 다음과 같이 각 유전체 내의 전계를 구할 수 있다.

$$\begin{aligned}E_1&=\frac{V}{d_1+\{(d_2/\epsilon_2)+(d_3/\epsilon_3)\}\epsilon_1}\\E_2&=\frac{V}{d_2+\{(d_3/\epsilon_3)+(d_1/\epsilon_1)\}\epsilon_2}\\E_3&=\frac{V}{d_3+\{(d_1/\epsilon_1)+(d_2/\epsilon_2)\}\epsilon_3}\end{aligned} \tag{4-26}$$

예제 4.6 **면적 S[m²], 극간거리 d[m]인 평행판 콘덴서에 비유선율 ϵ_r의 유진세를 채운 경우 정전용량을 구하라. 단, 진공의 유진율은 ϵ_0이다.**

풀이 $C=\dfrac{Q}{V}=\dfrac{Q}{Ed}=\dfrac{\rho_s S}{\dfrac{D}{\epsilon}d}=\dfrac{\rho_s S}{\dfrac{\rho_s}{\epsilon}d}=\epsilon\dfrac{S}{d}=\epsilon_0\epsilon_r\dfrac{S}{d}$[F]

예제 4.7 **평행판 콘덴서의 전극 사이에 비유전율 ϵ_r의 유전체를 채운 경우의 정전용량은 진공일 때의 용량의 몇 배인가?**

풀이 유전체를 채운 콘덴서의 정전용량 : $C=\epsilon\frac{S}{D}=\epsilon_0\epsilon_r\frac{S}{d}$[F]

진공상태의 콘덴서 정전용량 : $C_0=\epsilon_0\frac{S}{d}$[F]

$\therefore\ C=\epsilon_r C_0$

예제 4.8 **콘덴서에 대한 설명 중 옳지 않은 것은?**

① 콘덴서는 두 도체간 정전용량에 의해 전하를 축적하는 장치이다.
② 많은 전하를 축적하기 위해서는 도체간의 간격을 작게 해야 한다.
③ 두 도체간의 절연물은 도체 간의 절연만을 유지하기 위한 것이다.
④ 두 도체간의 절연물은 도체 간 절연은 물론 정전용량의 값을 증가시키기 위한 용도로 삽입한다.

풀이 정전용량은 절연물의 유전율에 비례한다. $C=\epsilon\frac{S}{d}$

정답 ③

예제 4.9 **극판의 면적 10[cm^2], 극간거리 1[mm], 극판간에 채워진 유전체의 비유전율이 2.5인 평행판 콘덴서에 100[V]를 인가했을 때 극판의 전하량[C]을 구하라.**

풀이 정전용량 $C=\epsilon\frac{S}{D}=\epsilon_0\epsilon_r\frac{S}{d}$[F]

전하량 $Q=CV=\epsilon_0\epsilon_r\frac{S}{d}V=8.854\times10^{-12}\times2.5\times\frac{10\times10^{-4}}{1\times10^{-3}}\times100=2.21\times10^{-9}$[C]

예제 4.10 **0.03[μF]인 평행판 공기 콘덴서의 극판간에 그 간격이 절반 두께에 비유전율 10인 유리판을 평행하게 넣었을 때의 정전용량을 구하라.**

풀이 원래 공기 콘덴서의 정전용량을 C_0라고 하면 각각 절반 두께의 공기 콘덴서와 유리 콘덴서가 직렬연결된 형태이므로 이 콘덴서의 용량을 C라고 하면 평판 콘덴서의 정전용량 $C=\epsilon\frac{S}{d}$이므로

$$C=\frac{C_1C_2}{C_1+C_2}=\frac{\epsilon_0\frac{S}{d/2}\times\epsilon_0\epsilon_r\frac{S}{d/2}}{\epsilon_0\frac{S}{d/2}+\epsilon_0\epsilon_r\frac{S}{d/2}}=\frac{\epsilon_0\epsilon_r\frac{2S}{d}}{1+\epsilon_r}=\frac{2\epsilon_r}{1+\epsilon_r}\epsilon_0\frac{S}{d}$$

$$=\frac{2\epsilon_r}{1+\epsilon_r}C_0=\frac{20}{11}0.03=0.055\,[\mu\text{F}]$$

2) 병렬연결된 유전체의 정전용량

그림 4.7과 같이 두께 d의 유전체 Ⅰ, Ⅱ, Ⅲ이 병렬로 극판 사이에 채워져 있을 때 그 속의 전속 밀도를 각각 D_1, D_2, D_3, 각각의 면적을 S_1, S_2, S_3, 유전율을 ϵ_1, ϵ_2, ϵ_3라 하면 두 전극 사이의 전위차는 모두 V이므로 전계는 균일하게 E로 된다.

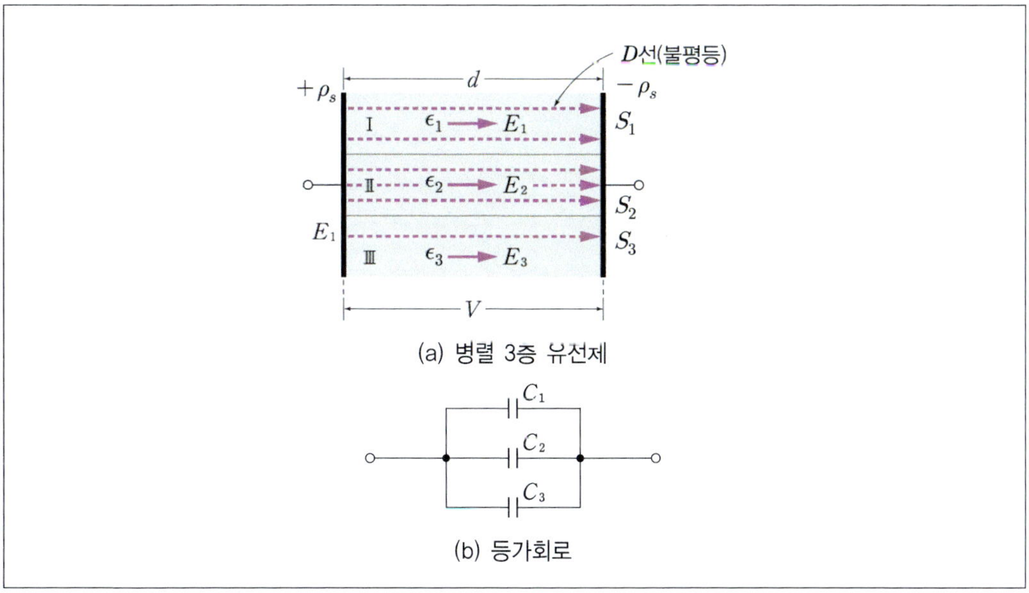

그림 4.7 병렬연결된 유전체의 정전용량

$$E = \frac{V}{d} = \frac{D_1}{\epsilon_1} = \frac{D_2}{\epsilon_2} = \frac{D_3}{\epsilon_3} \qquad (4-27)$$

따라서 각 유전체 내의 전계의 세기는 동일하지만 전속밀도는 서로 달라진다.
또 전극 상의 전하총량을 Q라 하고 가우스의 법칙을 적용하면

$$Q = \oint \boldsymbol{D} \cdot d\boldsymbol{S} = D_1S_1 + D_2S_2 + D_3S_3 = \frac{V}{d}(\epsilon_1S_1 + \epsilon_2S_2 + \epsilon_3S_3) \qquad (4-28)$$

이므로, 전체 정전용량 C는 다음과 같이 나타낼 수 있다.

$$C = \frac{Q}{V} = \frac{1}{d}(\epsilon_1S_1 + \epsilon_2S_2 + \epsilon_3S_3) = C_1 + C_2 + C_3\,[\mathrm{F}] \qquad (4-29)$$

여기서, C_1, C_2, C_3는 각 유전체의 정전용량으로 다음과 같다.

$$C_1 = \frac{\epsilon_1 S_1}{d},\ C_2 = \frac{\epsilon_2 S_2}{d},\ C_3 = \frac{\epsilon_3 S_3}{d} \tag{4-30}$$

식 (4-29)에 의해 C는 C_1, C_2, C_3의 병렬접속으로 생각할 수 있으므로 그림 4.7(a)는 (b)와 같은 등가회로로 바꾸어 해석할 수 있다.

(2) 동심구 도체의 정전용량

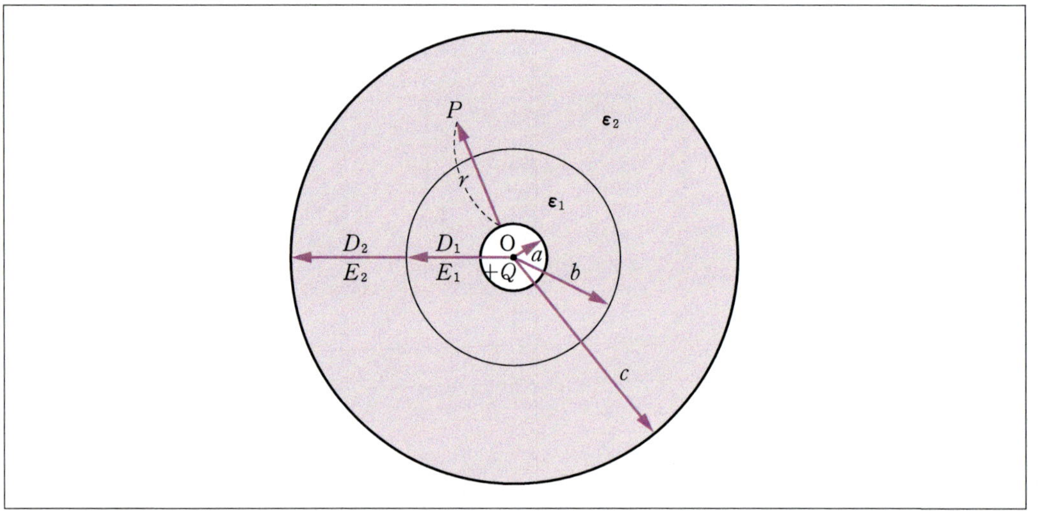

그림 4.8 두 개의 동심구의 정전용량

그림 4.8과 같이 반지름 a와 c의 동심구 사이에 유전율 ϵ_1, ϵ_2인 두 종류의 유전체를 넣고 내구에 전하 Q를 부여했을 때 전계, 전속의 방향은 그림과 같이 화살표 방향이므로 유전체의 경계조건에 의해 $D_{1n} = D_{2n}$ 또는 $\epsilon_1 E_{1n} = \epsilon_2 E_{2n}$가 성립하며 $E_1 \neq E_2$이다. 또, 전계의 경계면에 대한 접선성분은 없으므로 $D_1 = D_2$, $\epsilon_1 E_1 = \epsilon_2 E_2$의 경계조건이 성립한다. 동심구 사이의 전계, 전속은 원주방향으로 일정하므로 중심 O에서 거리 r이 되는 점 P에 있어서의 전속밀도는

$$Q = \oint \boldsymbol{D} \cdot d\boldsymbol{S} = D(4\pi r^2) \quad \therefore\ D = \frac{Q}{4\pi r^2} \tag{4-31}$$

가 되고, 각 유전체 내의 전계 E_1, E_2는 $D = \epsilon E$이므로

$$E_1 = \frac{D}{\epsilon_1} = \frac{Q}{4\pi\epsilon_1 r^2},\ E_2 = \frac{D}{\epsilon_2} = \frac{Q}{4\pi\epsilon_2 r^2} \tag{4-32}$$

가 된다. 동심구 사이의 전위차 V는 다음과 같이 된다.

$$V = -\int_c^a \boldsymbol{E} \cdot dl = -\int_b^a E_1 dr - \int_c^b E_2 dr$$
$$= -\int_b^a \frac{Q}{4\pi\epsilon_1 r^2} dr - \int_c^b \frac{Q}{4\pi\epsilon_2 r^2} dr = \frac{Q}{4\pi}\left\{\frac{1}{\epsilon_1}\left[\frac{1}{r}\right]_b^a + \frac{1}{\epsilon_2}\left[\frac{1}{r}\right]_c^b\right\} \qquad (4\text{-}33)$$
$$= \frac{Q}{4\pi}\left\{\frac{1}{\epsilon_1}\left(\frac{1}{a} - \frac{1}{b}\right) + \frac{1}{\epsilon_2}\left(\frac{1}{b} - \frac{1}{c}\right)\right\}$$

따라서 정전용량 C는 다음과 같다.

$$C = \frac{Q}{V} = \frac{4\pi}{\frac{1}{\epsilon_1}\left(\frac{1}{a} - \frac{1}{b}\right) + \frac{1}{\epsilon_2}\left(\frac{1}{b} - \frac{1}{c}\right)} [\mathrm{F}] \qquad (4\text{-}34)$$

(3) 동심 원통 도체의 정전용량

무한길이의 동심원통 도체 사이에 유전율이 ϵ_1, ϵ_2인 유전체를 경계면이 동심원통이 되도록 배치하였다. 내전극과 외전극의 반지름이 각각 a, c이고 중심에서 유전체 경계면까지의 반지름이 b일 때의 정전용량을 구해보자.

내부, 외부 도체에 각각 선전하밀도 ρ_l, $-\rho_l[\mathrm{C/m^2}]$인 전하를 부여하면 전계, 전속의 방향은 모두 반지름 방향으로 내부 도체에서 외부 도체로 향한다. 유전체의 경계조건에 의해 $D_{1n} = D_{2n}$ 또는 $\epsilon_1 E_{1n} = \epsilon_2 E_{2n}$가 성립하며 $E_1 \neq E_2$이다. 또, 전계의 경계면에 대한 접선성분은 없으므로 $D_1 = D_2$, $\epsilon_1 E_1 = \epsilon_2 E_2$의 경계조건이 성립한다. 동심구 사이의 전계, 전속은 원주방향으로 일정하므로 도체 사이에 길이 l인 원통 모양의 가우스면을 선정하면 중심 O에서 거리 r이 되는 점 P에 있어서의 전속밀도는

$$Q = \rho_l l = \oint \boldsymbol{D} \cdot d\boldsymbol{S} = D(2\pi r l) \quad \therefore D = \frac{\rho_l}{2\pi r} \qquad (4\text{-}35)$$

이 된다. 각 유전체 내의 전계 E_1, E_2는 $D = \epsilon E$이므로

$$E_1 = \frac{D}{\epsilon_1} = \frac{\rho_l}{2\pi\epsilon_1 r}, \quad E_2 = \frac{D}{\epsilon_2} = \frac{\rho_l}{2\pi\epsilon_2 r} \qquad (4\text{-}36)$$

이 되므로 두 도체 사이의 전위차 V는

$$V = -\int_c^a \boldsymbol{E} \cdot dl = -\int_b^a E_1 dr - \int_c^b E_2 dr$$
$$= -\int_b^a \frac{\rho_l}{2\pi\epsilon_1 r} dr - \int_c^b \frac{\rho_l}{2\pi\epsilon_2 r} dr = -\frac{\rho_l}{2\pi}\left\{\frac{1}{\epsilon_1}[\ln r]_b^a + \frac{1}{\epsilon_2}[\ln r]_c^b\right\} \quad (4\text{-}37)$$
$$= \frac{\rho_l}{2\pi}\left(\frac{1}{\epsilon_1}\ln\frac{b}{a} + \frac{1}{\epsilon_2}\ln\frac{c}{b}\right)$$

가 된다. 따라서 두 도체사이의 단위길이당 정전용량 C_0는 다음과 같이 된다.

$$C_0 = \frac{\rho_l}{V} = \frac{2\pi}{\frac{1}{\epsilon_1}\ln\frac{b}{a} + \frac{1}{\epsilon_2}\ln\frac{c}{b}} [\text{F/m}] \quad (4\text{-}38)$$

4.4 전류와 전류밀도

앞에서는 정지상태에 있는 전하(정전하)를 다루었다. 전류는 전하의 운동에 의해 생기는데 크게 **대류전류**(convection current)와 **전도전류**(conduction current)로 구분한다. 대류전류는 적절한 조건 하에 도체 없이 유전체나 진공에서 전하의 움직임에 의해 형성되는 전류이다. 전도전류는 도체나 반도체 내에서 하전입자(전자와 정공)가 인가된 전계에 의해 이동하여 흐르는 전류이다.

전류 I는 전하가 움직이는 경로의 단면을 미소시간 dt동안 통과하는 전하량 dQ로 정의된다. 전류의 단위는 암페어[A]로 [C/s]와 같다. 따라서 전류는 전하가 단면 S를 얼마나 빠르게 또 얼마나 많이 통과하는지 나타내는 기준이다.

이러한 전류가 도체의 한 단면을 흐를 때 단위면적당 흐르는 전류를 **전류밀도** J(current density)라 하며 전류가 흐르는 방향에 수직인 소면적 dS를 통해 흐르는 전류가 dI라 하면 전류밀도 벡터 J의 크기는 다음과 같이 나타낼 수 있다.

$$J = \frac{dI}{dS} [\text{A/m}^2] \quad (4\text{-}39)$$

벡터 J는 크기가 J이고 방향은 양전하가 이동하는 방향, 즉 전류가 흐르는 방향과 같다. 전류가 미소면적 dS를 항상 수직으로 통과하는 것은 아니므로 이 미소면적을 통과하는 전류는 다음과 같다.

$$dI = \boldsymbol{J} \cdot d\boldsymbol{S} \tag{4-40}$$

따라서 면적 S를 통해 흐르는 총 전류는 J에 대한 면적분으로 다음과 같이 나타낼 수 있다.

$$I = \frac{dQ}{dt} = \int_S \boldsymbol{J} \cdot d\boldsymbol{S} \tag{4-41}$$

전하는 원자핵으로부터 전자가 분리되면 전자와 양이온으로 동시에 생성된다. 또한 전하는 어떠한 조건에서는 서로 재결합하여 소멸하기도 한다. 그러나 전하는 그 자체로서 생겨나거나 없어지지는 않는다. 이를 전하보존의 원리라 한다. 전하보존의 원리에 따라 주어진 부피 V내에서 줄어드는 전하의 시간에 대한 비율은 이 부피를 감싸는 폐곡면을 통해 밖으로 빠져나가는 전류의 총합과 같아야 한다. 따라서 폐곡면 S를 통해 빠져나가는 전류는 다음과 같이 나타낼 수 있다.

$$I_{out} = \oint_S \boldsymbol{J} \cdot d\boldsymbol{S} = -\frac{dQ}{dt} \tag{4-42}$$

전하 Q가 부피전하밀도 ρ_v로 구성되어 있다고 하고, 위 식의 적분식에 발산정리를 적용하면 다음과 같이 된다.

$$\begin{aligned} I_{out} &= \oint_S \boldsymbol{J} \cdot d\boldsymbol{S} = \int \nabla \cdot \boldsymbol{J} dv = -\frac{dQ}{dt} \\ &= -\frac{d}{dt}\int_V \rho_v dv = -\int_v \frac{d\rho_v}{dt} dv \end{aligned} \tag{4-43}$$

따라서 다음과 같은 전류의 연속 방정식(continuity equation)이 성립한다.

$$\nabla \cdot \boldsymbol{J} = -\frac{d\rho_v}{dt} \tag{4-44}$$

이 식은 미소부피에서 흘러나오는 전류밀도의 발산량은 바로 그 점에서의 부피전하밀도의 시간에 대한 감소율과 같다는 것을 의미한다. 시간에 따라 전하분포가 변하지 않는 직류전류에 대해서는 $d\rho_v / dt = 0$이므로 위 식으로부터 $\nabla \cdot \boldsymbol{J} = 0$이다.

예제 4.11 **10[A]의 전류가 5분간 도선에 흘렀을 때 도선 단면을 지나간 전하량[C]을 구하라.**

풀이 $I = \frac{Q}{t}$, $Q = It = 10 \times 5 \times 60 = 3000$[C]

예제 4.12 **지름** 2.6[mm]**의 동선에** 48[A]**의 전류가 흐를 때 전류밀도**[A/mm²]**를 구하라.**

풀이 $J = \frac{I}{S} = \frac{I}{\pi r^2} = \frac{48}{\pi \times 1.3^2} = 9.04[\text{A/mm}^2]$

4.5 옴의 법칙(Ohm's law)

도체에 전계가 가해지면 도체 내의 자유전자들이 가해진 전계와 반대방향으로 움직이게 된다. 이렇게 자유전자의 흐름과 반대방향으로 흐르는 전류가 전도전류이다. 전도전류밀도는 도체 내부의 전계에 비례하므로 다음과 같이 옴의 법칙으로 나타낼 수 있다.

$$\boldsymbol{J} = \sigma \boldsymbol{E} \tag{4-45}$$

여기서 σ는 물질의 **전도율**(conductivity)이다. 전도율의 단위는 지멘스/미터[S/m] 또는 mho/m [℧/m]이다. 전도율의 크기는 은, 동, 금, 알루미늄의 순으로 높으며 약 $10^7 \sim 10^8$[S/m]의 범위에 있다.

단면적이 S, 길이가 l, 전도율이 σ인 직육면체의 도체에 길이 방향으로 전계 E가 인가되어 전류밀도 J가 흐르는 경우를 생각해 보자. J, E, σ가 도체 전체영역에서 균일하다고 가정하고 위 식의 양변에 단면적 S를 곱하면

$$JS = \sigma ES = \frac{\sigma S}{l}(El) \tag{4-46}$$

이 되고, $I = JS$, $V = El$이므로

$$I = \frac{\sigma S}{l} V \quad \Rightarrow \quad V = \frac{l}{\sigma S} I \tag{4-47}$$

와 같은 전압과 전류 관계식이 성립한다. 저항 $R = \frac{l}{\sigma S}$로 나타내면

$$I = \frac{V}{R}, \quad V = IR, \quad R = \frac{V}{I} = \frac{l}{\sigma S} = \rho \frac{l}{S} \tag{4-48}$$

여기서, $\rho = \frac{1}{\sigma}$는 전도율의 역수로서 **저항률**(resistivity)이라고 한다.

식(4-48)을 옴의 법칙(Ohm's law)이라 하고 R을 **전기저항**(electric resistance)이라 한다. 전기저항의 단위는 옴의 법칙의 발견자인 옴(G. S. Ohm)의 이름을 따서 옴이라 하고 기호는

[Ω]로 표시한다. 1[Ω]은 두 점 사이의 전위차가 1[V]이고 1[A]의 전류가 흐를 때의 전기저항이다. 전기저항 R은 도체의 길이에 비례하고 단면적에 반비례한다. 그리고 저항 R의 역수를 컨덕턴스(conductance)라 하고 다음과 같이 나타낸다.

$$G=\frac{1}{R}=\frac{1}{\rho}\frac{S}{l} \tag{4-49}$$

G의 단위는 모(mho, [℧]) 또는 지멘스(siemens, [S])로 표시한다.

ρ, σ는 물질의 물리 및 화학적 상태에 의해 정해지는 것으로 형태에는 관계없는 물질 고유의 값이다.

예제 4.13 **저항에 대한 다음 설명 중 옳지 않은 것은?**

① 저항률의 역수는 전도율이다.
② 도체의 저항률은 온도가 올라가면 그 값이 증가한다.
③ 저항의 역수는 컨덕턴스이고 그 단위는 지멘스[S]를 사용한다.
④ 도체의 저항은 단면적에 비례한다.

풀이 도체의 저항은 $R=\rho\frac{l}{S}$이므로, 저항은 저항률과 길이에 비례하고 단면적에 반비례한다.

정답 ④

4.6 주울의 법칙(Joule's law)

도선에 전류가 흐르게 하려면 축전지와 같은 전원이 필요하다. 도선에 전류가 흐르면 전위가 높은 곳에서 낮은 곳으로 전하가 이동하면서 일을 하게 된다. 이러한 일을 할 수 있는 에너지는 도선 내에서 열로 소모된다. 도선에 전류가 흘러 단위시간에 행한 전기적인 일을 전력(power)라 하고 다음과 같이 전계와 전류밀도로부터 구할 수 있다.

$$P=\int \boldsymbol{E}\cdot Jdv \tag{4-50}$$

앞에서 살펴본 것과 같이 단면적 S, 길이 l, 전도율 σ인 직육면체 균일 도체에 균일한 J, E, σ를 가진다고 가정하고 식 (4-45)를 위 식에 대입하면 다음과 같이 된다

$$
\begin{aligned}
P &= \int \sigma E^2 dv = \int \frac{1}{\sigma} J^2 dv = \sigma E^2 (Sl) = \frac{J^2}{\sigma}(Sl) \\
&= (El)^2 \frac{\sigma S}{l} = \frac{V^2}{R} \\
&= (JS)^2 \frac{l}{\sigma S} = I^2 R \\
&= \left[\int \boldsymbol{E} \cdot dl\right]\left[\int \boldsymbol{J} \cdot d\boldsymbol{S}\right] = (El)(JS) = VI
\end{aligned} \tag{4-51}
$$

이와 같이 전기저항 R인 도체에 전류 I를 흐르게 하면 도체 내에 I^2R의 열이 발생한다. 이 현상은 1840년 영국의 주울(J.P. Joule)에 의해 측정되었다. 옴의 법칙을 적용하면 전력은 다음과 같이 된다.

$$P = VI = \frac{V^2}{R} = I^2 R [\mathrm{W}] \tag{4-52}$$

단위시간 1초당 1[J]의 일을 행한 경우 1[W]=1[J/s]가 된다. 이때 전력은 모두 저항에서 소모되어 열 에너지로 변한다. 위 식의 관계를 주울의 법칙(Joule's law)이라고 하며 이 때의 발생열을 주울열이라고 한다. 그런데 열 에너지의 단위로는 칼로리(cal)가 사용되고 칼로리와 주울열 사이에는 1[cal]=4.185[J]의 관계가 있기 때문에 위 식을 칼로리로 표시하면

$$P = \frac{1}{4.185} I^2 R = 0.24 I^2 R \ [\mathrm{cal/s}] \tag{4-53}$$

가 된다. 따라서 t초 동안의 발열량 Q는

$$Q = P \cdot t = 0.24 I^2 Rt \ [\mathrm{cal}] \tag{4-54}$$

로 된다.

전력량은 전하가 시간 t[s]동안 한 일 또는 전하가 시간 t[s]동안 소비한 에너지로 정의한다. 전력량은 위의 식에서와 같이 전력[W]와 시간 [s]와의 곱이므로 에너지에 해당하며 단위는 [J]=[W・s]이다. 실제로는 전력량의 단위로 와트 시(Watt hour, [Wh]) 또는 킬로와트 시(kilowatt hour, [kWh])를 주로 사용한다. 전력량의 단위로 [Wh]를 쓰는 경우 (4-54)식에서 1시간 동안의 발열량식은 다음과 같이 된다.

$$Q = 0.24 \times 3600 \times P \cdot H = 860 P \cdot H [\mathrm{cal}] \tag{4-55}$$

전기에너지로 물체의 온도를 상승시키는 경우 물체의 질량 m[kg], 비열 C[kcal/kg・℃], 소비전력 P[kW], 시간 H[hour], 온도차 $T_2 - T_1$, 전열기의 효율을 η[%]라 하면 다음과 같

이 나타낼 수 있다.

$$Q = 860\eta P \cdot H = Cm(T_2 - T_1)[\text{kcal}] \tag{4-56}$$

예제 4.14 **15[℃]의 물 4[l]를 1[kW]의 전열기로 가열하여 60[℃]까지 올리는데 걸리는 시간을 구하라. 단, 전열기의 효율은 69.8[%]이다.**

풀이 $Q - 860\eta P \cdot H = Cm(T_2 - T_1)$에서

$$H = \frac{Cm(T_2 - T_1)}{860\eta P} = \frac{1 \times 4 \times (90 - 15)}{860 \times 69.8 \times 10^{-2} \times 1} = 0.5[\text{시간}] = 30[\text{분}]$$

4.7 특수 현상

(1) 제벡 효과(Seebeck effect)

두 종류의 다른 금속을 접합하여 폐회로를 만들고 두 접합점 사이에 온도차를 주었을 때 기전력이 생겨 전류가 흐르는 현상을 제벡 효과(Seebeck effect)라고 한다. 이렇게 폐회로를 형성한 한 쌍의 금속을 열전대(thermocouple)라 하며 용광로 등의 온도 측정에 사용된다.

(2) 펠티어 효과(Peltier effect)

서로 다른 재질의 금속선으로 폐회로를 만들고 외부에서 전류를 흘리면 접속점의 온도가 상승 또는 하강하게 되는데 이를 펠티어 효과(Peltier effect)라고 하며 제벡 효과의 반대 현상이다. 전류의 방향을 바꾸면 열의 발생부와 흡수부가 바뀌게 된다. 펠티어 효과를 활용하면 냉매를 사용하는 압축기를 사용하지 않고도 냉온수기나 화장품 냉장고와 같이 특정 부위의 온도를 올리거나 내리는 기기를 만들 수 있다.

(3) 톰슨 효과(Thomson effect)

한 줄의 금속도선의 두 점에 온도차를 주고 그 속에 전류를 통하면 도선 속에서 열이 발생하거나 또는 흡수된다. 이것을 톰슨 효과(Thomson effect)라고 한다.

제벡 효과와 펠티어 효과는 서로 다른 이종 금속간에 나타나는 현상이고 톰슨 효과는 동종 금속에서 일어나는 현상이다.

(4) 압전 현상

어떤 특수한 결정을 가진 물질은 기계적 압력을 가하면 그 물질 속에 전기분극이 생겨 전위차가 발생한다. 이 현상을 압전 현상(piezo-electric phenomena)라고 한다. 이 현상에는 반대되는 것도 있어 결정에 전계(전압)를 가하면 기계적 변형(진동)이 생긴다. 앞의 현상을 직접효과, 뒤의 것을 역효과라 한다.

압전현상을 일으키는 물질로는 수정, 전기석, 로셀염, 티탄산 바륨 등이 있는데 이 기계적 힘과 전기현상이 상호변환될 수 있는 성질을 응용하여 압력계, 픽업, 기록 전압계, 고주파 진동자, 수정시계 등에 널리 이용되고 있다.

(5) 파이로 전기

압전효과가 발생하는 결정을 가열하면 분극이 생기고 냉각하면 그 반대극성의 분극이 생기는 현상이 있다. 이러한 현상을 파이로 전기(pyro-electricity)라고 한다.

연습문제

01 공기 중의 두 점전하 사이에 작용하는 힘이 10[N]이었다. 두 전하간에 유전체를 넣었더니 힘이 4[N]이 되었다면 이 유전체의 비유전율을 구하라.

02 비유전율 $\epsilon_r = 5$인 유전체 내에 각각 1[μC]와 5[μC]의 전하를 $r = 1$[m]간격으로 놓았을 때 두 전하사이에 작용하는 힘[N]을 구하라.

03 두 매질의 경계면에 30°의 각도로 입사한 전류가 60°로 굴절하였을 때 두 매질의 유전율간의 비를 구하라. (단, 매질 1, 매질 2의 유전율은 각각 k_1, k_2라 한다)

04 합성수지의 절연체에 5×10^3[V/m]의 전계를 가했을 때 전속밀도[C/m^2]를 구하라. 단, 이 절연체의 비유전율은 10이다.

05 반지름이 각각 a[m], b[m], c[m]인 독립 구도체가 있다. 이들 도체를 가는 선으로 연결했을 때 합성 정전용량[F]을 구하라.

5

정자계

5.1 자기현상

두 개의 자석 상호 간에 흡인력이나 반발력이 작용하고 또 자석이 철을 끌어당기는 현상 등을 자기현상이라 한다. 일반적으로 진공 중에 놓인 하나의 자석은 그 주위의 공간에 자기적 작용을 미치며, 자극에서 거리가 멀리 떨어지면 거리의 제곱에 반비례하여 자기적 흡인력이나 반발력은 약해지고 또 자석 가까이 나침반의 자침을 가져가면 각 위치에 따라 그 지시방향이 달라진다. 이와 같은 사실에서 전계(전기장)를 공간적으로 크기와 방향을 갖는 벡터로 정의한 것과 마찬가지로 자기현상이 나타나는 공간에 자계(자기장)를 정의할 수 있다.

이 경우 전기력선에 대응하는 자기력선을 생각할 수 있으며, 공간의 자계에 대해 그 크기와 방향을 알면 전계와 마찬가지로 자기력선의 상태를 그릴 수 있다. 자계의 방향은 그 점에 자침을 놓았을 때 그림 5.1과 같이 N극이 가리키는 방향을 (+)로 한다.

자침을 자계 속에 두면 회전력을 받아 어느 방향을 향하고 정지한다. 자침이 놓인 점의 자계의 세기(intensity of magnetic field) $\boldsymbol{H}$는 하나의 벡터량으로 간주되며, 그 방향은 자침의 N극이 향한 방향, 크기는 정지상태에서 일정한 각도로 움직였을 때 발생하는 회전력에 비례하는 양으로 정의한다.

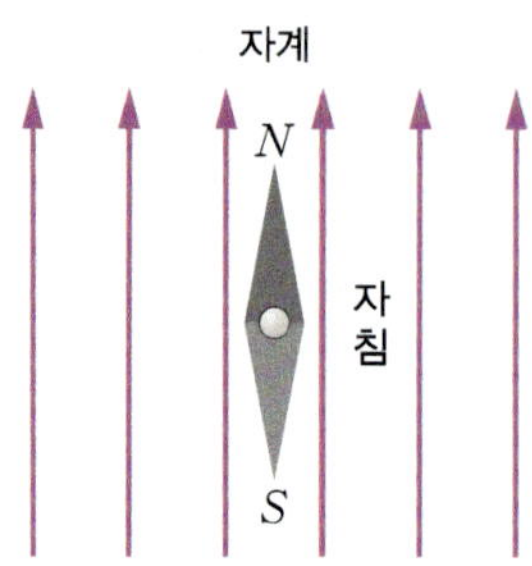

그림 5.1 자계의 방향

정전계에서는 전계, 전속밀도, 전위, 유전율, 정전용량 등의 개념을 도입하여 문제들을 해석하였는데 정자계에서도 이와 유사하게 자계, 자속밀도, 자위, 투자율, 유도용량 등을 살펴보며 정자계의 문제를 해석하고자 한다.

전기와 자기가 다른 점은 전하는 양전하 또는 음전하가 별개로 존재할 수 있지만 자석의 N극과 S극은 단독으로 존재할 수 없고 항상 동시에 존재하기 때문에 자기에서는 전하와 같이 고립된 형태의 자하가 존재하지 않는다. 자석을 이등분하여도 이등분된 자석의 양쪽 끝에 반대 극성이 다시 나타나면서 항상 N-S의 자극을 갖는 새로운 자석이 만들어진다.

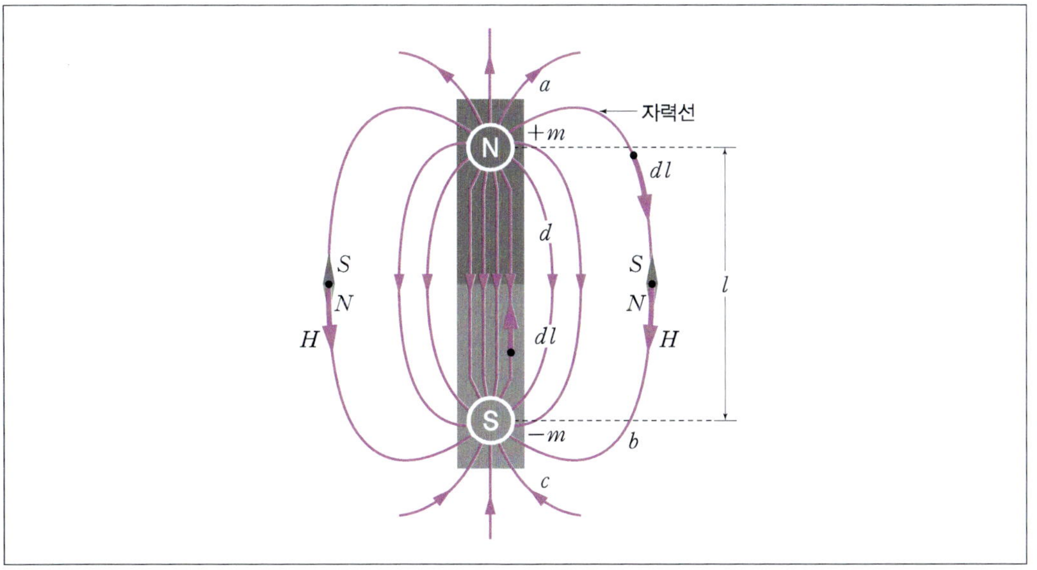

그림 5.2 자계의 자기력선

5.2 비오-사바르 법칙

(1) 암페어의 오른손(오른쪽 나사)의 법칙

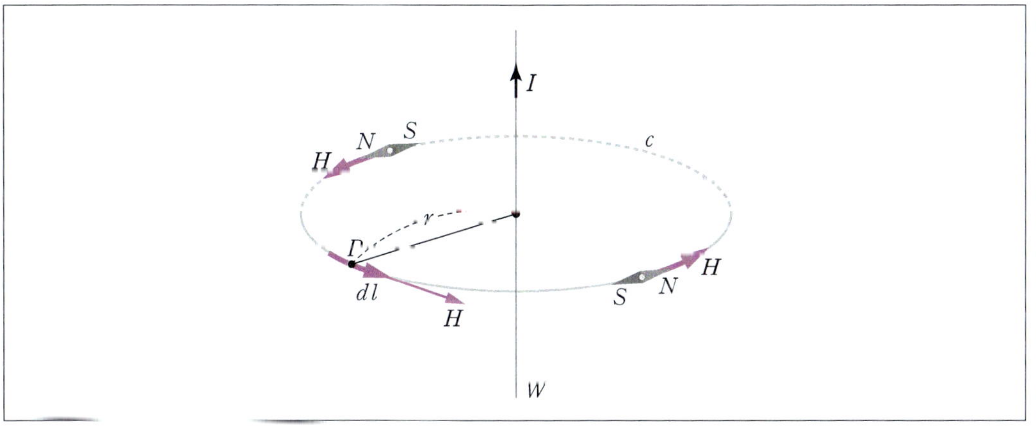

그림 5.3 선전류에 의한 자계

1820년에 덴마크의 물리학자 에르스테드(Oersted)는 전류가 흐르는 도선 근처에 있는 나침반의 바늘이 일정한 움직임을 보이는 것을 발견하였다. 이것은 전류가 흐르는 도선 주위에 자계가 형성되어 그 영향으로 자침이 움직이기 때문이다. 이로부터 전기와 자기가 서로 연관되어 있다는 것을 최초로 알게 되었고 프랑스 물리학자인 암페어는 실험을 통해 전류와 자계의 상호 관계를 정량적으로 밝혀냈다.

그림 5.3과 같이 전류가 흐르는 도선과 나란히 오른손 엄지손가락을 놓았을 때 자계는 나머지 손가락들이 감싸는 방향으로 발생한다. 또 그림 5.4와 같이 원형의 폐회로에 전류가 흐르는 방향으로 손가락을 감쌌을 때 엄지손가락이 가리키는 방향으로 자계가 형성된다. 이와 같은 관계를 **암페어의 오른손 법칙**(Ampere's right-handed screw rule) 또는 **암페어의 오른나사의 법칙**이라 한다.

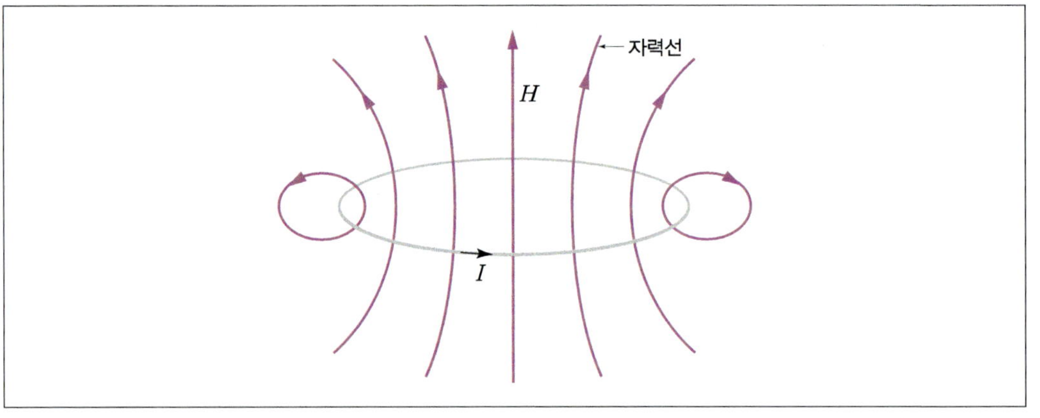

그림 5.4 원형 도체에 의한 자계

예제 5.1 **전류에 의한 자계의 방향을 결정하는 법칙은?**

① 렌츠의 법칙 ② 플레밍의 오른손 법칙
③ 플레밍의 왼손 법칙 ④ 암페어의 오른손 법칙

풀이 렌츠의 법칙 : 전자유도에 의한 유기기전력 방향
플레밍의 오른손 법칙 : 자계내 도체 운동시 유도전압 발생
플레밍의 왼손 법칙 : 자계내에서 전류가 흐르는 도체 운동시 작용하는 힘
암페어의 오른손 법칙 : 전류에 의한 자계 방향 결정

정답 ④

예제 5.2 **직선전류에 의해서 그 주위에 생기는 환상의 자계 방향은?**

① 전류의 방향 ② 전류와 반대방향
③ 오른 나사의 진행방향 ④ 오른 나사의 회전방향

풀이 암페어의 오른손 법칙 : 전류에 의한 자계 방향 결정
직선전류시 오른 나사의 진행방향 : 전류의 방향
오른 나사의 회전방향 : 자계의 방향

정답 ④

(2) 비오-사바르의 법칙

임의의 전류에 의해 발생하는 자계를 구하는 일반적인 방법을 최초로 정량적으로 나타낸 것이 비오-사바르의 법칙(Biot-Savart's law)인데 프랑스의 비오(Biot)와 사바르(Savart)에 의해 1820년 발표되었다.

그림 5.5와 같이 전류 I가 흐르는 도선상의 미소길이 dl에 의해서 그 점으로부터 거리 r만큼 떨어진 위치 P에 발생하는 미소 자계의 세기 $d\boldsymbol{H}$는 다음과 같이 주어진다.

$$d\boldsymbol{H} = \frac{Idl \times \boldsymbol{r}}{4\pi r^3} = \frac{Idl \times \hat{\boldsymbol{r}}}{4\pi r^2} \tag{5-1}$$

여기서 dl는 미소선전류가 흐르는 방향을 나타내는 벡터, $\hat{\boldsymbol{r}}$은 r방향의 단위벡터이다.

dH의 방향은 지면을 뚫고 들어가는 방향이며 그 크기는 dl과 r의 각을 θ로 하면 다음과 같다.

$$dH = \frac{Idl\sin\theta}{4\pi r^2} \tag{5-2}$$

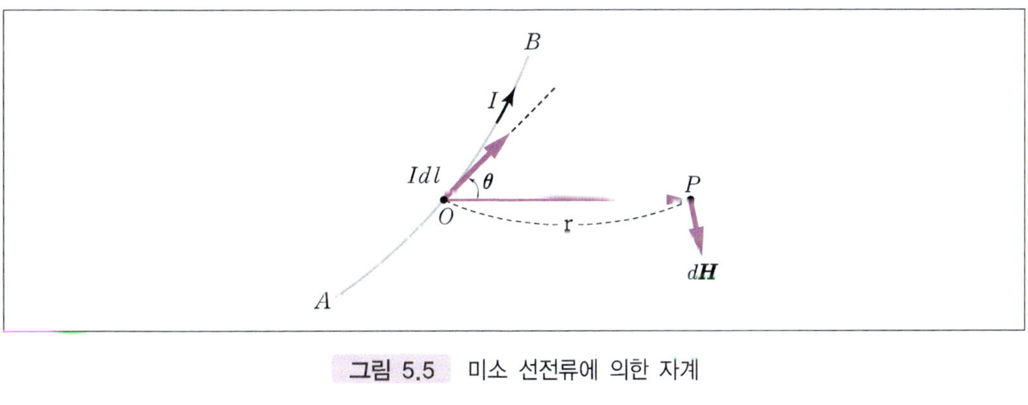

그림 5.5 미소 선전류에 의한 자계

위 식에서 보면 자계의 단위는 단위미터당 전류인 [A/m]로서 힘이 아니라는 것을 알 수 있다. 또한 자계의 방향은 두 벡터인 dl과 $\boldsymbol{r}$ 모두에 수직이다. 특히 정전계에서 전하 주변의 전계는 주변 매질에 따라 그 크기가 달라지는데 비해, 전류 주변의 자계는 매질의 영향을 받지 않고 전류분포와 거리에만 의존한다는 것을 알 수 있다.

한편 전류가 흐르는 전체 도선에 의해 발생하는 자계는 다음과 같이 나타낼 수 있다.

$$\boldsymbol{H} = \int_l \frac{Idl \times \boldsymbol{r}}{4\pi r^3} = \int_l \frac{Idl \times \hat{\boldsymbol{r}}}{4\pi r^2} \tag{5-3}$$

그림 5.6과 같이 길이 $\overline{AB}$인 직선 도선에 전류 I가 흐르고 있을 때 도선으로부터 수직거리 a인 P에서의 자계의 세기를 구해보자. $\overline{AO} = l_1$, $\overline{BO} = l_2$로 한다. 그리고 이 결과로부터 도선의 길이가 무한한 경우 점 P의 자계의 세기도 구해보자.

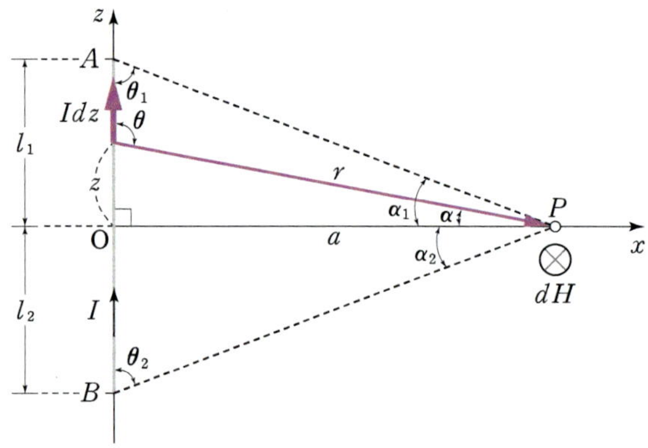

그림 5.6 유한 길이의 선전류에 의한 자계

원점 O에서 z축상 z의 점에 전류 요소 Idz를 가정하면 이에 의한 점 P의 자계의 세기 dH는 비오·사바르의 법칙에 의해

$$dH = \frac{Idz\sin\theta}{4\pi r^2} \qquad \text{단, } r = \sqrt{a^2 + z^2} \tag{5-4}$$

가 되고 방향은 Idz의 위치에 관계없이 항상 지면을 뚫고 들어가는 방향이므로 전체 도체에 의한 자계의 세기는 dH를 길이에 대해서 적분하면 구할 수 있다. 그런데 그림에서 $\pi - \theta + \alpha = \frac{\pi}{2}$이므로 $\theta = \frac{\pi}{2} - \alpha$이다.

따라서 $\sin\theta = \cos\alpha$, $z = a\tan\alpha$이므로 $dz = a\sec^2\alpha d\alpha$, $r = \sqrt{a^2 + a^2\tan^2\alpha} = a\sec\alpha$가 된다. 따라서 식(5-4)는 다음과 같이 바뀌쓸 수 있다.

$$dH = \frac{Ia\sec^2\alpha\cos\alpha d\alpha}{4\pi a^2\sec^2\alpha} = \frac{I\cos\alpha d\alpha}{4\pi a} \tag{5-5}$$

따라서 도체 전체에 대해 계산하면

$$H=\int_l dH=\frac{I}{4\pi a}\int_{-\alpha_2}^{+\alpha_1}\cos\alpha d\alpha=\frac{I}{4\pi a}[\sin\alpha]_{-\alpha_2}^{+\alpha_1}$$
$$=\frac{I}{4\pi a}(\sin\alpha_1+\sin\alpha_2) \quad (5\text{-}6)$$

이 된다. 그리고 무한 길이의 직선전류에 의한 자계를 생각해보면 $l_1\to\infty$, $l_2\to\infty$이고 $\alpha_1=\frac{\pi}{2}$, $\alpha_2=\frac{\pi}{2}$인 경우이므로

$$H=\frac{I}{2\pi a}[\text{AT/m}] \quad (5\text{-}7)$$

이 된다.

예제 5.3 비오-사바르의 법칙으로 구할 수 있는 것은?

① 자계의 세기 ② 전계의 세기
③ 전하 사이의 힘 ④ 자하 사이의 힘

풀이
$$d\boldsymbol{H}=\frac{Idl\times\boldsymbol{r}}{4\pi r^3}=\frac{Idl\times\hat{\boldsymbol{r}}}{4\pi r^2}$$

정답 ①

5.3 암페어의 법칙

(1) 암페어의 법칙

전계를 구하는데 있어 쿨롱의 법칙이 가장 기본적인 원리가 되는 것과 같이 비오-사바르의 법칙은 자계를 구하는데 있어 가장 일반적이고 기본적인 원리를 나타내는 법칙이다. 그러나 정전계에서 전하분포가 균일하여 전하분포와 전계 사이에 대칭성이 있는 경우 가우스 법칙을 사용하여 매우 쉽게 전계를 구할 수 있었다. 마찬가지로 일반적인 전류분포에 대해서는 비오-사바르의 법칙을 써서 자계를 구하지만 전류분포에 대칭성이 성립하는 경우에는 다음과 같은 암페어의 법칙을 사용하여 간단하게 자계를 계산할 수 있다.

$$\oint_C \boldsymbol{H}\cdot dl=I \quad (5\text{-}8)$$

암페어의 법칙(또는 암페어의 주회법칙)은 임의의 폐곡선을 따라 자계 $\boldsymbol{H}$의 접선 성분을 선적분한 값은 그 폐곡선을 관통하며 흐르는 전류 I와 같다는 의미이다.

그림 5.7과 같이 폐곡선 C로 만들어지는 곡면 S내에 전류밀도 $\boldsymbol{J}$가 분포되어 있다면 식 (5-8)의 우변은 다음과 같이 나타낼 수 있다.

$$I=\int_S \boldsymbol{J}\cdot d\boldsymbol{S} \tag{5-9}$$

식 (5-8)의 좌변에 스토크스의 정리를 적용하면 다음과 같이 된다.

$$\oint_C \boldsymbol{H}\cdot dl=\int_S \nabla\times\boldsymbol{H}\cdot d\boldsymbol{S} \tag{5-10}$$

식 (5-9), (5-10)으로부터 다음과 같은 식을 얻을 수 있는데 이를 암페어 법칙의 미분형이라고 한다.

$$\nabla\times\boldsymbol{H}=\boldsymbol{J} \tag{5-11}$$

위 식에서 보듯이 정자계는 $\nabla\times\boldsymbol{H}\neq 0$이므로 회전계(rotational field)임을 알 수 있다.

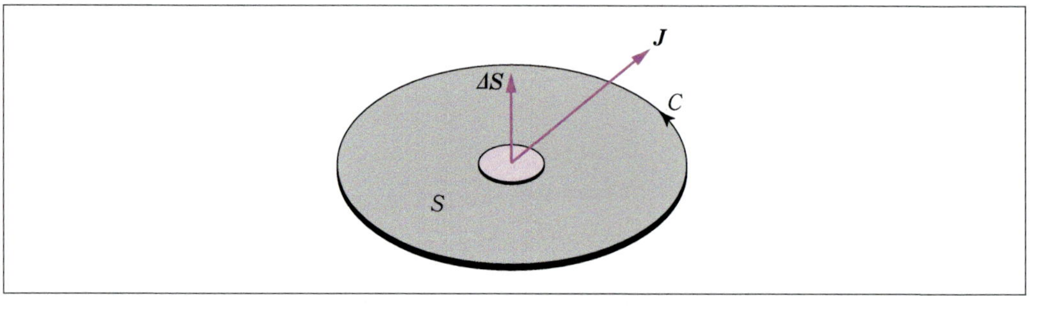

그림 5.7 분포전류에 의한 자계

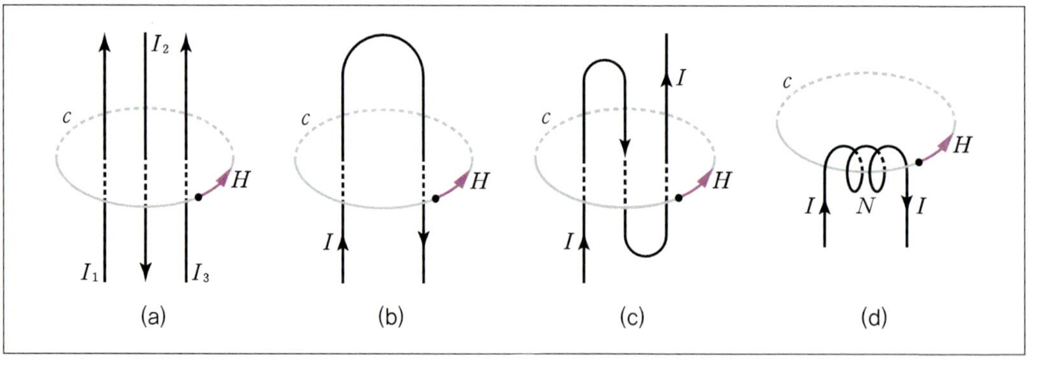

그림 5.8 전류와 자계의 쇄교

전류에 의해 발생한 자계가 전류가 흐르는 도체를 감싸게 될 때 쇄교(interlinkage)한다고 한다. 그림 5.8(a)와 같이 자계가 폐곡선 c 형태로 형성되고 여기에 전류 I_1, I_2, I_3가 쇄교하고 있을 때는

$$\oint_c \boldsymbol{H} \cdot dl = I_1 - I_2 + I_3 \tag{5-12}$$

로 된다. 또한 n개의 전류가 쇄교하고 있을 때는 다음과 같이 나타낼 수 있다.

$$\oint_c \boldsymbol{H} \cdot dl = \sum_{i=1}^{n} I_i \tag{5-13}$$

이 때 $\sum_{i=1}^{n} I_i$는 폐곡선 c에 쇄교하는 전전류의 합이다.

그림 (b)와 같이 폐로 속을 동일한 크기의 전류가 왕복하는 경우는

$$\oint_c \boldsymbol{H} \cdot dl = I - I = 0 \tag{5-14}$$

이며, 그림 (c)와 같은 경우는

$$\oint_c \boldsymbol{H} \cdot dl = I - I + I = I \tag{5-15}$$

이다. 그리고 그림 (d)와 같이 폐곡선 c가 N회의 권선과 쇄교하는 경우는 그 폐로가 쇄교하는 전류가 NI이기 때문에

$$\oint_c \boldsymbol{H} \cdot dl = NI \tag{5-16}$$

로 되는데 이 NI를 암페어 턴(ampere turn, AT)이라고 한다.

예제 5.4 **자계의 대한 설명 중 옳은 것은?**

① 자계는 보존계이다. ② 자계는 스칼라계이다.
③ 자계는 발산성 계이다. ④ 자계는 회전성 계이다.

풀이 전류에 의한 자계는 회전성 계이다.
$\nabla \times \boldsymbol{H} = \boldsymbol{J}$

정답 ④

예제 5.5 암페어의 주회적분의 법칙을 설명한 것으로 옳은 것은?

① 폐회로 주위를 따라 전계를 선적분한 값은 폐회로내의 총저항과 같다.
② 폐회로 주위를 따라 전계를 선적분한 값은 폐회로내의 총전압과 같다.
③ 폐회로 주위를 따라 자계를 선적분한 값은 폐회로내의 총전류와 같다.
④ 폐회로 주위를 따라 전계와 자계를 선적분한 값은 폐회로내의 총저항, 총전압, 총전류의 합과 같다.

정답 ③

예제 5.6 암페어의 주회적분의 법칙은 직접적으로 다음의 어느 관계를 표시하는가?

① 전하와 전계 ② 전류와 인덕턴스
③ 전류와 자계 ④ 전하와 전위

풀이 암페어의 법칙 : 자계를 자계가 형성된 경로를 따라 선적분하면 전류의 합과 같다.

$$\oint_c \boldsymbol{H} \cdot dl = \sum_{i=1}^{n} I_i$$

정답 ③

(2) 전류에 의한 자계 계산예

1) 무한길이 선전류에 의한 자계

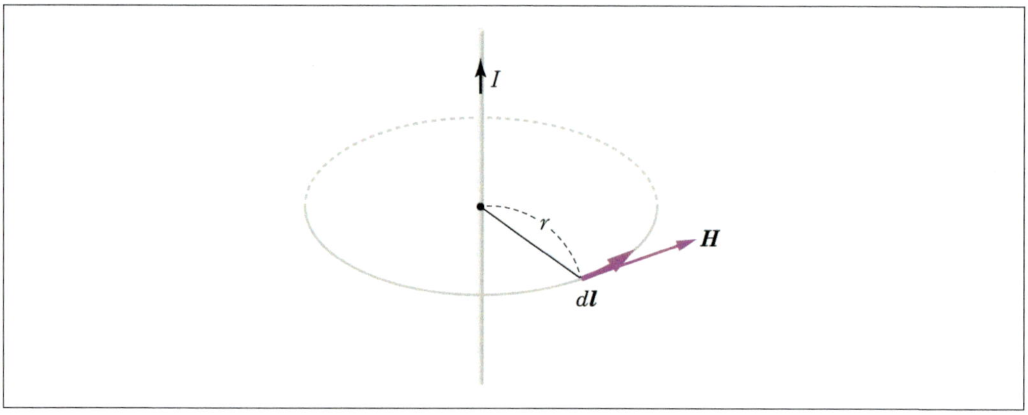

그림 5.9 무한길이 선전류에 의한 자계

암페어의 법칙을 사용하여 자계를 계산할 때는 가우스 법칙을 사용하여 전계를 구할 때와 마찬가지로 항상 대칭성을 고려하여야 한다. 그림 5.9와 같은 무한길이의 도선에 전류 I가 흐를 때 거리 r떨어진 점의 자계는 대칭성을 고려하면 거리만의 함수가 되므로 폐경로 dl을 원의 형태로 취하면 자계가 적분경로와 접선방향이 되므로 $\boldsymbol{H} \cdot dl = Hdl$이 된다. 암페어의 법칙

을 적용하면

$$\oint_c \boldsymbol{H} \cdot dl = \oint Hdl = H(2\pi r) = I \tag{5-17}$$

이므로

$$H = \frac{I}{2\pi r}\,[\mathrm{AT/m}] \tag{5-18}$$

이 된다. 위 식의 결과에서 비오-사바르 법칙의 결과와 같음을 알 수 있다. 따라서 대칭성이 성립하는 경우는 암페어의 법칙을 이용하면 훨씬 쉽게 자계를 구할 수 있게 된다.

2) 무한길이 원통형 전류에 의한 자계

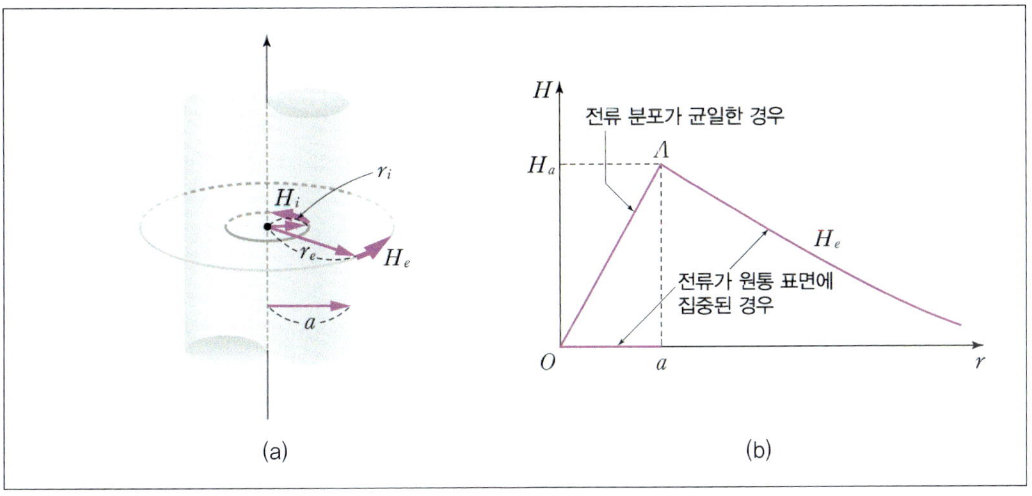

그림 5.10 무한길이 원통형 전류에 의한 자계

그림 5.10과 같은 반경 a인 무한길이의 원통형 도체에 전류 I가 균일하게 분포되어 흐르고 있을 때의 사계는 각 구간별로 나누어 구할 수 있다.

① **원통 외부의 자계**($r > a$)

도체 중심에서 거리가 r인 원주를 적분경로로 선택하면 자계의 크기는 거리에만 의존하므로 일정하고 자계의 방향은 원의 접선방향이 된다. 적분경로가 포함하는 전류는 I이므로 암페어의 법칙을 적용하면

$$\oint_c \boldsymbol{H} \cdot dl = \oint Hdl = H(2\pi r) = I \tag{5-19}$$

따라서 원통 외부의 자계 H_e는 다음과 같다.

$$H_e = \frac{I}{2\pi r} \qquad (5-20)$$

즉 원통외부의 자계는 전류 I가 모두 중심에 모여 있을 때 만드는 자계와 같다. 그림 (b)에 나타낸 바와 같이 H_e는 중심으로부터의 거리가 멀어지면 감소한다.

② **원통 내부의 자계**($r < a$)

원통 내부에서는 적분경로와 쇄교하는 전류가 그림 (a)와 같이 반지름 r_i 내부의 전류 $I{r_i}^2/a^2$로 한정되기 때문에

$$2\pi r_i H = I\frac{{r_i}^2}{a^2} \qquad (5-21)$$

이므로 원통 내부의 자계 H_i는 다음과 같다.

$$H_i = \frac{r_i I}{2\pi a^2} \qquad (5-22)$$

또 전류가 원통 표면에만 모여 있을 때는 쇄교하는 전류가 원통내에서는 항상 0이 되기 때문에 식(5-21)에서 $H = 0$이며 그림(b)의 직선 Oa로 표시된다.

그림(b)에 나타냈듯이 무한길이 원통형 도체의 전류에 의한 자계는 도체 내부에서는 중심에서의 거리에 비례하고 도체 외부에서는 거리에 반비례한다.

3) 무한 길이 솔레노이드에 의한 자계

그림 5.11에 표시한 바와 같이 원통 위에 도선을 균일하게 감은 것을 솔레노이드(solenoid)라고 한다.

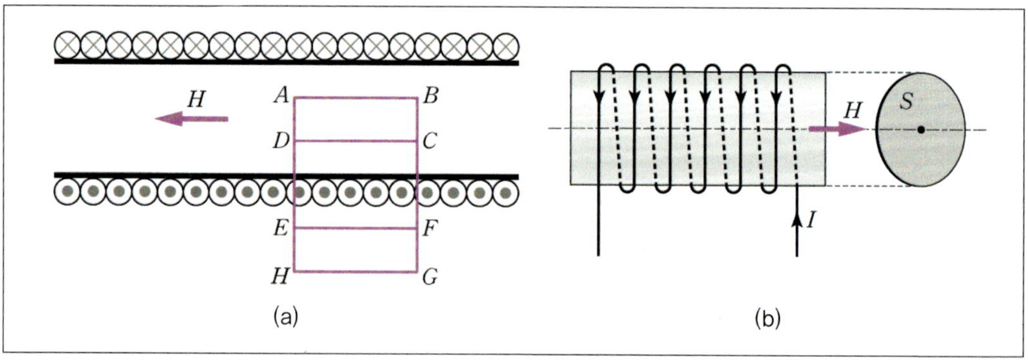

그림 5.11 무한길이 솔레노이드에 의한 자계

솔레노이드는 일종의 코일인데 길이가 한정된 솔레노이드와 길이 무한대의 솔레노이드가 있다. 도선이 다수 밀접되어 감겨 있으므로 마치 다수의 원형 전류가 상호 밀접되어 병렬로 흐르는 것과 같은 것으로 생각하면 된다.

① 솔레노이드 내부의 자계

그림 5.11과 같은 단위 길이당 권선수 n, 전류 I, 반지름 a인 무한길이 솔레노이드 각 부의 자계를 구해본다. 무한길이 솔레노이드이기 때문에 자계는 암페어의 오른나사 법칙에 의해 축 방향으로 형성된다. 따라서 그림과 같이 축방향과 평행 및 수직인 폐곡선 $\overline{ABCD}$를 선정하고 암페어의 법칙을 적용해보자.

이 폐곡선에 쇄교하는 전류는 0이고 또 BC, DA경로에서는 자계와 경로의 방향이 서로 수직이므로 $\boldsymbol{H}\cdot dl = H dl\cos\theta = 0$이다. 또 AB경로에서는 자계와 적분경로가 같은 방향($\theta = 0°$), CD경로에서는 자계와 적분경로가 서로 반대 방향이므로 ($\theta = 180°$) 길이가 l인 AB, CD경로의 자계를 각각 H_1, H_2라 하면

$$\begin{aligned}\oint \boldsymbol{H}\cdot dl &= \int_{AB}\boldsymbol{H}_1\cdot dl + \int_{BC}\boldsymbol{H}\cdot dl + \int_{CD}\boldsymbol{H}_2\cdot dl + \int_{DA}\boldsymbol{H}\cdot dl \\ &= H_1 l - H_2 l = 0\end{aligned} \tag{5-23}$$

따라서,

$$H_1 = H_2 \tag{5-24}$$

이다. 위 식에서 알 수 있듯이 AB, CD위치에 상관없이 길이 무한대인 솔레노이드 내부의 자계는 일정하며 축방향에 평행인 균일 자계라는 것을 알 수 있다.

② 솔레노이드 외부의 자계

내부와 마찬가지로 외부의 폐곡선 $\overline{EFGH}$에 대해서 주회적분을 하면 외부에 있어서도 EF, GH경로의 자계를 각각 H_3, H_4라 하면 $H_3 = H_4$로 되어, 거리 무한의 원점까지 포함하여 모든 부분이 균일자계로 되어 있다는 것을 알 수 있다. 그런데 거리 무한의 원점에서는 자계는 당연히 0이기 때문에 외부자계는 모든 부분이 0이라고 할 수 있다.

$$H_3 = H_4 = 0 \tag{5-25}$$

③ 솔레노이드 내외부에 걸친 직분로에서의 자계

다음에는 전류와 쇄교하는 폐곡선 $\overline{DCFE}$에 대해서 주회적분을 적용해 본다. 폐곡선에 포함되어 쇄교하는 전류는 nlI이다. 솔레노이드 외부에는 자계가 없으며 자계와 수직인 경로에서 적분값은 0이므로

$$\oint \boldsymbol{H} \cdot dl = \int_{DC} \boldsymbol{H} \cdot dl + \int_{CF} \boldsymbol{H} \cdot dl + \int_{FE} \boldsymbol{H} \cdot dl + \int_{ED} \boldsymbol{H} \cdot dl \\ = Hl = nlI \tag{5-26}$$

이다. 즉 내부자계는 다음과 같이 된다.

$$H = nI[\mathrm{AT/m}] \tag{5-27}$$

균일자계를 만들기 위해서는 무한길이의 솔레노이드가 필요하지만 실제로는 길이를 무한대로 만들 수 없기 때문에 단면적에 비해 길이가 충분히 긴 솔레노이드를 만들어 사용하고 도선을 매우 촘촘하게 감아서 누설자계를 줄인다.

예제 5.7 **1[cm]마다 권선수가 100인 무한길이 솔레노이드에 20[mA]의 전류를 흘릴 때 솔레노이드 내부의 자계의 세기[AT/m]를 구하라.**

풀이 단위길이당 권선수 $n = \dfrac{100}{0.01} = 10000[\mathrm{T/m}]$

무한길이 솔레노이드에서 암페어의 법칙을 적용하면 솔레노이드 외부에는 자계가 없으며 자계와 수직인 경로에서 적분값은 0이므로

$\oint \boldsymbol{H} \cdot dl = = Hl = nlI$

$\therefore\ H = nI = 10000 \times 20 \times 10^{-3} = 200[\mathrm{AT/m}]$

예제 5.8 **무한길이 솔레노이드에 전류를 흘릴 때 발생되는 자계에 대한 설명 중 옳은 것은?**

① 내부자계는 균일자계이다.

② 내부와 외부의 자계의 세기는 같다.

③ 외부자계는 균일자계이다.

④ 내부자계의 세기는 0이다.

풀이 무한길이 솔레노이드에서 내부자계의 세기는 $H = nI$로 균일자계이며 외부자계는 0이다.

정답 ①

예제 5.9 **무한길이 솔레노이드의 외부자계에 대한 설명 중 옳은 것은?**

① 솔레노이드 내부의 자계와 같은 자계가 존재한다.

② $\dfrac{1}{2\pi}$의 배수가 되는 자계가 존재한다.

③ 솔레노이드 외부에는 자계가 존재하지 않는다.

④ 권선수에 비례하는 자계가 존재한다.

풀이 무한길이 솔레노이드에서 외부자계는 0이다.

정답 ③

예제 5.10 균일자계를 얻는 방법으로 가장 알맞은 것은?

① 길이에 비해 단면적이 충분히 큰 솔레노이드에 전류를 흘린다.
② 길이에 비해 단면적이 충분히 큰 원통형 도선에 전류를 흘린다.
③ 단면적에 비해 길이가 충분히 긴 솔레노이드에 전류를 흘린다.
④ 단면적에 비해 길이가 충분히 긴 원통형 도선에 전류를 흘린다.

풀이 무한길이 솔레노이드에서 내부자계의 세기는 $H=nI$로 균일자계이므로 단면적에 비해 길이가 충분히 긴 솔레노이드에 진류를 흘려준다.

정답 ③

4) 토로이드에 의한 자계

그림 5.12와 같이 환상의 철심위에 도선을 다수 밀접시켜서 감은 것을 토로이드(toroid) 또는 환상 솔레노이드(ring solenoid)라고 한다.

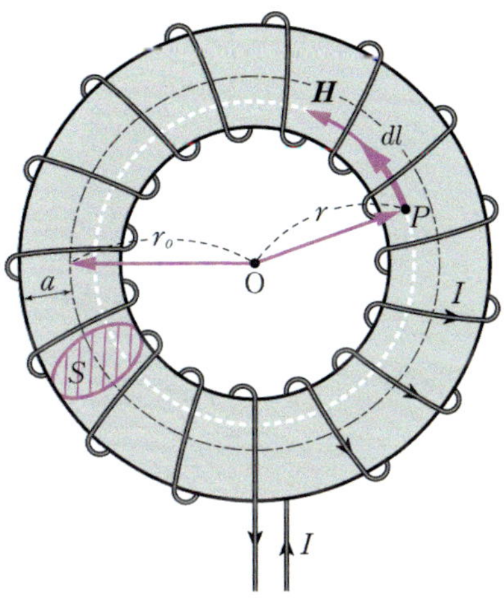

그림 5.12 토로이드에 의한 자계

총권선수 N, 전류 I가 흐르는 토로이드에는 솔레노이드의 경우를 생각해보면 내부에만 자계가 형성된다. 원형전류에 대해 수직 단면을 통과하는 자계가 N회 감은 코일에 의해 형성되므로 자계의 방향은 그림과 같이 O를 중심으로 하는 동심원이 되어 반경 r인 원주를 적분경로로 하여 암페어의 주회적분 법칙을 적용하면 쇄교하는 전류가 NI이므로

$$\oint \boldsymbol{H}\cdot dl = H(2\pi r) = NI \tag{5-28}$$

따라서

$$H = \frac{NI}{2\pi r}\,[\mathrm{AT/m}] \tag{5-29}$$

토로이드 외부에서는 적분경로인 원주와는 쇄교하는 전류가 없기 때문에 자계가 0이 된다.

예제 5.11 **평균반지름** 10[cm]**의 환상 솔레노이드에** 5[A]**의 전류를 흘렸을 때 내부 자계의 세기가** 1600[AT/m]**이었다. 권선수를 구하라.**

풀이 토로이드에는 내부에만 자계가 형성된다. 원형전류에 대해 수직 단면을 통과하는 자계가 N회 감은 코일에 의해 형성되므로 자계의 방향은 토로이드의 중심을 기준한 동심원이 되어 반경 r인 원주를 적분경로로 하여 주회적분의 법칙을 적용하면 쇄교하는 전류가 NI이므로

$\oint \boldsymbol{H} \cdot dl = H(2\pi r) = NI, \quad H = \frac{NI}{2\pi r}$

$\therefore\ N = \frac{2\pi r H}{I} = \frac{2\pi \times 0.1 \times 1600}{5} = 201\,[\text{회}]$

5.4 스칼라 자위

정전계를 해석할 때는 스칼라 전위 V를 도입하고 전위는 전계 $\boldsymbol{E}$의 선적분으로 정의하였다. 미분형에서 전위 V와 전계 $\boldsymbol{E}$는 $\boldsymbol{E} = -\nabla V$의 관계가 있음을 알았다. 이 관계는 전계를 구할 때 쿨롱의 법칙을 직접 적용하는 것보다 전하분포로부터 전위를 먼저 구하고 전위로부터 $\boldsymbol{E} = -\nabla V$의 관계를 이용하여 보다 쉽게 전계를 구하는 데도 이용된다. 즉, 전하분포로부터 전계를 직접 구할 때는 벡터 적분이 필요하고, 전하분포로부터 전위를 구할 때는 스칼라 적분이므로 후자가 훨씬 간편하다.

두 점 사이에 전위차가 존재하면 전계가 발생하며 이 때 전계는 두 점 사이의 전위차의 크기에 비례한다. 즉, 전계는 전기적 위치에너지의 차이로 설명할 수 있다. 이와 비슷하게 자계도 자기적 위치에너지의 차이로 설명할 수 있다. 비오-사바르의 법칙으로 정의된 자계를 자위(magnetic potential)를 정의함으로써 두 점 사이의 자위차로 다시 설명할 수 있다.

스칼라 자위(scalar magnetic potential)를 V_m이라 하면 전계와 전위와의 관계에 대응하여 다음과 같이 자계와 자위와의 관계를 나타낼 수 있다.

$$\boldsymbol{H} = -\nabla V_m \tag{5-30}$$

위 식에서 자계는 두 점 사이의 스칼라 자위차로 발생하며 그 방향은 거리 변화에 대해 자위가 가장 급격하게 감소하는 방향임을 알 수 있다. 따라서 정전계의 경우와 비슷하게 스칼라

자위 V_m를 다음과 같이 표현할 수 있다.

$$V_m = -\int \boldsymbol{H} \cdot dl \tag{5-31}$$

이 식에서 알 수 있듯이 스칼라 자위는 자계를 거리에 대해 적분한 값이므로 단위는 암페어 [A]가 된다.

정전계는 보존계이므로 다음과 같은 관계가 성립한다.

$$\begin{aligned} &\oint \boldsymbol{E} \cdot dl = 0 \\ &V_{AB} = -\int_B^A \boldsymbol{E} \cdot dl \end{aligned} \tag{5-32}$$

즉, 두 점 사이의 전위는 전계 내에서 단위 양전하가 이동하는데 필요한 일이며 그 크기는 전계와 거리에 의존하지만 적분경로와는 무관하다. 따라서 폐경로를 따라서 적분할 때 필요한 일은 0이며 이러한 것이 보존계의 특성이다.

그러나 자계의 경우는 암페어의 법칙에서 $\oint_c \boldsymbol{H} \cdot dl = I$ 이므로 전류 주위를 순환하여 돌 때마다 적분값은 I 만큼씩 증가한다. 정전계의 경우처럼 폐경로에 대한 적분값은 0이 아니며 따라서 전계와는 달리 자계는 보존계가 아니다. 비보존계인 자계의 경우 적분경로에 관계없이 거리에만 의존하는 자위는 생각할 수 없고 한 점에서 하나의 자위값을 가지려면 적분경로가 지정되어야 한다.

연습문제

01 10[A]의 무한길이 직선전류로부터 10[cm] 떨어진 곳의 자계[AT/m]를 구하라.

02 1[cm]당 권선수 50인 무한길이 솔레노이드에 10[mA]의 전류가 흐르고 있을 때 솔레노이드 외부자계의 세기[AT/m]를 구하라.

03 반지름 a[m], 단위길이당 권선수 n_0[T/m], 전류 I[A]인 무한길이 솔레노이드의 내부자계의 세기[AT/m]를 구하라.

04 평균반지름 30[cm], 권선수 200[회]인 환상 솔레노이드 내부의 자계가 400[A/m]가 되게 하기위해 코일에 흐르는 전류는 몇 [A]로 하여야 하는가?

6

자기력과 자성체

6.1 자속밀도

정전계에서 전계 $\boldsymbol{E}$에 대해서 매질이 선형이고 등방성이면 전속밀도는 $\boldsymbol{D}=\epsilon\boldsymbol{E}$의 관계가 성립한다. 여기서 ϵ는 매질의 유전율로 전계 $\boldsymbol{E}$의 크기와 방향에 관계없이 일정하다. 정자계에서도 마찬가지로 자계 $\boldsymbol{H}$에 대해서 자속밀도(magnetic flux desity) $\boldsymbol{B}=\mu\boldsymbol{H}$를 정의하여 사용한다. 여기서 μ는 매질의 투자율(permeability)을 나타낸다. $\boldsymbol{B}$와 $\boldsymbol{H}$가 비선형 특성을 가지는 강자성체를 제외한 대부분의 매질에서 투자율은 일정한 값을 가진다. 자속(magnetic flux)은 자계를 구성하는 선이며 자계가 존재하는 공간에는 어떤 면적을 통과하는 자속이 존재한다. 이러한 자속의 면적밀도가 자속밀도이며 자속밀도의 방향은 자계와 같다. 자속의 단위는 웨버[Wb]이며 자속밀도는 [Wb/m^2] 또는 테슬라[T]나 가우스[G]를 사용한다. 이 단위 사이의 관계는 1[Wb/m^2]=1[T]=10,000[G]이다. 진공의 투자율은 μ_0로 나타내며 단위는 [H/m]이고 다음과 같은 값을 가진다.

$$\mu_0 = 4\pi \times 10^{-7}[\mathrm{H/m}] \tag{6-1}$$

자계 중의 어느 면적 S[m^2]를 통과하는 자속을 ϕ[Wb]라 하면 자속밀도의 크기 B는

$$B = \frac{\phi}{S} \text{ 또는 } \phi = \boldsymbol{B} \cdot \boldsymbol{S} \tag{6-2}$$

로 된다.

자계가 균일하지 않을 때 미소면적벡터 $d\boldsymbol{S}$를 관통하는 자속을 $d\phi$라 하면,

$$d\phi = \boldsymbol{B} \cdot d\boldsymbol{S}[\mathrm{Wb}] \tag{6-3}$$

그러므로 면적 S를 관통하는 자속 ϕ는 다음과 같이 면적분으로 나타낼 수 있다.

$$\phi = \int_S \boldsymbol{B} \cdot d\boldsymbol{S} \tag{6-4}$$

정전계에서는 양전하와 음전하가 개별적으로 존재할 수 있으므로 가우스의 법칙 $\int_s \boldsymbol{D} \cdot d\boldsymbol{S}=Q$에 의해 임의의 폐곡면을 통과하는 총전속은 폐곡면 내의 전하량과 같고 전속은 양전하에서 나와서 음전하로 들어가는 것으로 표시하였다. 하지만 자계에 있어서는 자석을 아무리 세분해도 자극은 단독으로 존재하지 않고 항상 N극과 S극을 모두 가지며 따라서 임의의 폐곡면 S를 통과하는 총자속은 다음과 같이 항상 0이 된다.

$$\oint \boldsymbol{B} \cdot d\boldsymbol{S} = 0 \qquad (6\text{-}5)$$

즉 폐곡면에서 나가는 자속수와 들어가는 자속수는 같게 된다.
식(6-5)에 발산의 정리를 적용하면

$$\oint \boldsymbol{B} \cdot d\boldsymbol{S} = \int (\nabla \cdot \boldsymbol{B}) dv = 0 \qquad (6\text{-}6)$$

따라서

$$\nabla \cdot \boldsymbol{B} = 0 \qquad (6\text{-}7)$$

이 식은 전계와는 다르게 자계에서는 N극 또는 S극의 독립된 자하가 존재하지 않으며 자속밀도 $\boldsymbol{B}$는 출발점도 종착점도 없는 선으로 그 자체가 폐곡선이라는 사실을 의미한다. 즉 $\boldsymbol{B}$는 어떠한 점에서도 연속이라고 볼 수 있다.

예제 6.1 **공심 솔레노이드의 내부자계의 크기가** 800[AT/m]**일 때 자속밀도**[Wb/m²]**를 구하라.**

풀이 자계의 세기와 자속밀도의 관계

$B = \mu_0 H = (4\pi \times 10^{-7})(800) = 1 \times 10^{-3}$ [Wb/m²]

예제 6.2 **자계의 세기가** 1000[AT/m]**일 때 자속밀도** 0.1[Wb/m²]**인 자성체의 비투자율을 구하라.**

풀이 자계의 세기와 자속밀도의 관계

$B = \mu H = \mu_0 \mu_r H,\ \mu_r = \dfrac{B}{\mu_0 H} = \dfrac{0.1}{4\pi \times 10^{-7} \times 1000} = 79.58$

예제 6.3 **단면적** 2[cm²]**의 철심에** 5×10^{-4}[Wb]**의 자속을 통하게 하려면** 2000[AT/m]**의 자계가 필요할 때 철심의 비투자율을 구하라.**

풀이 자계의 세기와 자속밀도의 관계

$B = \mu H = \mu_0 \mu_r H$

자속 $\phi = BS = \mu_0 \mu_r HS$

비투자율 $\mu_r = \dfrac{\phi}{\mu_0 HS} = \dfrac{5 \times 10^{-4}}{4\pi \times 10^{-7} \times 2000 \times 2 \times 10^{-4}} = 995$

6.2 자기력

전기공학에서 전자기학을 배우는 이유는 전기력과 자기력을 효율적으로 활용하기 위해서이다. 전동기, 발전기, 변압기, 솔레노이드 코일, 전기계기 등 대부분의 전기기기가 이러한 자기력을 이용한 전기-기계 에너지 변환의 원리를 이용한다.

(1) 자계 내의 운동전하에 작용하는 힘

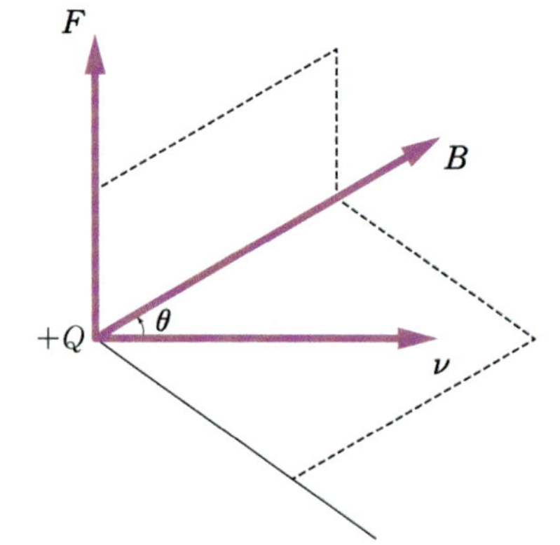

그림 6.1 자계 내의 운동전하에 작용하는 힘

앞에서 배운 바와 같이 전계 내에서 전하는 $\boldsymbol{F} = Q\boldsymbol{E}$라는 전기력(쿨롱의 힘)을 받으며 이때 $\boldsymbol{F}$는 전하의 속도와 무관하다. 반면에, 자계 내에서 자기력은 운동하는 전하에만 작용한다.

그림 6.1과 같이 전하 Q가 자속밀도 $\boldsymbol{B}$ 속을 이것과 θ인 방향으로 속도 $\boldsymbol{v}$로 움직일 때 Q는 다음과 같은 힘 $\boldsymbol{F}$를 받는다.

$$\boldsymbol{F} = Q\boldsymbol{v} \times \boldsymbol{B}[\text{N}] \tag{6-8}$$

전하가 받는 힘의 방향은 $\boldsymbol{B}$와 $\boldsymbol{v}$를 포함하는 평면에 직각으로 $\boldsymbol{v}$에서 $\boldsymbol{B}$로 오른 나사를 돌렸을 때 그 나사가 진행하는 방향이 된다.

전계와 자계는 모두 전하에 힘을 작용하지만 전계에 의한 전기력은 전하의 부호에 따라 전계와 같은 방향이거나 반대방향으로 작용하여 전하의 운동에너지를 증가시킬 수 있다. 그러나 자계에 의한 자기력은 전하의 운동방향에 수직 방향으로 작용하므로 운동에너지를 증가시킬 수 없고 전하를 회전시켜 원운동을 하게 한다.

$\boldsymbol{E}$와 $\boldsymbol{B}$가 동시에 가해지는 경우 속도 $\boldsymbol{v}$로 움직이는 전하 Q인 물체에 걸리는 힘은 다음과 같으며 이를 **로렌츠의 힘**(Lorentz force)라고 한다.

$$F = Q(E + v \times B) \tag{6-9}$$

예제 6.4 **자속밀도 $B=24[\text{Wb/m}^2]$인 자계내에서 $2[\text{C}]$의 전하가 수직방향으로 $2[\text{m/s}]$의 속도로 움직일 때 받는 힘$[\text{N}]$을 구하라.**

풀이 로렌츠의 힘 : 자계내에서 움직이는 전하가 받는 힘
$F = Bqv\sin\theta = 24 \times 2 \times 2 \times \sin 90° = 96[\text{N}]$

예제 6.5 **$q[\text{C}]$의 전하가 진공중의 자계 $H[\text{AT/m}]$에 수직방향으로 $v[\text{m/s}]$의 속도로 움직일 때 받는 힘$[\text{N}]$을 구하라.**

풀이 로렌츠의 힘 : 자계내에서 움직이는 전하가 받는 힘
$F = Bqv\sin\theta = \mu_0 Hqv\sin\theta = \mu_0 Hqv\sin 90° = \mu_0 Hqv\,[\text{N}]$

(2) 자계 내에서 전류가 흐르는 도체에 작용하는 힘

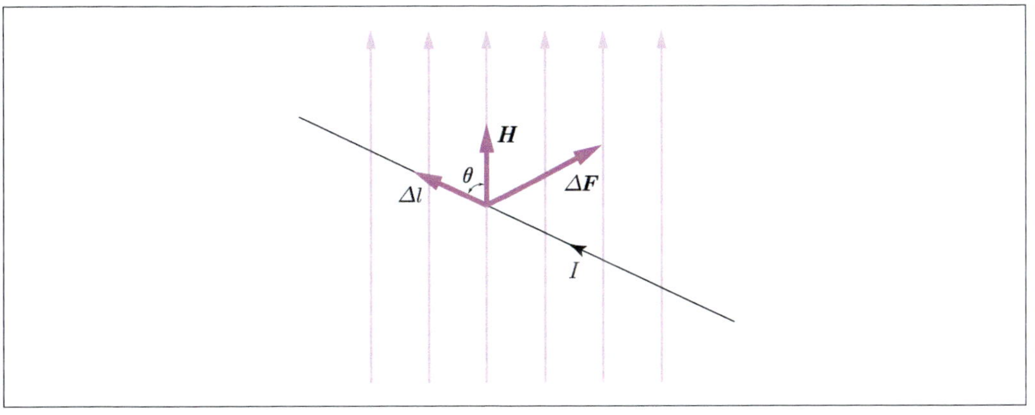

그림 6.2 자계 내에서 전류가 흐르는 도체에 작용하는 힘

전하가 도체를 따라 이동하면 전류를 형성하므로 자계는 움직이는 전하 뿐만 아니라 전류에도 힘을 미치게 된다. 그림 6.2와 같이 자계 내의 도선에 전류 I가 흐를 때 자계로부터 받는 힘을 구해보자. 도선 상의 미소길이벡터 $\Delta \boldsymbol{l}$를 취하고 로렌츠의 힘 $\Delta \boldsymbol{F}$을 구하면

$$\Delta \boldsymbol{F} = Q(\Delta \boldsymbol{v}) \times \boldsymbol{B} = (I\Delta \boldsymbol{l}) \times \boldsymbol{B} \tag{6-10}$$

자속밀도가 공간적으로 균일할 때 도체 전체의 길이 l에 대해 적분하면 다음과 같이 된다.

$$\boldsymbol{F} = I\boldsymbol{l} \times \boldsymbol{B} \tag{6-11}$$

전류와 자속밀도 사이의 각이 θ이면 힘의 크기는 다음과 같다.

$$F = BIl\sin\theta \tag{6-12}$$

이와 같이 자기력의 방향은 $Il \times \boldsymbol{B}$의 오른 나사 방향으로 결정되며 플레밍의 왼손 법칙(Fleming's left-hand rule)으로 알려져 있다. 그림 6.3과 같이 왼손의 엄지 손가락, 집게 손가락, 가운데 손가락을 상호 직각으로 하여 집게 손가락을 자계, 가운데 손가락을 전류의 방향에 맞추었을 때 작용하는 힘의 방향은 엄지손가락의 방향이 된다는 것을 의미한다. 단위 길이당 전류에 의해 작용하는 힘 $\boldsymbol{F}$는 전류를 벡터 $\boldsymbol{I}$로 표시하면 다음과 같이 된다.

$$\boldsymbol{F} = \boldsymbol{I} \times \boldsymbol{B} \tag{6-13}$$

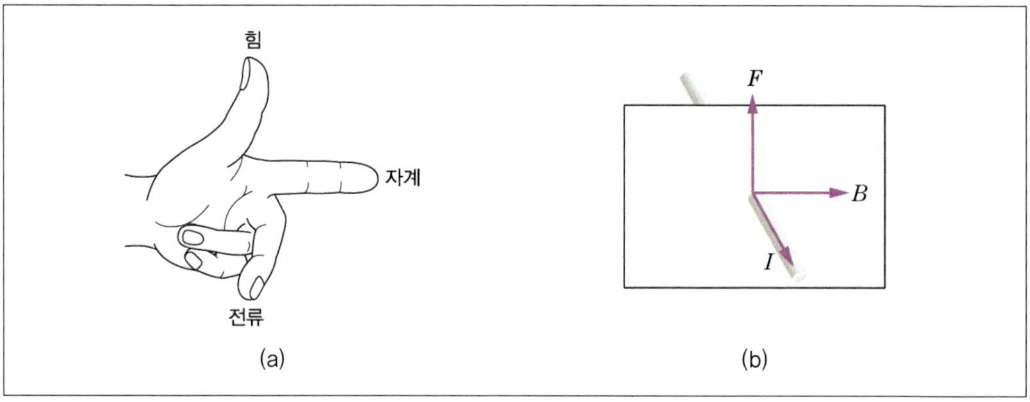

그림 6.3 플레밍의 왼손 법칙

예제 6.6 **플레밍의 왼손법칙에서 왼손의 엄지, 검지, 중지의 방향에 해당하지 않은 것은?**

① 전압 ② 전류
③ 자속밀도 ④ 힘

풀이 균일자장 내 전류가 흐르는 도선이 받는 힘 $\boldsymbol{F} = \boldsymbol{I} \times \boldsymbol{B}$
엄지 : 힘, 검지 : 자속밀도, 중지 : 전류의 방향

정답 ①

예제 6.7 **균일자장 내에 놓인 직선 전류 도선이 받는 힘에 대한 설명 중 옳지 않은 것은?**

① 힘은 전류에 비례한다.
② 힘은 자장의 세기에 비례한다.
③ 힘은 도선의 길이에 반비례한다.
④ 힘은 전류의 방향과 자장의 방향과의 사이각의 사인값에 관계된다.

풀이 균일자장 내 전류가 흐르는 도선이 받는 힘
$\boldsymbol{F} = I\boldsymbol{l} \times \boldsymbol{B}$이며, $F = BIl\sin\theta$이다.
힘은 자장, 전류, 도선의 길이에 비례한다.

정답 ③

예제 6.8 **그림 6.4와 같이 10[A]의 전류가 흐르는 1[m]의 직선도선이 자속밀도 $B = 1.0[\text{Wb/m}^2]$의 균일자계와 30° 의 각도로 놓여 있다. 도선에 작용하는 힘의 크기와 방향을 구하라.**

풀이 도선에 작용하는 힘은 $\boldsymbol{F} = (\boldsymbol{I} \times \boldsymbol{B})l$ [N]이 되고 힘의 크기는

$$|\boldsymbol{F}| = IBl\sin\theta = 10 \times 1.0 \times 1 \times \sin 30^o = 10 \times 1.0 \times \frac{1}{2} = 5.0[\text{N}]$$

이다. 방향은 $\boldsymbol{I}$와 $\boldsymbol{B}$에 수직인데 그림 6.4에서 지면의 뒤쪽으로 향한다.

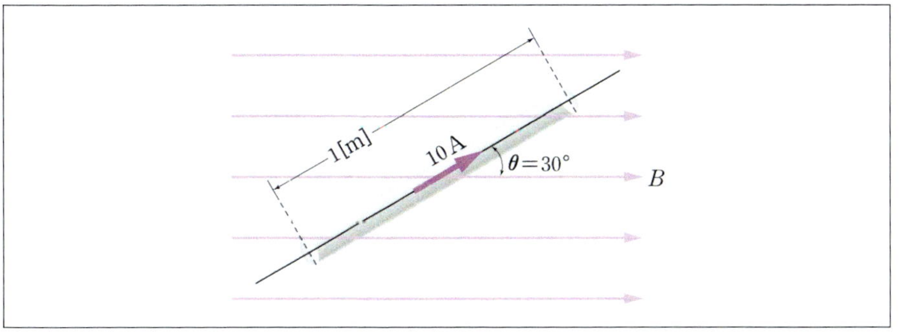

그림 6.4

예제 6.9 **길이 $l = 50[\text{cm}]$, 질량 $m = 10[\text{g}]$의 도선이 신축되는 스프링(리드선)으로 그림 6.5와 같이 벽에 매달려 있고 여기에 수직으로 자속밀도 $B = 1.0[\text{Wb/m}^2]$인 균일자계가 걸려있다. 리드선의 장력을 제거하기 위한, 도선에 흐르는 전류의 방향과 크기를 구하라.**

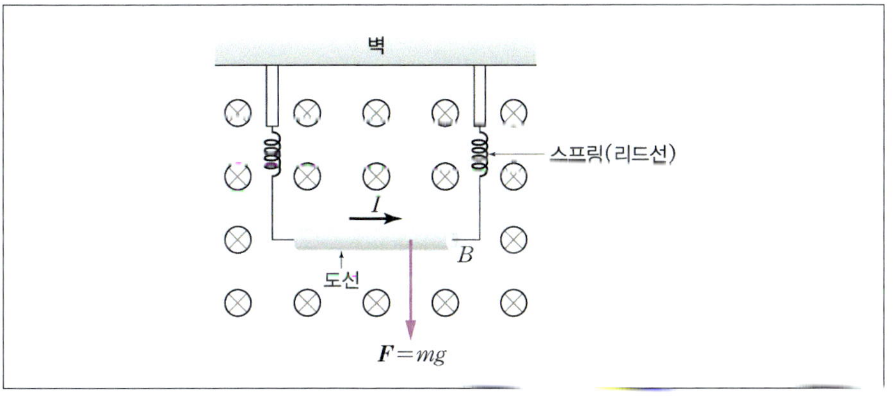

그림 6.5

풀이 리드선의 장력을 제거하는 데는 자계 중의 전류에 작용하는 힘의 방향이 위를 향하도록 전류 I를 그림 6.5와 같은 방향(플레밍의 왼손의 법에 의해)으로 흐르게 할 필요가 있다. 힘의 크기는 $\boldsymbol{I}$와 $\boldsymbol{B}$가 직각이기 때문에 $F = IBl$이 된다. 또 도선에 작용하는 힘은 중력으로서 mg이므로 (단, g는 지구의 중력 가속도)

$$mg = F = IBl\,[\mathrm{N}]$$

의 관계가 성립하여야 한다. 따라서

$$I = \frac{mg}{Bl} = \frac{10 \times 10^{-3} \times 9.8}{1.0 \times 50 \times 10^{-2}} \fallingdotseq 0.2\,[\mathrm{A}]$$

로 된다.

(3) 전류가 흐르는 평행 도체 사이에 작용하는 힘

두 도체에 각각 전류가 흐를 경우 두 도체는 서로 힘을 받게 한다. 이와 같은 힘이 생기는 원인은 한쪽 도체에 흐르는 전류가 만드는 자계가 다른쪽 도체에 흐르는 전류에 전자력(로렌츠의 힘)을 미치기 때문이다. 이러한 전자력은 상호 작용하기 때문에 두 도체 사이에 힘이 작용하는 것이다.

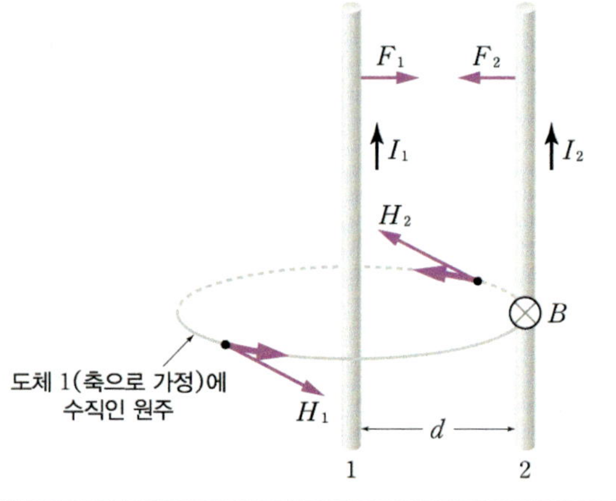

그림 6.6 평행도체 사이에 작용하는 힘

그림 6.6과 같이 도선 1의 전류 I_1에 의한 도선 2의 위치에 있어서의 자계의 세기 H_1은 도체에 수직인 원주형태이며 도선에서의 거리에만 관계가 있으므로 암페어의 주회적분 법칙을 적용하면

$$\oint_c \boldsymbol{H}_1 \cdot dl = \oint H_1 dl = H_1(2\pi d) = I_1 \quad \therefore \quad H_1 = \frac{I_1}{2\pi d} \qquad (6\text{-}14)$$

로 되고, 이 위치의 자속밀도 B_1는

$$B_1 = \mu_o H_1 = \frac{\mu_o I_1}{2\pi d} \tag{6-15}$$

로 된다. 그리고 $\boldsymbol{H}_1$, $\boldsymbol{B}_1$의 방향은 지면에 수직으로 뒤쪽으로 향한다. B_1는 도선 2상의 어느 위치에서나 같은 값을 갖는다. 이 자계 내에 놓인 도선 2에 전류 I_2가 I_1과 같은 방향으로 흐른다고 하면 도선 2가 단위 길이당 받는 힘 $\boldsymbol{F}_2$는 다음과 같다.

$$\boldsymbol{F}_2 = (\boldsymbol{I}_2 \times \boldsymbol{B}_1) \tag{6-16}$$

$\boldsymbol{F}_2$의 크기는 다음과 같으며 방향은 플레밍의 왼손 법칙에 의해 도선 1쪽으로 끌리는 방향이다.

$$F_2 = B_1 I_2 = \mu_o H_1 I_2 = \frac{\mu_o I_1 I_2}{2\pi d} \tag{6-17}$$

같은 방법으로 도선 2의 전류 I_2에 의한 도선 1의 위치에 있어서의 자계의 세기 H_2는 암페어의 주회적분 법칙에 의해

$$\oint_c \boldsymbol{H}_2 \cdot dl = \oint H_2 dl = H_2(2\pi d) = I_2 \qquad \therefore\ H_2 = \frac{I_2}{2\pi d} \tag{6-18}$$

로 되고, 이 위치의 자속밀도 B_2는

$$B_2 = \mu_o H_2 = \frac{\mu_o I_2}{2\pi d} \tag{6-19}$$

로 된다. 그리고 H_2, B_2의 방향은 지면에 수직으로 앞쪽으로 향한다. B_2는 도선1상의 어느 위치에서나 같은 값이며 이 자계 내에 놓인 도선 1에 전류 I_1이 I_2와 같은 방향으로 흐르면 도선 1이 단위 길이당 받는 힘 $\boldsymbol{F}_1$는 다음과 같다.

$$\boldsymbol{F}_1 = (\boldsymbol{I}_1 \times \boldsymbol{B}_2) \tag{6-20}$$

$\boldsymbol{F}_1$의 크기는 다음과 같으며 방향은 플레밍의 왼손 법칙에 의해 도선 2쪽으로 끌리는 방향이 된다.

$$F_1 = B_2 I_1 = \mu_o H_2 I_1 = \frac{\mu_o I_1 I_2}{2\pi d} \tag{6-21}$$

결국 $F_1 = F_2$가 되어 전류가 흐르는 도체 1, 2가 받는 힘은 서로 같다.

도체에 흐르는 전류 I_1, I_2가 서로 반대 방향일 때는 플레밍의 왼손 법칙을 적용해 보면 서로 반발하는 방향으로 힘이 작용하는 것을 알 수 있다. 이 경우도 힘의 크기는 서로 같다. 이러한 결과로부터 전류가 흐르는 평행도체 사이에 단위길이당 작용하는 힘을 정리해보면 다음과 같다.

$$F = \frac{\mu_o I_1 I_2}{2\pi d}\,[\mathrm{N}] \quad \begin{cases} \text{전류가 같은 방향 : 흡인력} \\ \text{전류가 반대 방향 : 반발력} \end{cases} \tag{6-22}$$

예제 6.10 **일정한 간격을 두고 떨어진 두 개의 긴 평행 도선에 전류가 서로 반대 방향으로 흐를 때 단위 길이당 두 도선간에 작용하는 힘은 어떻게 되는가?**

① 두 전류의 곱에 비례하고 도선간의 거리의 제곱에 반비례하며 반발력이다.
② 두 전류의 곱에 비례하고 도선간의 거리에 반비례하며 반발력이다.
③ 두 전류의 곱에 비례하고 도선간의 거리의 세제곱에 반비례하며 흡인력이다.
④ 두 전류의 곱에 비례하고 도선간의 거리에 무관하며 흡인력이다.

풀이 무한길이 평행도선 사이의 힘

$$F = \frac{\mu_o I_1 I_2}{2\pi d} \quad \begin{cases} \text{전류가 같은 방향 : 흡인력} \\ \text{전류가 반대 방향 : 반발력} \end{cases}$$

정답 ②

6.3 홀 효과와 핀치 효과

(1) 홀 효과(Hall effect)

그림 6.7과 같이 도체나 반도체에 전류를 흘리는 조건에서 전류에 수직방향으로 자계가 가해지면 자계에 의한 힘에 의해 도체나 반도체 내에서 전하의 분리가 일어나서 전류와 자계에 수직인 방향으로 자계에 비례하는 전압이 나타나는데 이러한 현상을 홀 효과(Hall effect)라 하며 자계의 크기를 측정할 수 있는 중요한 원리이며 반도체의 경우 발생전압의 극성에 따라 p형인지 n형인지 구별하는데 사용할 수 있다.

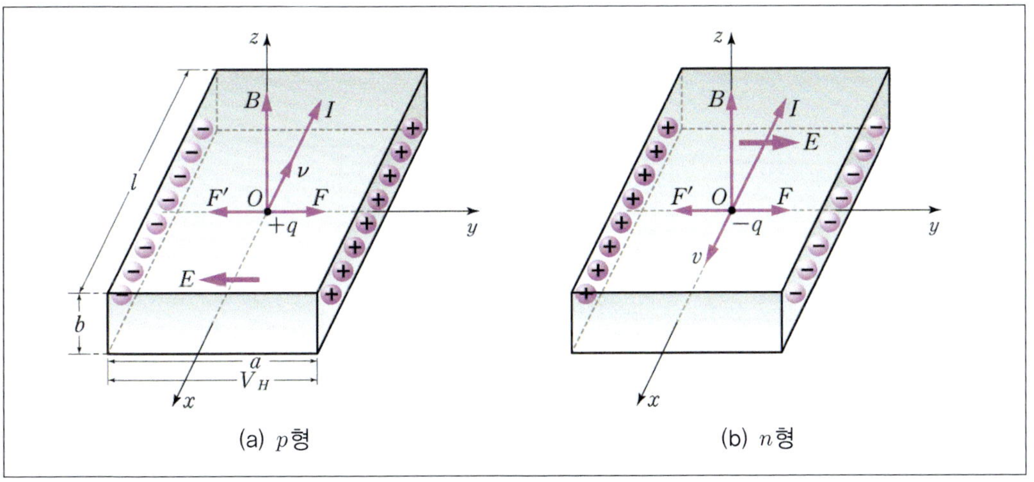

그림 6.7 홀 효과

(2) 핀치 효과(Pinch effect)

단면이 그림 6.8과 같은 액체 도체 속을 ⊗방향으로 전류가 흐른다고 할 경우, 그 전류에 의해 전류방향과 수직으로 원형자계 $\boldsymbol{H}$가 생기기 때문에 → 방향으로, 즉 중심 방향으로 전류에 힘이 작용하게 된다. 이 힘에 의해 액체 단면이 수축하여 저항이 커져 전류가 흐르기 어렵게 된다. 전류가 작아지면 수축력도 작아지므로 다시 저항이 감소하여 전류가 증가하고 수축력이 증가한다. 따라서 액체도체의 전류가 흐르는 단면은 수축과 팽창을 반복하게 되는데 이를 핀치 효과(Pinch effect)라고 한다. 이러한 현상을 이용하여 열에너지를 좁은 공간에 모을 수 있다.

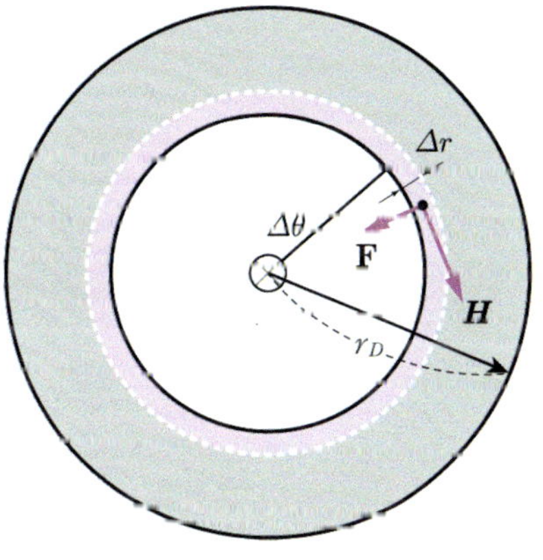

그림 6.8 핀치 효과

6.4 자화와 자성체

(1) 자화

정전계에서는 전속밀도 $\boldsymbol{D}$와 전계 $\boldsymbol{E}$ 사이에 $\boldsymbol{D}=\epsilon\boldsymbol{E}$의 관계가 성립하고 유전율 ϵ이 매질의 전기적인 특성을 나타내었다.

매질의 자기적인 특성은 원자핵의 궤도전자가 원자 주위를 공전하는 것과 전자 스스로 자전하는 전자스핀에 근원을 두고 있다. 궤도전자의 공전이나 전자스핀은 미소한 원형 전류 루프로 생각할 수 있고 이러한 것에 의해 미소한 막대자석같은 자계 분포를 만들어 내는데 이것을 **자기쌍극자**(magnetic dipole)라고 한다. 매질에 자계가 가해졌을 때 이러한 자기쌍극자들이 일정한 방향으로 배열하게 되는데 이를 **자기쌍극자모멘트** 또는 **자기모멘트**(magnetic moment)라고 한다. 물질에 자계를 가했을 때 자기적 성질을 띠는 물체를 **자성체**(magnetic substance)라 하며, 자계가 인가되었을 때 물체가 자기적 성질을 나타내는 것을 **자화**(magnetization)라고 한다.

물체에 외부로부터 자계 $\boldsymbol{H}$가 가해지면 그 물체 내의 자기쌍극자들이 일정한 방향으로 배열하게 되는데 단위부피당 자기쌍극자모멘트를 자화 $\boldsymbol{M}$으로 정의하면 매질 내에서의 자속밀도 $\boldsymbol{B}$는 다음과 같이 된다(자화 $\boldsymbol{M}$의 정의는 분극 벡터 $\boldsymbol{P}$의 정의와 유사하다).

$$\boldsymbol{B}=\mu_0(\boldsymbol{H}+\boldsymbol{M}) \quad (6-23)$$

진공에서는 자화가 일어나지 않으므로 위 식에서 $\boldsymbol{M}=0$이 되므로 자속밀도와 자계 사이에는 $\boldsymbol{B}=\mu_0\boldsymbol{H}$의 관계가 성립한다. 자성체에서는 자화에 의하여 형성되는 자속밀도의 양이 위 식과 같이 달라지게 된다.

자화 $\boldsymbol{M}$은 외부에서 가해지는 자계 $\boldsymbol{H}$에 의해 정해진다. 선형이고 등방성인 매질에서 자계의 크기가 작을 경우 자화 $\boldsymbol{M}$과 자계 $\boldsymbol{H}$의 관계는 다음과 같이 나타낼 수 있다.

$$\boldsymbol{M}=\chi_m\boldsymbol{H} \quad (6-24)$$

여기서 χ_m을 **자화율**(magnetic susceptibility)라고 한다. 위의 두 식에서

$$\boldsymbol{B}=\mu_0(\boldsymbol{H}+\boldsymbol{M})=\mu_0(\boldsymbol{H}+\chi_m\boldsymbol{H})=\mu\boldsymbol{H}=\mu_0\mu_r\boldsymbol{H} \quad (6-25)$$

여기서 μ는 **투자율**(permeability)로서 진공의 투자율 μ_0에 **비투자율**(relative permeability) μ_r을 곱해서 나타낸다.

$$\mu=\mu_0\mu_r\,(\mu_r=1+\chi_m) \quad (6-26)$$

(2) 자성체의 분류

표 6.1 자성체의 분류

물질		비투자율	자화곡선
반자성체	금, 은, 구리, 주석, 납, 비스무트, 실리콘, 소금	1보다 아주 조금 작다	선형
상자성체	공기, 백금, 알루미늄, 텅스텐	1보다 아주 조금 크다	선형
강자성체	철, 니켈, 코발트	1보다 매우 크다	비선형

자성체를 그 특성에 따라 크게 반자성체(diamagnetics), 상자성체(paramagnetics), 강자성체(ferromagnetics)로 나누어 볼 수 있다.

반자성체는 궤도전자와 전자스핀에 의한 자계가 서로 상쇄되어 원자의 고유한 자기쌍극자모멘트가 0이다. 외부 자계가 없으면 자화하지 않으며 외부자계를 인가해도 외부자계와 반대방향으로 매우 약하게 자화한다.

상자성체는 매우 약한 자기쌍극자모멘트를 가지며 외부 자계가 없으면 자기모멘트는 방향이 불규칙한 배열을 하므로 물질 전체의 자기모멘트는 0이 된다. 자계를 인가하면 자기모멘트가 같은 방향으로 배열하여 외부에서 가한 자속밀도보다 조금 더 큰 내부 자속밀도를 띤다.

반자성체와 상자성체는 모두 χ_m이 매우 작은 상수값을 갖기 때문에 비투자율 $\mu_r = 1$이라고 근사화하여 진공처럼 취급하여도 무방하다.

강자성체는 전자스핀의 영향이 매우 커서 매우 큰 영구 자기쌍극자모멘트를 갖는다. 외부자계를 인가하면 같은 방향으로 강하게 자화하며 자화율 $\chi_m = 10^6$ 정도의 값으로 매우 크다. 그런데 χ_m이 상수값이 아니고 자계의 크기에 따라 변화하는 특성이 있다.

강자성체에서 인가한 자계 $\boldsymbol{H}$와 자속밀도 $\boldsymbol{B}$와의 관계를 나타낸 것이 그림 6.9와 같은 자화곡선(magnetization curve) 또는 $B-H$ 곡선이라고 한다. 외부 자계를 인가하지 않았을 때 $\boldsymbol{B}=0$이다. 자계가 가해지기 시작하여 증가하면 외부자계와 같은 방향의 자기쌍극자모멘트가 점차 정렬하여 자화 및 내부의 자속밀도도 점차 증가한다. 그림에서 원점에서 출발하는 증가곡선이 여기에 해당하며 초기 자화곡선이라고 한다. 외부자계에 의해 자속밀도가 증가하여 일정한 값에 도달하면 강자성체는 자기모멘트가 모두 같은 방향으로 정렬되어 더 큰 자계를 인가해도 더 이상 자속밀도가 증가하지 않고 포화되어 B_{max}로 일정하게 된다.

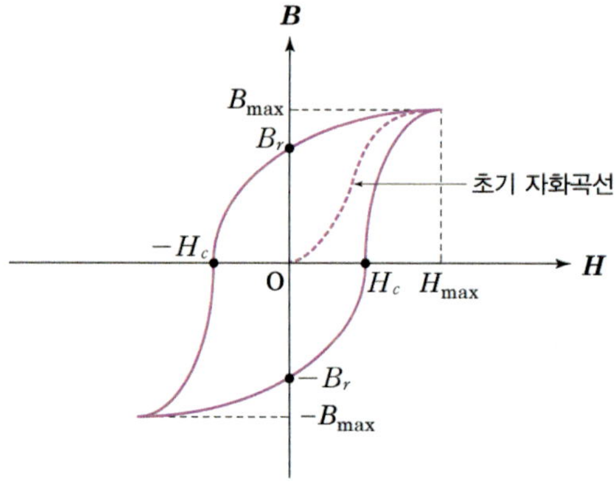

그림 6.9 강자성체의 자화곡선($B-H$ 곡선)

다음으로 자계를 반대로 감소시켜 외부자계의 값이 0이 되어도 이에 대응하는 자속밀도는 점 B_r이라는 값을 갖게 되어 실제의 영구자석과 같은 특성을 갖게 된다. B_r을 **잔류자기**(residual magnetism)이라고 한다. 따라서 자속밀도를 0으로 하려면 반대방향으로 자계를 가해야 하는데 이에 상당하는 자계의 세기 $-H_c$를 **보자력**(coercive force)라고 한다. 이 루프를 보면 자속밀도는 자계에 비해 지연되는 현상이 보이는데 이러한 특성으로 이를 **히스테리시스 루프**(hysteresis loop)라고 한다. 이와 같이 강자성체의 자화에 있어서는 B와 H는 비례하지 않고 μ는 일정하다고 생각할 수 없을 뿐만 아니라 일정한 H에 대해서도 B의 값은 자성체의 이력에 따라 다른 값을 갖게 된다.

예제 6.11 **다음 금속 중 강자성체가 아닌 것은?**

① 철 ② 니켈
③ 백금 ④ 코발트

풀이 강자성체 대표적인 금속 : 철, 니켈, 코발트

정답 ③

예제 6.12 **강자성체의 히스테리시스 곡선이 수직축과 만나는 점은?**

① 잔류자기 ② 보자력
③ 기자력 ④ 포화자속

풀이 히스테리시스 곡선 : $B=\mu H$의 관계인 $B-H$ 곡선(수평축 : 자계(H), 수직축 : 자속밀도(B))
곡선과 수직축의 교점 : 잔류자기(B_r)
곡선과 수평축의 교점 : 보자력(H_c)

정답 ①

예제 6.13 **영구자석의 재료로 사용되는 철에 요구되는 사항은?**

① 잔류자기 및 보자력이 작을 것
② 잔류자기가 크고 보자력이 작을 것
③ 잔류자기는 작고 보자력이 클 것
④ 잔류자기 및 보자력이 클 것

풀이 영구자석 재료 : 잔류자기, 보자력, 히스테리시스 루프의 면적이 클 것

정답 ④

예제 6.14 **강자성체의 특성이 아닌 것은?**

① 와전류 특성 ② 히스테리시스 특성
③ 고투자율 특성 ④ 포화 특성

풀이 강자성체 특성 : 고투자율($\mu_r \gg 1$), 히스테리시스 특성, 포화 특성

정답 ①

예제 6.15 **자기이력곡선(히스테리시스 루프)에 대한 설명중 틀린 것은?**

① 자화의 경력이 있을 때나 없을 때나 곡선은 항상 같다.
② Y축은 자속밀도이다.
③ 자화력이 0일 때 남아있는 자기가 잔류자기이다.
④ 잔류자기를 상쇄시키려면 역방향의 자화력을 인가해야 한다.

풀이 히스테리시스 루프는 자화의 경력에 따라 곡선이 달라진다.

정답 ①

6.5 자계의 경계조건

지금까지는 진공 또는 균일한 매질 내에서 전류에 의한 정자계에 대해 알아보았다. 그림 6.10과 같은 투자율 μ_1, μ_2인 매질 1, 2가 접하는 경계면에서의 경계조건은 정전계의 경우와 같이 구할 수 있다. 즉, 정전계의 기본식 $\oint_S \boldsymbol{D} \cdot d\boldsymbol{S} = Q$에 대응해서 $\oint_S \boldsymbol{B} \cdot d\boldsymbol{S} = 0$을 이용하고(경계면에 전하가 없는 것으로 가정), $\oint_l \boldsymbol{E} \cdot dl = 0$ 에 대응해서 $\oint_l \boldsymbol{H} \cdot dl = 0$ 를 적용해 보자(매질의 한 쪽이 도체가 아닌 경우 경계면의 전류는 없다고 가정).

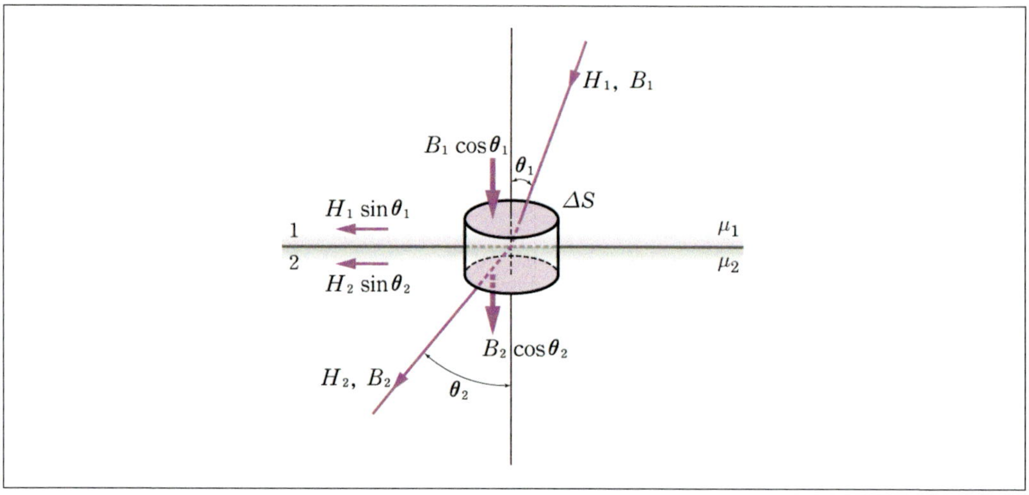

그림 6.10 투자율이 서로 다른 두 매질에서의 경계조건

(1) 법선성분의 경계조건

그림 6.10과 같이 투자율 μ_1, μ_2인 매질 1, 2가 접하는 경계면 양쪽에 미소면적 ΔS인 원통을 가정하자. 경계면을 수직으로 관통하는 짧은 원통의 측면을 통과하는 자속은 무시할 수 있으므로 상하의 단면을 통과하는 자속만을 고려한다. μ_1쪽에서 μ_2방향에의 단위법선 벡터 $\boldsymbol{n}$에 대해 자속밀도의 법선성분을 영역 1과 영역 2에서 각각 B_{1n}, B_{2n}라 하고 경계면에 유출입하는 자속밀도 B를 $\oint \boldsymbol{B} \cdot d\boldsymbol{S} = 0$을 이용하여 계산하면

$$\oint_S \boldsymbol{B} \cdot d\boldsymbol{S} = \oint_S \boldsymbol{B} \cdot \boldsymbol{n} dS = \oint_S B_n dS = B_{1n}\Delta S - B_{2n}\Delta S = 0 \tag{6-27}$$

$$B_{1n} - B_{2n} = 0 \tag{6-28}$$

따라서

$$\begin{aligned} &B_{1n} = B_{2n} \ \ (B_1 \cos\theta_1 = B_2 \cos\theta_2) \\ &\mu_1 H_{1n} = \mu_2 H_{2n} \end{aligned} \tag{6-29}$$

위 식은 서로 다른 자성체 경계면상에서는 자속밀도의 수직성분이 경계면 양쪽에서 서로 같다는 것을 표시한다.

(2) 접선성분의 경계조건

경계면에 그림 6.10과 같이 적분을 위한 폐경로를 설정하고 $\oint_l \boldsymbol{H} \cdot dl = 0$를 적용하면

$$\oint_l \boldsymbol{H} \cdot dl = \int_1 \boldsymbol{H} \cdot dl + \int_2 \boldsymbol{H} \cdot dl + \int_3 \boldsymbol{H} \cdot dl + \int_4 \boldsymbol{H} \cdot dl = 0 \qquad (6\text{-}30)$$

자계와 적분경로의 방향이 수직인 항은 0이 된다. 경계면에서의 자계의 접선성분을 영역 1과 영역 2에서 각각 H_{1t}, H_{2t}라 하고 경계면의 길이를 Δl이라 하면

$$\oint_l \boldsymbol{H} \cdot dl = H_{1t}\Delta l - H_{2t}\Delta l = 0 \qquad (6\text{-}31)$$

$$H_{1t} - H_{2t} = 0 \qquad (6\text{-}32)$$

따라서

$$\begin{aligned} &H_{1t} = H_{2t} \quad (H_1\sin\theta_1 = H_2\sin\theta_2) \\ &\frac{B_{1t}}{\mu_1} = \frac{B_{2t}}{\mu_2} \end{aligned} \qquad (6\text{-}33)$$

위 식은 서로 다른 자성체 경계면상에서는 자계의 평행성분이 경계면 양쪽에서 서로 같다는 것을 나타낸다.

예제 6.16 **두 자성체의 경계면에서 경계조건을 설명한 것 중 옳은 것은?**

① 자계의 성분은 서로 같다.
② 자계의 법선 성분은 서로 같다.
③ 자속밀도의 법선성분은 서로 같다.
④ 자속밀도의 접선성분은 서로 같다.

풀이 자성체의 경계조건

- 자계의 접선성분이 경계면에서 같다(연속) $H_{1t} = H_{2t}$, $H_1\sin\theta_1 = H_2\sin\theta_2$
- 자속밀도의 법선성분이 경계면에서 같다(연속) $B_{1n} = B_{2n}$, $B_1\cos\theta_1 = B_2\cos\theta_2$

정답 ③

6.6 자기 에너지와 자기회로

(1) 자기 에너지

임의의 전류에 의해서 공간에 자계 $\boldsymbol{H}$ 및 자속밀도 $\boldsymbol{B}$가 분포하는 경우 주변 공간에 축적되는 자기 에너지 W_h는 다음과 같이 정의된다.

$$W_h = \frac{1}{2}\int_V \boldsymbol{B} \cdot \boldsymbol{H} dv = \frac{1}{2}\int_V \mu|\boldsymbol{H}|^2 dv \tag{6-34}$$

전기회로에서 인덕턴스 L인 코일에 전류 $i(t)$가 흐르는 경우 코일에 걸리는 전압은 $v(t) = L\dfrac{di(t)}{dt}$이다. 코일에 흐르는 전류가 시간 $t=0 \sim T$사이에 $0 \sim I$까지 증가했다면 이때 필요한 에너지는 다음과 같게 된다.

$$W = \int_0^T v(t)i(t)dt = \int_0^T \left[L\frac{di(t)}{dt}\right] i(t)dt = \int_0^I L i di = \frac{1}{2}LI^2 \tag{6-35}$$

직류 전류 I가 흘러 공급된 에너지 W가 코일을 통해 주변 공간의 정자계에 자기 에너지 W_h로 변환되어 축적된다. 즉, W는 W_h와 같다.

예제 6.17 **100[mH]의 자기 인덕턴스를 가진 코일에 10[A]의 전류를 흘릴 때 축적되는 에너지[J]를 구하라.**

풀이 코일에 축적되는 에너지 $W = \dfrac{1}{2}LI^2 = \dfrac{1}{2} \times 100 \times 10^{-3} \times 10^2 = 5[\text{J}]$

(2) 자기회로

앞에서 비오-사바르의 법칙과 암페어의 주회법칙으로 자계를 구하는 것을 알아보았다. 그런데 강자성체의 경우 자속밀도와 자계가 비선형적이고, 또한 자계시스템이 여러 매질로 구성된 복잡한 형상인 경우 특정 부위에 원하는 자속밀도를 실현하기 위해 얼마만큼의 자계(전류)를 인가해야 할지 결정하는 것은 쉽지 않다.

그래서 자기에너지를 이용하는 변압기, 전동기, 발전기, 솔레노이드 밸브 등의 동작을 해석할 때는 전기회로와 유사한 개념의 자기회로(magnetic circuit)를 이용하면 편리하다.

그림 6.11과 같이 전류 I가 흐르는 코일이 철심에 N번 감겨있고 철심의 투자율이 μ, 철심의 평균 길이(자로)가 l, 단면적이 S라고 할 때 이를 전기회로와 비슷한 자기회로로 나타낼

수 있다. 자기회로에서 전원 역할을 하는 기자력(mmf, magneto-motive force) F_m은 다음과 같이 정의된다.

$$F_m = NI = \oint_l \boldsymbol{H} \cdot dl \qquad (6\text{-}36)$$

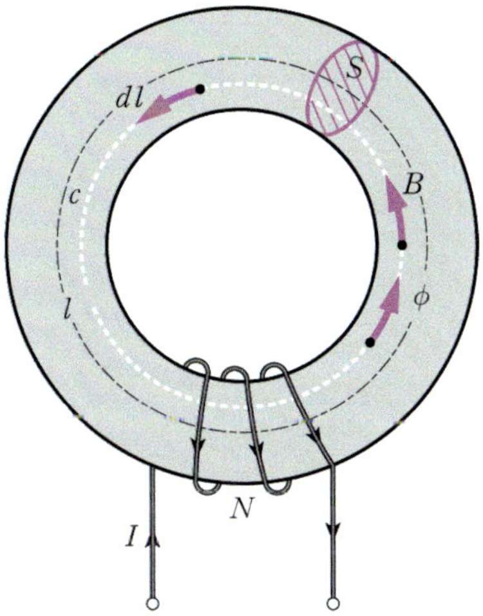

그림 6.11 환상철심 자기회로

즉, 코일에 흐르는 전류가 기자력의 원천이 된다. 철심을 구성하는 자성체의 투자율이 충분히 크면 코일이 만들어 내는 자속 ϕ는 모두 철심을 통해 형성되므로 전기회로에서 도선에 흐르는 전류와 같이 생각할 수 있다. 따라서 전기회로의 저항에 대응되는 자기저항(magnetic reluctance)을 선형 등방성의 자성체의 경우 다음과 같이 정의할 수 있다.

$$R_m = \frac{l}{\mu S}\,[\mathrm{AT/Wb}] \qquad (6\text{-}37)$$

자기저항은 자속이 발생하여 통과하는 자성체의 특성에 의존하며 자로의 길이에 비례하고 투자율과 단면적에 반비례한다.

전기회로에서 옴의 법칙이 성립하는 것을 상기하면 자기회로에서도 기자력, 자기저항, 자속 사이의 관계를 다음과 같이 옴의 법칙으로 나타낼 수 있다.

$$F_m = R_m \phi\,[\mathrm{AT}], \quad \phi = \frac{F_m}{R_m}\,[\mathrm{Wb}] \qquad (6\text{-}38)$$

자기회로에서는 전기회로의 기본법칙인 키르히호프의 전류, 전압 법칙도 성립하며 따라서 철심의 형상과 재질이 주어지면 간편하게 자계를 계산할 수 있게 된다.

예제 6.18 **다음중 자기회로의 자기저항의 특성에 해당하는 것은?**

① 자기회로의 단면적에 비례
② 투자율에 반비례
③ 자기회로의 길이에 반비례
④ 단면적에 반비례하고 길이의 제곱에 비례

풀이 자기저항 $R_m = \dfrac{l}{\mu S}$

정답 ②

예제 6.19 **다음중 기자력에 대한 설명으로 옳지 않은 것은?**

① 전기회로의 기전력에 해당한다.
② 코일에 전류를 흘렸을 때 전류밀도와 코일의 권선수를 곱한 값과 같다.
③ 자기회로의 자기저항과 자속의 곱과 같다.
④ SI단위는 암페어[A]이다.

풀이 기자력 $F_m = NI$[AT]

정답 ②

예제 6.20 **100회 감은 코일에 2.5[A]의 전류가 흐를 때의 기자력[AT]을 구하라.**

풀이 $F_m = NI = 100 \times 2.5 = 250$[AT]

예제 6.21 **막대철심의 길이 1.6[m], 단면적 0.5[m^2], 비투자율이 20일 때 자기저항을 구하라.**

풀이 $R_m = \dfrac{l}{\mu S} = \dfrac{l}{\mu_0 \mu_r S} = \dfrac{1.6}{4\pi \times 10^{-7} \times 20 \times 0.5} = 1.27 \times 10^5$[AT/Wb]

예제 6.22 **길이 1[m], 단면적 15[cm^2]인 무한 솔레노이드에 0.01[Wb]의 자속을 통하는데 필요한 기자력을 구하라.**

풀이 $F_m = R_m \phi = \dfrac{l}{\mu_0 S}\phi = \dfrac{1}{(4\pi \times 10^{-7})(15 \times 10^{-4})} \times 0.01 = \dfrac{10^8}{6\pi}$[AT]

예제 6.23 **철심에 도선을 250회 감고 1.2[A]의 전류를 흘렸더니 1.5×10^{-3}[Wb]의 자속이 생겼다면 이 경우 자기저항[AT/Wb]을 구하라.**

풀이 $F_m = R_m \phi,\quad R_m = \dfrac{F_m}{\phi} = \dfrac{NI}{\phi} = \dfrac{250 \times 1.2}{1.5 \times 10^{-3}} = 2 \times 10^5$[AT/Wb]

그림 6.12와 같이 투자율 μ, 길이 l, 단면적 S, 권선수 N인 토로이드로서 공극(airgap) l_g(공기의 투자율 μ_o)이 있는 자기회로에 전류 I를 인가했을 때의 자속과 자계를 구해 보자.

기자력 $F_m = NI$에 의해 자속은 자성체와 공극 부분을 직렬로 통과하게 되므로 2개의 자기저항이 직렬 연결된 것으로 생각할 수 있다.

철심 부분의 자기저항 R_i는 $l \gg l_g$이므로

$$R_i = \frac{l - l_g}{\mu S} \fallingdotseq \frac{l}{\mu S} \tag{6-39}$$

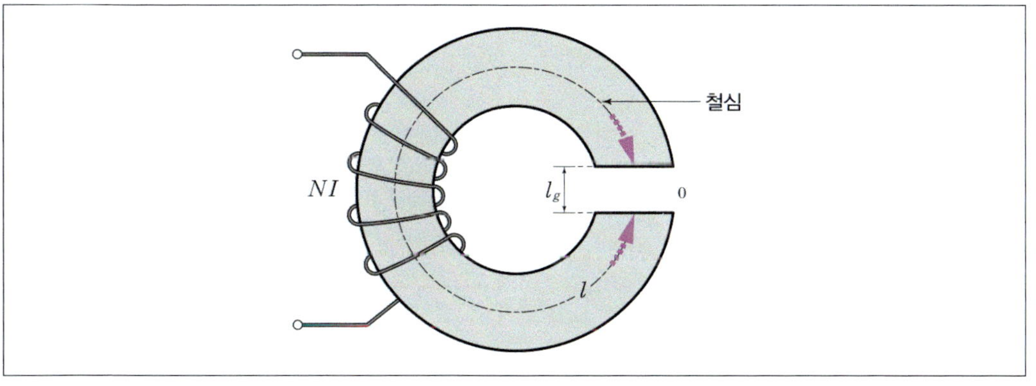

그림 6.12 공극을 가진 자기회로

공극 부분에서는

$$R_g = \frac{l_g}{\mu_0 S} \tag{6-40}$$

이므로, 합성 자기저항은

$$R_T = R_i + R_g = \frac{l}{\mu S} + \frac{l_g}{\mu_o S} = \frac{l}{\mu S}\left(1 + \frac{l_g}{l}\mu_r\right) \tag{6-41}$$

따라서 자속은

$$\psi - \frac{F_m}{R_T} = \frac{NI}{\frac{l}{\mu S}\left(1 + \frac{l_g}{l}\mu_r\right)} = \frac{\mu S N I}{l\left(1 + \frac{l_g}{l}\mu_r\right)} \tag{6-42}$$

공극이 없는 경우 자기저항 $R_i = \dfrac{l}{\mu S}$이므로 공극이 있는 경우의 자기저항과의 비는

$$\frac{R_T}{R_i} = \left(1 + \frac{l_g}{l}\mu_r\right) \tag{6-43}$$

위 식에서 공극이 있으면 자기저항이 $1+(l_g/l)\mu_r$ 배만큼 증가하는 것을 알 수 있다.

철심부와 공극부로 이루어진 자기회로에서 철심과 공극을 통과하는 자속은 일정하지만 경계조건에 의해 자계는 달라진다.

철심부의 자속밀도와 자계는 다음과 같다.

$$B_i = \mu H_i = \mu_0 \mu_r H_i \tag{6-44}$$

공극부의 자속밀도와 자계는 다음과 같다.

$$B_g = \mu_0 H_g \tag{6-45}$$

경계조건에서 자속밀도의 수직성분은 연속이므로

$$B_i = B_g, \;\; \mu_0 \mu_r H_i = \mu_0 H_g \tag{6-46}$$

따라서

$$H_g = \mu_r H_i \tag{6-47}$$

공극부의 자계 H_g는 철심부의 자계 H_i보다 μ_r 배만큼 크다는 것을 알 수 있다.

코일에 인가된 기자력을 철심부 및 공극부에 대해 풀면

$$NI = \phi R_T = \phi(R_i + R_g) = F_i + F_g \tag{6-48}$$

$$F_i = \phi R_i = \frac{\phi l}{\mu S} = \frac{\phi l}{\mu_0 \mu_r S}, \;\; F_g = \phi R_g = \frac{\phi l_g}{\mu_0 S} \tag{6-49}$$

강자성체를 철심으로 사용하면 투자율은 수천 배가 되어 철심과 공극의 자로의 비율에 비해 훨씬 크므로 $F_g \gg F_i$가 되고 공급된 기자력의 대부분이 공극부에 걸리게 되는 것을 알 수 있다. 이는 전기회로에서 저항을 직렬접속했을 때 큰 값을 가지는 저항에서 더 큰 전압강하가 일어나는 것과 같은 결과이다.

예제 6.24 **그림 6.13은 철심부의 평균 길이 1[m], 공극 간격이 10[cm], 단면적이 S인 자기회로이다. 공극의 자속밀도를 0.5[Wb/m^2]로 하기 위한 기자력[AT]을 철의 비투자율 μ_r이 ∞ 또는 100으로 가정한 경우에 대해서 각각 구하라. 단, 누설자속은 고려하지 않는다.**

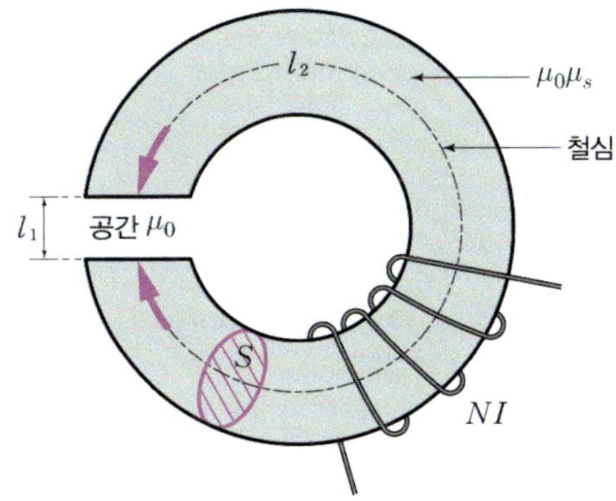

그림 6.13

풀이 철심부분의 길이를 l_2, 공극의 길이를 l_1으로 하면 전체 자기저항 R_m은

$$R_m = \frac{l_1}{\mu_o S} + \frac{l_2}{\mu_0 \mu_r S} = \frac{1}{\mu_o S}\left(l_1 + \frac{l_2}{\mu_r}\right) \tag{1}$$

로 되고 자속은 옴의 법칙에 의해 $\phi = SB = \dfrac{NI}{R_m}$ 이므로

$$NI = SBR_m\,[\text{AT}] \tag{2}$$

로 된다. 따라서 식 (2)에 식 (1)을 대입하면

$$NI = \frac{B}{\mu_o}\left(l_1 + \frac{l_2}{\mu_s}\right)[\text{AT}] \tag{3}$$

$\mu_r = \infty$의 경우는

$$NI = \frac{B}{\mu_o} l_1 = \frac{0.5}{4\pi \times 10^{-7}} \times 0.1 = 3.98 \times 10^4 \ [\text{AT}] \tag{4}$$

$\mu_s = 100$인 경우는

$$NI = \frac{0.5}{4\pi \times 10^{-7}}\left(0.1 + \frac{1}{100}\right) = 4.38 \times 10^4 \ [\text{AT}] \tag{5}$$

로 되어 $\mu_s = 100$인 경우는 $\mu_s = \infty$인 경우의 약 1.1배로 변화가 비교적 적다. 이것은 공극이 있는 자기회로의 특성이 주로 공극 길이의 영향을 받으며 철심의 특성에는 덜 영향을 받기 때문이다.

6.7 유도용량(인덕턴스)

(1) 자기 인덕턴스와 상호 인덕턴스

자기에서의 유도용량(인덕턴스, inductance)는 전기에서의 정전용량(커패시턴스)와 비슷하다. 도체계 내의 유전체에 존재하는 전계에 의해 전기에너지가 축적되는 것처럼 폐회로에 전류가 흘러 자계가 발생하면 자기에너지가 축적된다. 정전계에서 축적되는 전하량은 인가하는 전압에 비례하였고 이 비례상수를 정전용량이라고 하였다.

정자계에서 발생하는 총자속은 폐회로에 흐르는 전류에 비례하므로 이 비례상수를 인덕턴스라 하며 다음과 같이 나타낼 수 있다.

$$\phi = LI \quad \Rightarrow \quad L = \frac{\phi}{I} \tag{6-50}$$

인덕턴스의 단위는 [Wb/A] 또는 헨리([H])이다.

인덕턴스를 나타내는 소자를 인덕터(inductor)라 하는데 실제의 인덕터는 1개의 폐회로가 아니고 동일한 단면적을 갖는 여러 개의 전류 루프들이 직렬연결된 코일의 형태이다. 권선수가 N인 코일은 전류 루프의 수가 N이므로 총자속은 한 개의 루프를 통과하는 자속 ϕ의 N배가 된다. 따라서 쇄교하는 자속의 총량 $\lambda = N\phi$로 정의할 수 있다. 이를 쇄교자속이라 하며 이 때의 인덕턴스는 다음과 같이 정의한다.

$$L = \frac{\lambda}{I} = \frac{N\phi}{I}\,[\mathrm{H}] \tag{6-51}$$

예제 6.25 **인덕턴스 단위인 1[H]에 대한 다음 설명중 맞는 것은?**

① 1[A]의 전류에 대한 자속이 1[Wb]인 경우이다.
② 1[A]의 전류에 대한 유전율이 1[F/m]인 경우이다.
③ 1[A]의 전류가 1초간에 변화하는 양이다.
④ 1[A]의 전류에 대한 자계가 1[AT/m]인 경우이다.

풀이 $\phi = LI \quad \Rightarrow \quad L = \frac{\phi}{I} = \frac{1[\mathrm{Wb}]}{1[\mathrm{A}]} = 1[\mathrm{H}]$

정답 ①

예제 6.26 **권선수 500, 자기 인덕턴스 0.05[H]인 코일에 5[A]의 전류가 흐를 때의 쇄교자속[Wb]을 구하라.**

풀이 쇄교자속 $\lambda = N\phi = LI = 0.05 \times 5 = 0.25[\mathrm{Wb}]$

예제 6.27 **권선수 600, 자기 인덕턴스 1[mH]인 코일에 3[A]의 전류가 흐를 때 이 코일면을 지나는 자속[Wb]을 구하라.**

풀이 쇄교자속 $\lambda = N\phi$, 인덕턴스 $L = \frac{\lambda}{I} = \frac{N\phi}{I}$

$$\therefore \quad \phi = \frac{LI}{N} = \frac{1 \times 10^{-3} \times 3}{600} = 5 \times 10^{-6}[\text{Wb}]$$

예제 6.28 **단면적 100[cm²], 비투자율 1000인 철심에 500회의 코일을 감고 1[A]의 전류를 흘릴 때 자계의 세기가 1.28[AT/m]이면 자기 인덕턴스[mH]는?**

풀이 인덕턴스 $L = \frac{\lambda}{I} = \frac{N\phi}{I} = \frac{NBS}{I} = \frac{N\mu HS}{I} = \frac{N\mu_0\mu_r HS}{I}$

$$\therefore \quad L = \frac{500 \times 4\pi \times 10^{-7} \times 1000 \times 1.28 \times 100 \times 10^{-4}}{1} = 8.04[\text{mH}]$$

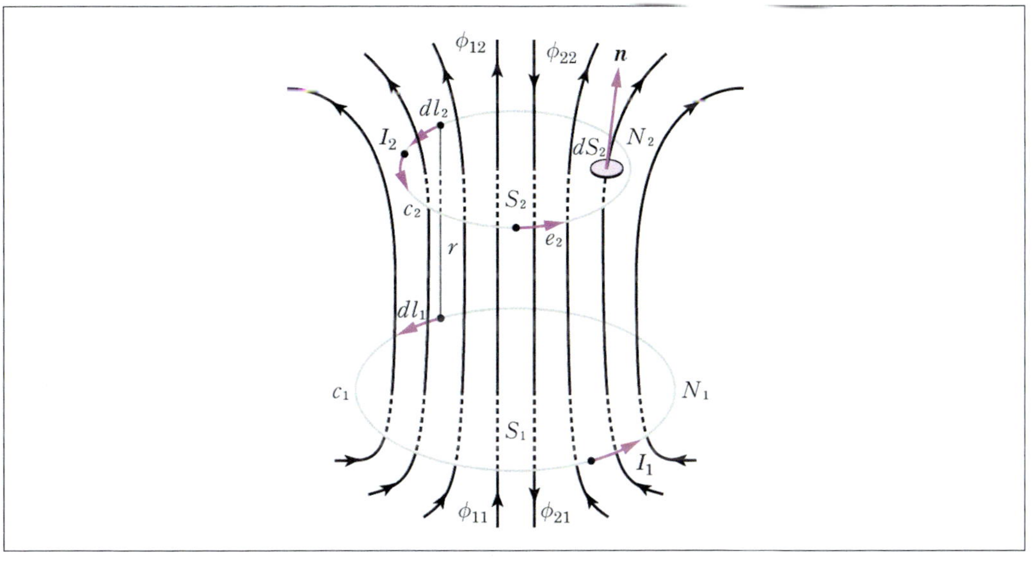

그림 6.14 상호 인덕턴스

그림 6.14와 같이 2개의 인덕터로 각각 권선수 N_1, N_2인 코일을 근접 배치하고 각각 전류 I_1, I_2를 흘린다고 하자. 전류 I_1에 의해 발생하는 자속은 전류 I_1과도 쇄교하고 인접한 전류 I_2와도 쇄교하게 된다. 이를 각각 ϕ_{11}, ϕ_{12}라고 하자. 마찬가지로 전류 I_2에 의해 발생하는 자속중 전류 I_2와 쇄교하는 성분을 ϕ_{22}, 전류 I_1과 쇄교하는 성분을 ϕ_{21}이라고 하자. ϕ_{11}, ϕ_{12}는 I_1에 의해 발생하며 I_1에 비례한다. 또 ϕ_{21}, ϕ_{22}는 I_2에 의해 발생하며 I_2에 비례한다. 따라서 이러한 관계를 다음과 같이 나타낼 수 있다.

$$\begin{aligned} \phi_{11} &= L_1 I_1, \qquad & \phi_{22} &= L_2 I_2 \\ \phi_{12} &= M_{12} I_1, \qquad & \phi_{21} &= M_{21} I_2 \end{aligned} \tag{6-52}$$

위 식에서 L_1, L_2를 **자기 인덕턴스**(self inductance)라 하고 M_1, M_2를 **상호 인덕턴스**(mutual inductance)라 한다.

1차 코일이 발생하는 자속에 의한 2차 코일의 쇄교자속 $\lambda_{12} = N_2\phi_{12}$이고 ϕ_{12}는 전류 I_1에 비례하므로

$$\lambda_{12} = N_2\phi_{12} = M_{12} I_1 \tag{6-53}$$

따라서 상호 인덕턴스는 자기 인덕턴스와 마찬가지로 상호쇄교자속에 의해 다음과 같이 정의된다.

$$M_{12} = \frac{\lambda_{12}}{I_1} = \frac{N_2\phi_{12}}{I_1} \tag{6-54}$$

여기서 ϕ_{12}는 전류 I_1에 비례하므로 상호 인덕턴스 M_{12}는 두 코일의 구조와 권선수에 의해서만 결정되며 I_1에 무관하다. 따라서 1차측 전류에 의한 2차측 코일의 상호 인덕턴스와 2차측 전류에 의한 1차측 코일의 상호 인덕턴스는 다음과 같이 서로 같게 된다.

$$M_{12} = M_{21} \tag{6-55}$$

(2) 자기 인덕턴스와 상호 인덕턴스의 관계

그림 6.15와 같은 환상자로에 권선 N_1, N_2를 감은 회로 C_1, C_2사이의 인덕턴스의 관계를 검토해 본다.

ϕ_1, ϕ_2를 C_1, C_2회로 자체의 전류가 만드는 자속으로, ϕ_{12}을 C_1의 전류가 만드는 자속 가운데 회로 C_2에 쇄교하는 자속으로, ϕ_{21}를 C_2의 전류가 만드는 자속으로 회로 C_1에 쇄교하는 자속으로 하면 인덕턴스의 정의에 의해

$$\begin{aligned} L_1 I_1 &= N_1\phi_1, \quad & M_{12} I_1 &= N_2\phi_{12} \\ L_2 I_2 &= N_2\phi_2, \quad & M_{21} I_2 &= N_1\phi_{21} \end{aligned} \tag{6-56}$$

자로의 투자율이 높고 누설자속이 없다면 ϕ_1이 전부 C_2에 쇄교하고 ϕ_2가 전부 C_1과 쇄교한다고 생각할 수 있으므로 $\phi_1 = \phi_{12}$, $\phi_2 = \phi_{21}$이다. 따라서 자기 인덕턴스와 상호 인덕턴스는 다음과 같이 된다.

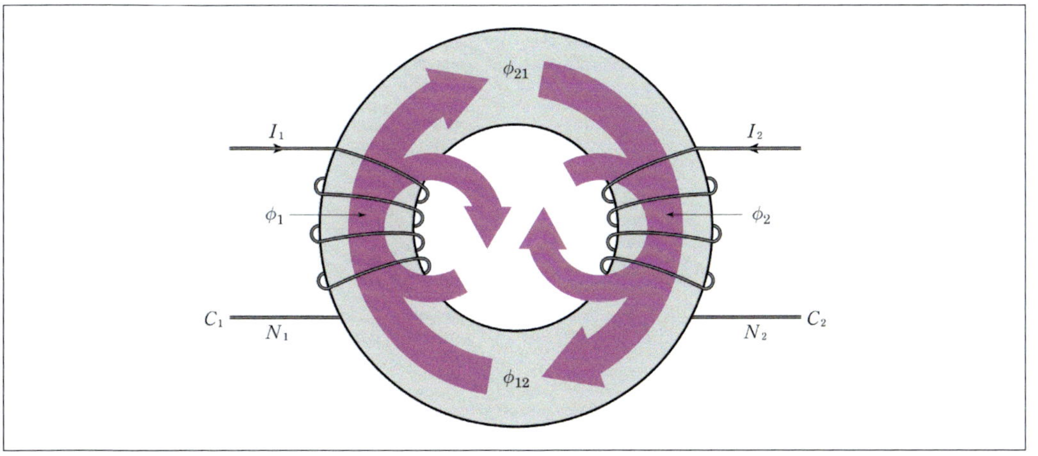

그림 6.15 누설자속

$$L_1 = \frac{N_1\phi_1}{I_1}, \qquad L_2 = \frac{N_2\phi_2}{I_2}$$
$$M_{12} = \frac{N_2\phi_1}{I_1}, \qquad M_{21} = \frac{N_1\phi_2}{I_2} \tag{6-57}$$

위 식으로부터

$$L_1L_2 = M_{12}M_{21} \tag{6-58}$$

식 (6-55)에서 $M_{12} = M_{21} = M$라고 하면 누설자속이 없는 경우 자기 인덕턴스와 상호 인덕턴스의 관계는 다음과 같이 된다.

$$M^2 = L_1L_2 \qquad \therefore\ M = \sqrt{L_1L_2} \tag{6-59}$$

일반적으로는 두 코일간의 결합이 완전하지 않으면 누설자속이 존재하게 되어 2차 코일과 쇄교하는 자속 ϕ_{12}는 1차 코일이 만들어내는 자속 ϕ_1보다 작아진다. 이 경우에 자기 인덕턴스와 상호 인덕턴스는 다음과 같이 된다.

$$M < \sqrt{L_1L_2} \tag{6-60}$$

따라서 누설자속이 있는 경우 M과 L_1, L_2의 관계는 다음과 같은 지표로 나타낼 수 있다.

$$k = \frac{M}{\sqrt{L_1L_2}} \tag{6-61}$$

여기서 k를 결합계수(coupling coefficient)라 하며 코일 사이에 자기적 결합 정도를 나타내는 값이다. 결합계수는 두 코일의 모양, 크기, 상대위치 등에 의해 좌우되며 $0 \le k \le 1$의 범위에 있다.

예제 6.29 **자기 인덕턴스가 L_1, L_2이고 상호 인덕턴스가 M인 두 회로의 결합계수가 1일 때 다음 중 성립하는 것은?**

① $L_1L_2 = M$　② $L_1L_2 < M^2$

③ $L_1L_2 > M^2$　④ $L_1L_2 = M^2$

풀이 결합계수 $k = \dfrac{M}{\sqrt{L_1L_2}} = 1$　$M^2 = L_1L_2$

정답 ④

예제 6.30 **자기 인덕턴스가 L_1, L_2이고 상호 인덕턴스가 M인 두 회로의 결합계수는 어떻게 표시되는가?**

① $\dfrac{M}{\sqrt{L_1L_2}}$　② $\dfrac{M}{L_1L_2}$

③ $\dfrac{\sqrt{L_1L_2}}{M}$　④ $\dfrac{L_1L_2}{M}$

풀이 결합계수 $k = \dfrac{M}{\sqrt{L_1L_2}}$

정답 ①

(3) 인덕턴스의 계산 예

1) 토로이드

권선이 촘촘히 감긴 반지름 r, 투자율 μ, 권선수 N인 토로이드 코일에 전류 I가 흐를 때 자계는 암페어의 법칙을 적용하면

$$\oint \boldsymbol{H} \cdot dl = H(2\pi r) = NI \qquad \therefore H = \frac{NI}{2\pi r} \tag{6-62}$$

따라서 자속밀도 B는 다음과 같게 된다.

$$B = \mu H = \frac{\mu NI}{2\pi r} \tag{6-63}$$

토로이드의 단면적 S을 통과하는 자속은 원주상에서 균일하므로 다음과 같이 된다.

$$\phi = \int \boldsymbol{B} \cdot d\boldsymbol{S} = BS = \frac{\mu SNI}{2\pi r} \tag{6-64}$$

토로이드에서 발생한 자속이 N회의 권선과 모두 쇄교하면 쇄교자속 $\lambda = N\phi$이므로 인덕턴스를 구하면 다음과 같다.

$$L = \frac{\lambda}{I} = \frac{N\phi}{I} = \frac{\mu SN^2}{2\pi r} \tag{6-65}$$

예제 6.31 **N회 감긴 환상 솔레노이드의 단면적이 $S[\mathrm{m}^2]$이고 길이가 $l[\mathrm{m}]$이다. 이 코일의 권선수를 반으로 줄이고 인덕턴스를 일정하게 하려면?**

① 길이를 1/4로 한다. ② 단면적을 2배로 한다.
③ 전류의 크기를 2배로 한다. ④ 전류의 크기를 4배로 한다.

풀이 환상 솔레노이드에 암페어의 법칙을 적용하면

$\oint \boldsymbol{H} \cdot dl = H(2\pi r) = NI$

$\therefore H = \dfrac{NI}{2\pi r}$이고 $B = \mu H = \dfrac{\mu NI}{2\pi r}$

토로이드의 단면을 통과하는 자속은 일정하므로 $\phi = BS = \dfrac{\mu SNI}{2\pi r}$

인덕턴스 $L = \dfrac{\lambda}{I} = \dfrac{N\phi}{I} = \dfrac{\mu SN^2}{2\pi r} = \dfrac{\mu SN^2}{l}$이므로 권선수 1/2 → 인덕턴스 1/4배

인덕턴스가 일정 → 자로(자속이 흐르는 경로)의 길이를 1/4배로 하여야 한다.

정답 ①

2) 솔레노이드

전류 I가 흐르는 투자율 μ, 권선수 N, 길이 l이 반지름보다 충분히 큰 솔레노이드에서 솔레노이드 외부의 자계 $H = 0$이다. 솔레노이드 내부의 자계는 길이가 l인 적분경로를 따라 암페어의 법칙을 적용하면

$$\oint \boldsymbol{H} \cdot dl = Hl + 0 + 0 + 0 = NI \qquad \therefore H = \frac{NI}{l} \tag{6-66}$$

솔레노이드 내부자속 ϕ는 균일하므로 솔레노이드 단면적이 S라면

$$\phi = BS = \mu HS = \frac{\mu SNI}{l} \tag{6-67}$$

전체 쇄교자속 $\lambda = N\phi$이므로 인덕턴스를 구하면 다음과 같다.

$$L = \frac{\lambda}{I} = \frac{N\phi}{I} = \frac{\mu S N^2}{l}[\mathrm{H}] \tag{6-68}$$

솔레노이드의 길이가 무한하고 길이당의 권선수를 n[회/m]라 하면

$$L = \frac{\lambda}{I} = \frac{N\phi}{I} = \frac{\mu S N^2}{l} = \frac{\mu S(nl)^2}{l} = \mu S n^2 l[\mathrm{H}] \tag{6-69}$$

따라서 단위길이당의 인덕턴스는 다음과 같이 된다.

$$L = \mu S n^2 = \mu \pi r^2 n^2 [\mathrm{H/m}] \tag{6-70}$$

여기서 단면적 $S = \pi r^2[\mathrm{m}^2]$이다.

예제 6.32 **코일의 자기 인덕턴스는 다음중 어느 매질상수에 비례하는가?**

① 저항률 ② 유전율
③ 투자율 ④ 전도율

풀이 솔레노이드의 인덕턴스 $L = \frac{\mu S N^2}{l}$[H]이므로 투자율에 비례한다.

정답 ③

예제 6.33 **솔레노이드의 자기 인덕턴스는 권선수를 N이라 할 때 어떤 관계인가?**

① N에 비례 ② $\sqrt{N}$에 비례
③ N^2에 비례 ④ $\frac{1}{N^2}$에 비례

풀이 솔레노이드의 인덕턴스 $L = \frac{\mu S N^2}{l}$[H]이므로 N^2에 비례한다.

정답 ③

3) 동축 케이블

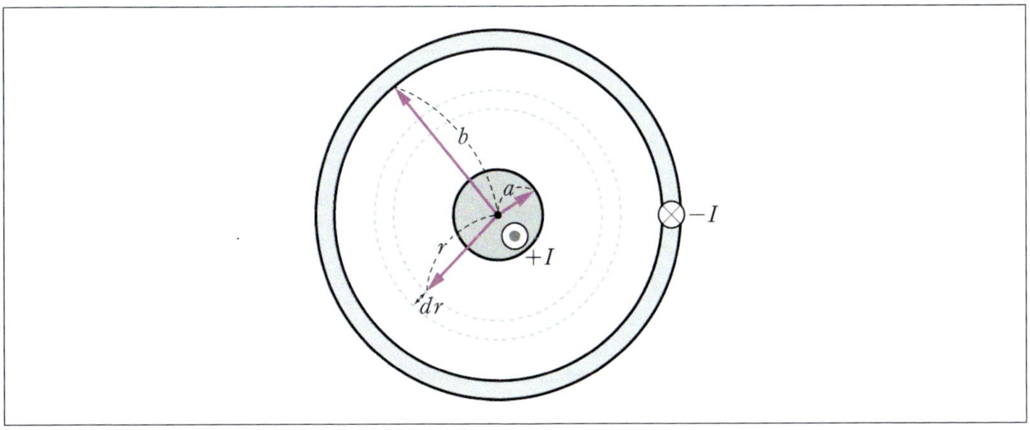

그림 6.16 동축 케이블

그림 6.16과 같이 내·외부 도체의 반지름이 각각 a, b인 동축케이블의 단위길이당 자기 인덕턴스를 구해보자. 내부도체에는 I의 전류가, 외부 도체에는 $-I$로 서로 반대방향의 전류가 흐른다고 하자. 동축 케이블의 외부에서 보면 내부, 외부 도체에 흐르는 전류의 크기는 같고 방향이 서로 반대이므로 자속이 서로 상쇄되어 0이 된다. 또한 외부 도체의 전류는 원통 내부에는 자계를 형성하지 않는다.

내부 도체의 중심에서 거리 $r(r < a)$인 점인 단면을 흐르는 전류는 r^2I/a^2이므로 암페어의 법칙을 적용하여 자계를 구하면

$$\oint \boldsymbol{H} \cdot dl = H(2\pi r) = I\left(\frac{r^2}{a^2}\right) \qquad \therefore H = \frac{rI}{2\pi a^2} \text{[AT/m]} \tag{6-71}$$

단위 길이당의 미소부피 $dv = dr \times 1 \times 2\pi r$에 축적되는 자계 에너지는 도체의 투자율이 μ이면

$$\begin{aligned} W &= \frac{1}{2}\int_V \boldsymbol{B} \cdot \boldsymbol{H} dv = \frac{1}{2}\int_V BH dv = \frac{1}{2}\int_V \mu H^2 dv \\ &= \frac{1}{2}\int_V \mu\left(\frac{rI}{2\pi a^2}\right)^2 2\pi r dr = \frac{\mu I^2}{4\pi a^4}\int_0^a r^3 dr = \frac{\mu I^2}{16\pi} \text{[J/m]} \end{aligned} \tag{6-72}$$

자계 에너지 $W = \frac{1}{2}LI^2$이므로 단위길이당 내부 인덕턴스 L_i는

$$L_i = \frac{2W}{I^2} = 2\left(\frac{\mu I^2}{16\pi}\right)/I^2 = \frac{\mu}{8\pi} \text{[H/m]} \tag{6-73}$$

내부도체의 중심에서 거리 $r(a < r < b)$인 점의 자계는 암페어의 법칙을 적용하면

$$\oint \boldsymbol{H} \cdot dl = H(2\pi r) = I \qquad \therefore H = \frac{I}{2\pi r}[\text{AT/m}] \tag{6-74}$$

반지름 a인 내부도체와 외부도체 사이의 단위길이 미소면적 $1 \times dr$을 통과하는 자속을 고려하여 전체 자속을 구하면 다음과 같다. 이 때 도체 사이가 진공이면

$$\begin{aligned} \phi &= \int \boldsymbol{B} \cdot d\boldsymbol{S} = \int_a^b \mu_0 H dr = \int_a^b \frac{\mu_0 I}{2\pi r} dr \\ &= \frac{\mu_0 I}{2\pi} \int_a^b \frac{1}{r} dr = \frac{\mu_0 I}{2\pi}[\ln r]_a^b = \frac{\mu_0 I}{2\pi} ln\frac{b}{a}[\text{Wb/m}] \end{aligned} \tag{6-75}$$

따라서 단위길이당 외부 인덕턴스 L_e는 다음과 같이 된다.

$$L_e = \frac{\phi}{I} = \frac{\mu_0}{2\pi} ln\frac{b}{a}[\text{H/m}] \tag{6-76}$$

동축 케이블의 단위길이당 전체 인덕턴스는 $L = L_i + L_e$이므로 다음과 같다.

$$L = L_i + L_e = \frac{\mu}{8\pi} + \frac{\mu_0}{2\pi} ln\frac{b}{a}[\text{H/m}] \tag{6-77}$$

4) 평행 왕복 도체

그림 6.17과 같이 도체의 단면이 원형이고 반지름 a, 도체 중심간의 거리 d인 평행왕복도체의 단위길이당 인덕턴스를 구해보자.

도체중심을 잇는 선상의 도체 1의 중심에서 거리 x인 점 P에서 도체 1에 의한 자계의 세기 H_1을 암페어의 법칙을 적용하면

$$\oint \boldsymbol{H}_1 \cdot dl = H(2\pi x) = I \qquad \therefore H_1 = \frac{I}{2\pi x} \tag{6-78}$$

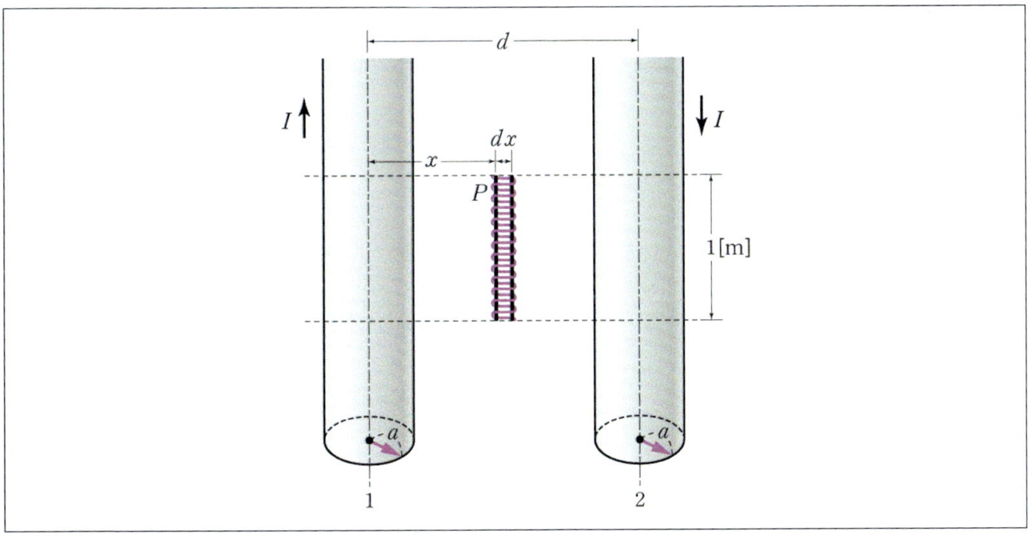

그림 6.17 평행 왕복 도체

나찬가지로 도체 2에 의한 점 P에서의 자계 H_2는

$$\oint \boldsymbol{H}_2 \cdot d\boldsymbol{l} = H_2[2\pi(d-x)] = I \qquad \therefore H_2 = \frac{I}{2\pi(d-x)} \tag{6-79}$$

암페어의 오른나사 법칙에 의해 도체 사이의 공간에는 도체 1과 도체 2에 의해 지면의 뒤쪽으로 향하는 같은 방향의 자계가 형성된다. 따라서 점 P에서의 전체 자계의 크기는 두 자계의 합이 된다.

$$H = H_1 + H_2 = \frac{I}{2\pi x} + \frac{I}{2\pi(d-x)} = \frac{I}{2\pi}\left(\frac{1}{x} + \frac{1}{d-x}\right) \tag{6-80}$$

따라서 이 점의 자속밀도는 자유공간이므로

$$B = \mu_0 H = \frac{\mu_0 I}{2\pi}\left(\frac{1}{x} + \frac{1}{d-x}\right) \tag{6-81}$$

점 P상에 x에서 dx까지의 폭을 가지는 단위길이인 미소면적 $dS = dx \times 1$을 생각하면 이 미소면적을 통과하는 자속 $d\phi$는

$$d\phi = BdS = Bdx = \frac{\mu_0 I}{2\pi}\left(\frac{1}{x} + \frac{1}{d-x}\right)dx \tag{6-82}$$

이므로 도체 1, 2와 쇄교하는 단위길이당의 자속은 다음과 같이 된다.

$$\phi = \int d\phi = \frac{\mu_0 I}{2\pi}\int_a^{d-a}\left(\frac{1}{x}+\frac{1}{d-x}\right)dx = \frac{\mu_0 I}{2\pi}[\ln x - \ln(d-x)]_a^{d-a}$$
$$= \frac{\mu_0 I}{2\pi}\left[\ln\frac{d-a}{a} - \ln\frac{a}{d-a}\right] = \frac{\mu_0 I}{\pi}\ln\frac{d-a}{a} \tag{6-83}$$

따라서 단위길이당 자기 인덕턴스는 다음과 같이 구할 수 있다.

$$L = \frac{\phi}{I} = \frac{\mu_0}{\pi}\ln\frac{d-a}{a}\,[\mathrm{H/m}] \tag{6-84}$$

$d \gg a$인 경우

$$L = \frac{\mu_0}{\pi}\ln\frac{d}{a}\,[\mathrm{H/m}] \tag{6-85}$$

평행왕복도체의 전체 인덕턴스는 식 (6-71)에서 구한 양 도체의 내부 인덕턴스(2개의 도체)와 도체간 외부 인덕턴스를 합한 것이므로 다음과 같이 된다.

$$L = 2L_i + L_e = \frac{\mu}{4\pi} + \frac{\mu_0}{\pi}\ln\frac{d}{a}\,[\mathrm{H/m}] \tag{6-86}$$

연습문제

01 단면적 $S[\mathrm{m}^2]$의 철심에 $\phi[\mathrm{Wb}]$의 자속을 통하게 하려면 $H[\mathrm{AT/m}]$의 자계가 필요하다. 이 철심의 비투자율을 구하라.

02 길이 1[m]의 철심(비투자율 $\mu_r = 1000$) 자기회로에 미소 공극 1[mm]를 만들었을 때 전체의 자기저항은 공극이 없는 경우에 비해 몇 배가 되는지 구하라. 단, 각부의 단면적은 일정하다.

03 비투자율 1000의 철심이 든 환상 솔레노이드의 권선수가 600회, 평균 지름은 20[cm], 철심의 단면적은 10[cm^2]이다. 이 솔레노이드에 2[A]의 전류를 흘릴 때 철심 내의 자속[Wb]을 구하라.

04 평행하게 가설된 저압 배전선의 지름이 5[mm]이며 선간 거리가 40[cm]일 때 선로의 길이 25[m]에 대한 자기 인덕턴스를 구하라.

7

전자유도

7.1 패러데이 법칙

(1) 패러데이 법칙

앞에서는 전류가 자계를 만드는 현상에 대하여 기술했는데 이와 반대로 자계가 변화하면 기전력이 유도되어 전류가 흐른다는 사실이 1831년 패러데이(Faraday)에 의해 발표되었다.

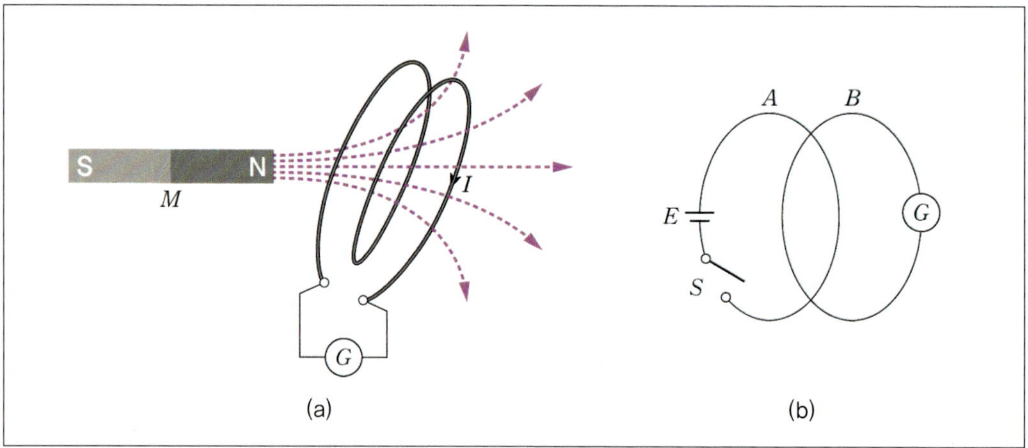

그림 7.1 자계의 변화에 의한 유도기전력의 발생

그림 7.1(a)에 표시된 것과 같이 코일에 검류계를 연결하여 폐회로를 만들고 코일속으로 영구자석을 가까이 가져갔다가 멀리 떼어 놓는 동작을 몇 번 되풀이하면 검류계의 바늘이 진동하고 코일에 전류가 흐르는 것을 관찰할 수 있다. 자석이 움직이지 않고 정지하고 있을 때는 코일에 전류가 흐르지 않는다. 또한 자석을 움직이는 속도가 빠를수록 유도되는 전류가 크다. 이와 같은 사실로 자계의 변화가 기전력을 발생한다는 것을 알 수 있다. 전기회로와 쇄교하고 있는 자속이 변화하든가 또 그 회로를 만들고 있는 도선이 자속을 끊으면 그 회로에 기전력이 생기는 현상을 **전자유도**(electromagnetic induction)라고 한다.

전자유도 현상은 전기회로의 주변에 자계가 변화함으로써 일어나는 것이기 때문에 이 경우 자석을 고정시키고 코일 쪽을 움직여도 전류가 발생한다. 또 그림 (b)와 같이 두 개의 코일을 가까이 두고 회로 A의 스위치 S를 개폐하면 그 순간에 회로 B에 전류가 흐르며, 전류가 흐르고 있는 회로 A를 움직여도 회로 B에 전류가 흐른다.

패러데이가 수행한 실험결과로 자속의 변화에 비례하여 발생하는 유도기전력은 다음과 같은 **패러데이의 법칙**(Faraday's law)으로 나타낼 수 있다.

$$e = -\frac{d\lambda}{dt} = -N\frac{d\phi}{dt} = -\frac{d}{dt}\int_S \boldsymbol{B} \cdot d\boldsymbol{S} \tag{7-1}$$

여기서 e는 유도기전력, λ는 쇄교자속(총자속수), ϕ는 단위코일의 자속, B는 폐회로에 인가되는 자속밀도이다. 이 식은 유도기전력의 크기는 쇄교자속의 시간변화율에 비례하며 부호는 자속의 변화와 반대라는 것을 나타낸다. 즉, 자속밀도가 시간에 대해 변화하거나 또는 난면적 S가 움직여서 시간에 따라 자속 λ가 변하면 기전력이 발생한다는 것이다. 또한 부호가 (−)인 것은 코일을 통과하는 자속의 변화에 반대되는 방향으로 유도기전력이 발생한다는 것이다. 이를 렌츠의 법칙(Lenz's law)이라고 하며 유도기전력의 방향을 결정한다. 렌츠의 법칙에 따라 전자유도에 의한 유도기전력은 자속의 변화를 억제하는 전류 및 전계를 생성하는 방향으로 발생한다고 할 수 있다.

예제 7.1 **권선수 100회인 코일에 0.5[Wb]의 자속이 쇄교하고 있다가 0.1초 사이에 이 자속이 0.3[Wb]으로 변하였을 때 코일에 유도되는 기전력을 구하라.**

풀이

$$e = -\frac{d\lambda}{dt} = -N\frac{d\phi}{dt} = -100 \times \frac{(0.3-0.5)}{0.1} = 200[\text{V}]$$

예제 7.2 **자기 인덕턴스가 50[mH]인 코일에 흐르는 전류가 0.01초 사이에 5[A]에서 3[A]로 감소하였다. 코일에 유기된 기전력을 구하라.**

풀이 유기 기전력

$$e = -\frac{d\lambda}{dt} = -N\frac{d\phi}{dt} = -L\frac{di}{dt} = -50 \times 10^{-3} \times \frac{(3-5)}{0.01} = +10[\text{V}]\text{(전류와 같은 방향)}$$

예제 7.3 **전자유도에 의해 회로에 발생하는 기전력은 쇄교자속의 시간에 대한 변화율에 비례한다는 ㉠ 법칙에 따르고, 유도된 기전력의 방향은 ㉡ 법칙에 따른다. ㉠, ㉡에 알맞은 것은?**

① ㉠ 패러데이 ㉡ 플레밍의 왼손
② ㉠ 패러데이 ㉡ 렌츠
③ ㉠ 렌츠 ㉡ 패러데이
④ ㉠ 플레밍의 왼손 ㉡ 패러데이

풀이 패러데이 법칙 : 전자유도에 의한 유도기전력의 크기
렌츠의 법칙 : 전자유도에 의한 유도기전력의 방향

정답 ②

예제 7.4 **유도기전력은 (　　)의 변화를 방해하는 방향으로 생기며, 그 크기는 (　　)의 시간적인 변화율과 같다. 빈 칸에 들어갈 내용으로 적합한 것은?**

① 전압 ② 전류
③ 전자파 ④ 쇄교자속

풀이 유도기전력은 쇄교자속의 시간적인 변화율

정답 ④

(2) 자속의 시간적 변화에 의한 유도기전력

식 (7-1)으로 표현되는 전자유도현상은 자속의 시간적 변화에 의해 발생하는 유도기전력과 일정한 자속 내에서 폐회로가 이동하며 발생하는 유도기전력으로 나눌 수 있다.

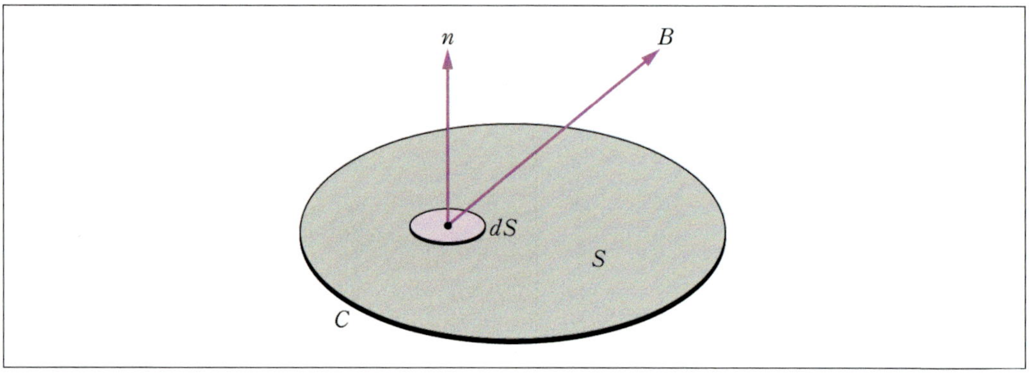

그림 7.2 자속밀도가 변화하는 경우의 기전력

그림 7.2와 같이 단면적 S인 정지된 루프에서 미소면적 dS를 취한다. 루프의 단면적 S를 통과하는 자속밀도를 $\boldsymbol{B}$라 할 때 쇄교자속 λ는 회로의 권선수 $N=1$이므로 자속 ϕ와 같고 다음과 같다.

$$\phi = \int_S \boldsymbol{B} \cdot d\boldsymbol{S} \tag{7-2}$$

자속밀도 $\boldsymbol{B}$가 시간적으로 변할 때 폐회로에 발생하는 유도기전력은 식 (7-1)을 적용하고 또한 전류루프는 고정되어 있으므로 다음과 같이 된다.

$$e = -\frac{d\phi}{dt} = -\frac{d}{dt}\int_S \boldsymbol{B} \cdot d\boldsymbol{S} \qquad \therefore \quad e = -\int_S \frac{\partial \boldsymbol{B}}{\partial t} \cdot d\boldsymbol{S} \tag{7-3}$$

정전계에서 전압과 전계와의 관계는 $V = -\int_l \boldsymbol{E} \cdot dl$이었고 특히 폐회로에 대한 전계의 선적분 $\oint_l \boldsymbol{E} \cdot dl = 0$이었다. 그러나 이와 같이 시간에 따라 변화하는 계에서는 폐회로에 대한 전계의 선적분은 0이 되지 않는다. 따라서 시변자속에 의해 발생하는 유도기전력은 다음과 같이 나타낼 수 있다.

$$e = \oint_l \boldsymbol{E} \cdot dl = -\int_S \frac{\partial \boldsymbol{B}}{\partial t} \cdot d\boldsymbol{S} \tag{7-4}$$

위 식의 좌변에 스토크스의 정리를 적용하면

$$\oint_l (\nabla \times \boldsymbol{E}) \cdot d\boldsymbol{S} = -\int_S \frac{\partial \boldsymbol{B}}{\partial t} \cdot d\boldsymbol{S} \tag{7-5}$$

위 식은 루프의 단면적 모양에 관계없이 항상 성립해야 하므로 다음과 같은 결과를 얻을 수 있다.

$$\nabla \times \boldsymbol{E} = -\frac{\partial \boldsymbol{B}}{\partial t} \tag{7-6}$$

이 식은 맥스웰 방정식을 구성하는 미분형 식의 하나로서 임의의 점에서 자속밀도가 시간에 따라 변하면 그 점에 전계의 회전성분이 발생한다는 것을 의미한다. 바꿔 말하면 정전계는 비회전계이었지만 시변전계는 회전계임을 나타내는 것이다. 그래서 정전계에서는 $\oint_l \boldsymbol{E} \cdot dl = 0$ 이므로 $\nabla \times \boldsymbol{E} = 0$이지만 시변전계는 식 (7-6)과 같이 표현된다.

(3) 도체의 운동에 의한 유도기전력

앞에서 살펴본 바와 같이 루프를 통과하는 자속밀도가 시간에 따라 변화하면 기전력이 발생하였다. 그런데 식 (7-1)을 살펴보면 루프를 쇄교하는 자속이 시불변인 경우에도 루프의 단면적이 시간에 따라 변한다면 유도기전력을 만들어 낼 수 있음을 알 수 있다.

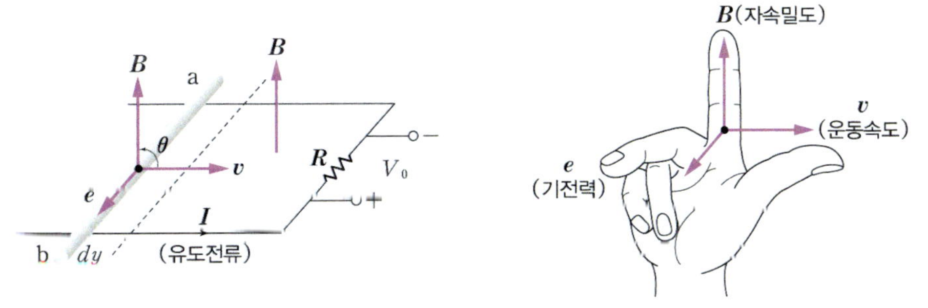

(a) 운동 도체의 기전력 (b) 플레밍 오른손 법칙

그림 7.3 운동 도체의 유도기전력과 플레밍의 오른손 법칙

균일한 자속밀도 $\boldsymbol{B}$내에 수직으로 ㄷ자 모양의 고정된 도선에 길이 l인 도체를 올려놓고 속도 v로 이동시키는 경우를 생각해 보자. 도체가 폐회로를 형성하는 사각형 코일의 면적이 감소하는 방향으로 운동하면 렌츠의 법칙에 의해 자속이 증가하는 방향으로 유도전류가 흐르게 된다. 이와 같은 자계 내에서의 운동도체의 유도기전력(유도전류)의 방향은 오른손을 이용하여

간단히 나타낼 수 있다. 그림 7.3(b)와 같이 오른손 엄지, 검지, 중지를 펴서 수직으로 세우고 엄지를 도체의 운동방향 $\boldsymbol{v}$, 검지를 자속밀도의 방향 $\boldsymbol{B}$에 맞추면 유도기전력 $\boldsymbol{e}$은 중지 방향이 된다. 이러한 관계를 **플레밍의 오른손 법칙**(Flemming's right hand rule)이라 한다.

루프의 면적을 S로 하면 $\phi = BS$이고 dt시간동안 변화하는 면적 dS는 $lvdt$이므로

$$d\phi = BdS = Blvdt \tag{7-7}$$

따라서 유도기전력은 다음과 같이 된다.

$$e = -\frac{d\phi}{dt} = -Blv \tag{7-8}$$

즉 기전력의 방향은 플레밍의 오른손 법칙을 따르며 그 크기는 도선의 길이 l과 도선의 운동속도 v및 자속밀도 B에 비례한다.

운동하는 도체 내의 전하 Q가 받는 힘 $\boldsymbol{F} = Q\boldsymbol{v} \times \boldsymbol{B}$ 이므로 이를 이용하여 기전력을 다시 나타내면 다음과 같다.

$$e = (\boldsymbol{v} \times \boldsymbol{B}) \cdot \boldsymbol{l} \tag{7-9}$$

따라서 $\boldsymbol{v}$와 $\boldsymbol{B}$가 이루는 각도가 θ일 때 유도기전력은 다음과 같이 된다.

$$e = Blv\sin\theta \tag{7-10}$$

예제 7.5 **다음중 플레밍의 오른손 법칙을 이용한 것은?**

① 변압기 ② 전자석

③ 직류전동기 ④ 직류발전기

정답 ④

예제 7.6 **그림 7.4와 같이 자속밀도 B인 균일자계 속에 길이 60[cm]인 직선도체가 B와 30°의 방향으로 자속을 끊고 움직이고 있다. 자속밀도 $B = 2.4 \times 10^{-2}$[Wb/m²], 속도 $v = 5$ [m/s]일 때 도체에 유기되는 기전력 및 도체를 0.3[Ω]의 저항으로 단락시킬 때 흐르는 전류를 구하라.**

풀이 길이 l에 유기되는 기전력 e는 식 (7-10)으로부터

$e = Blv\sin\theta = 2.4 \times 10^{-2} \times 0.6 \times 5 \times \sin 30°$

$= 3.6 \times 10^{-2}$[Wb/s] $= 3.6 \times 10^{-2}$[V]

전류 I는

$I = \frac{e}{R} = \frac{0.036}{0.3} = 0.12$[A]

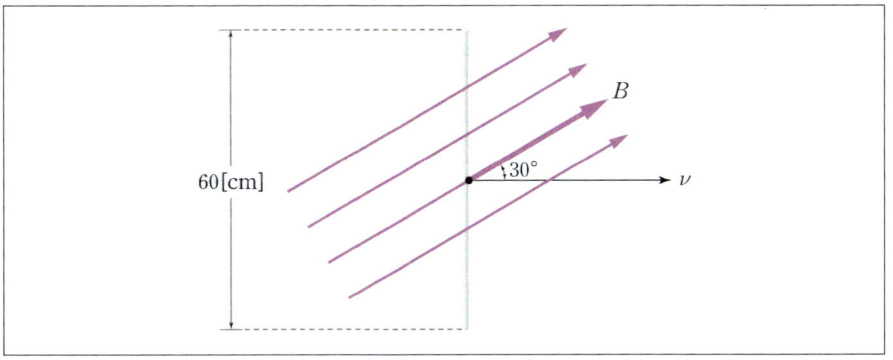

그림 7.4

예제 7.7 **권선수 300인 작은 코일의 면적 S가 5[cm^2]이다. 이것을 균일자계 속에 수직으로 삽입한 다음 0.1초 걸려서 자계 밖으로 끌어 냈을 때 0.5[V]의 기전력이 발생했다. 자속밀도 B는 얼마인가?**

풀이 코일의 권선수가 N이면 끌어낼 때까지의 시간 t초 동안에 회로를 관통하는 총자속의 변화량은 NBS로 된다. 따라서 유기 기전력 e의 크기는 시간당 자속 변화량이므로

$$e = \frac{NBS}{t} [\text{V}]$$

B는

$$B = \frac{et}{NS} = \frac{0.5 \times 0.1}{300 \times 5 \times 10^{-4}} = 0.33 [\text{Wb/m}^2]$$

7.2 와전류와 표피효과

(1) 와전류

회로를 관통하는 자속이 시간적으로 변화할 때 회로에는 기전력이 유도되어 전류가 흐른다. 그러나 이 현상은 회로가 도선으로 되어 있는 경우에 국한되는 것이 아니라 일반적으로 블록모양의 도체에도 기전력이 유도되어 전류가 도체 속에 폐회로를 만들고 흐른다. 이 전류를 와전류(eddy current)라 한다.

와전류의 크기는 유도되는 기전력에 비례하고 도체의 저항에 반비례한다. 또 이 기전력은 자속이 시간에 대해 사인파 형태로 변화한다면 주파수에 비례한다. 와전류가 흐르면 도체 속의 주울 열 발생으로 전력 손실이 일어나고 도체는 가열된다. 이것을 와류손(eddy current loss)라 한다.

와류손 P_e는 최대자속밀도 B_m와 주파수 f의 제곱에 비례하며 철심의 전도율을 σ라 하면 다음과 같이 된다.

$$P_e \propto \sigma f^2 B_m^2 \text{ [W]} \tag{7-11}$$

교류를 사용하는 변압기, 전동기, 발전기 등의 전기기기의 철심에서는 자속변화가 커서 큰 와전류가 흐르므로 와전류손을 줄이는 것이 매우 중요한 문제이다. 그림 7.5와 같이 철심에 도선을 감고 그 도선에 교류 전류를 통하면 자속도 변화하여 그림에 표시된 것과 같은 와전류가 발생한다. 이를 감소시키기 위해 전기저항이 큰 규소강판을 자속 방향으로 얇게 만들어 그림 (b)와 같이 절연시켜서 여러 겹으로 겹쳐 철심을 구성하며 이를 **성층철심**(laminated core)이라고 한다.

적극적으로 와류손을 이용하는 경우도 있다. 와전류에 의한 주울 열을 이용하는 금속 재료의 유도 가열법으로서 고주파 전기로나 인덕션 렌지 등에 사용된다.

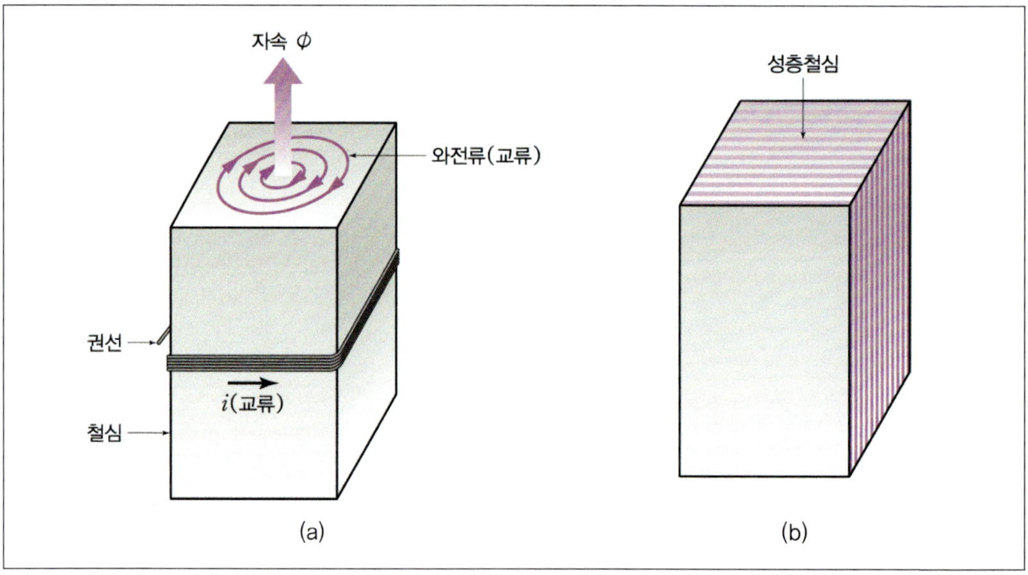

그림 7.5 와전류와 성층철심

그림 7.6(a)는 아라고의 원판으로서 중심축 둘레를 회전하고 있는 금속 원판을 놓고 이것을 영구자석 두 극 사이에 끼우면 자계를 통과하는 도체 부분이 자속을 끊게 되기 때문에 플레밍의 오른손 법칙에 의해 원판 주변에서 중심축 방향으로 기전력이 발생하여 그림 (b)와 같이 와전류가 흐른다. 그 전류와 자속 사이에 플레밍의 왼손 법칙을 적용하면 원판은 자석의 회전 방향과 같은 방향으로 힘을 받아 회전한다. 이러한 원리를 이용한 것이 적산전력계, 유도 전동기 등이다.

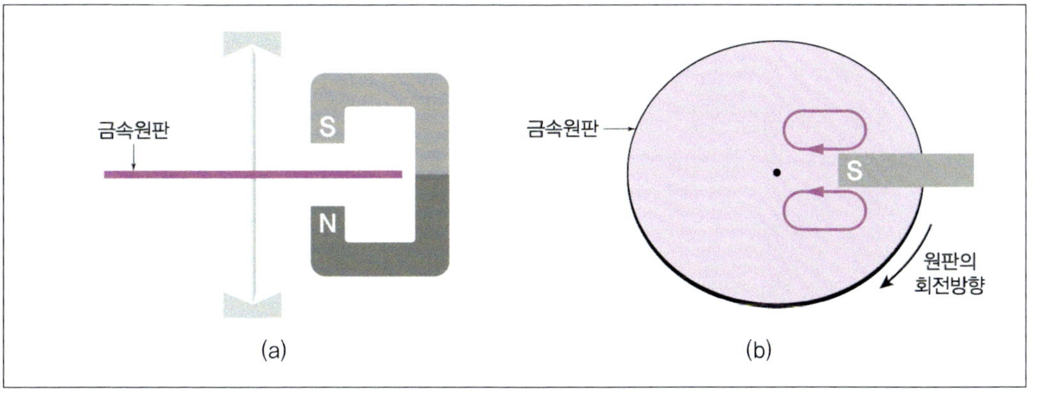

그림 7.6 아라고의 원판

예제 7.8 **변압기에서는 ( )에 의한 손실을 줄이기 위해서 성층철심을 사용한다.**

① 표피효과 ② 와전류

③ 핀치효과 ④ 줄열

정답 ②

(2) 표피효과

그림 7.7에 표시된 것과 같이 어떤 단면적을 가지는 도체에 전류가 흐를 때 전류가 직류이면 이 도체 단면적에 균일하게 분포되어 흐르므로 전류밀도는 균일하다.

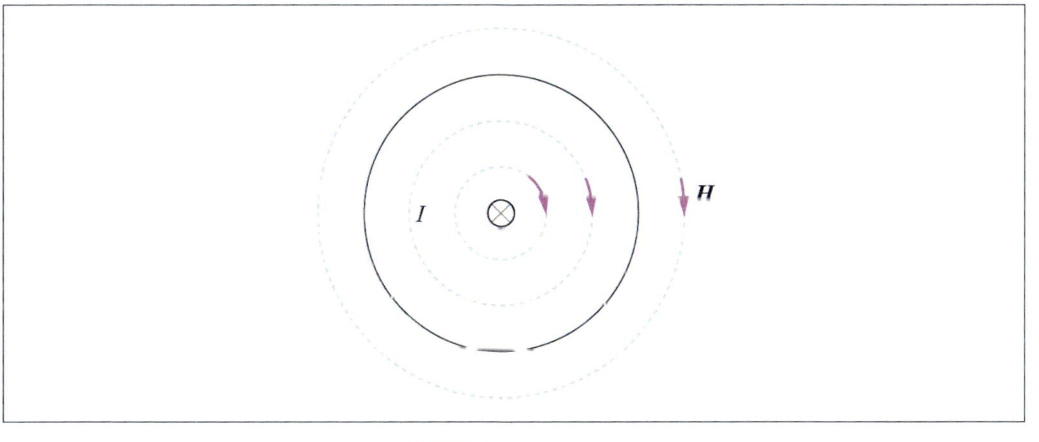

그림 7.7 표피효과

교류가 흐르면 전류의 변화에 따라 만들어지는 자속도 계속 변화하기 때문에 기전력을 발생하고 또 중심부일수록 쇄교하는 자속이 크기 때문에 발생하는 기전력도 중심부가 크다. 이 경우 전자유도에 의한 유도기전력이 전류와 반대 방향으로 발생하여 전류가 흐르기 어렵게 된다. 즉 중심부일수록 전류밀도가 낮아지고 주변 쪽이 높아진다. 이와 같은 현상을 전류의 **표피효과**(skin effect)라고 한다. 도체 단면적이 클수록 그리고 주파수가 클수록 또 전도율과 투자율이 클수록 표피효과도 커진다. 표피효과로 인해 저항은 직류저항보다 커지는데 상용전원주파수 정도에서는 무시해도 상관없지만 주파수가 높아지면 표피효과가 커져 중심부에는 전류가 거의 흐르지 않고 도체 표면에만 흐르게 된다.

도체의 전도율 σ, 투자율 μ이고 전류의 주파수가 f일 때 표면전류밀도의 $1/e = 0.368$배가 되는 표면으로부터의 깊이 δ는 다음과 같고 이를 표피두께 또는 침투깊이라고 한다.

$$\delta = \sqrt{\frac{2}{\omega\sigma\mu}} = \sqrt{\frac{1}{\pi f\sigma\mu}}\ [\text{m}] \tag{7-12}$$

위 식에서 알 수 있듯이 주파수가 높을수록 표피효과가 커지므로 고주파 회로에서는 도체의 중심부가 빈 중공도체를 사용하거나 가는 도선을 절연시켜 여러 가닥을 꼬아 만든 연선(litz wire)을 사용한다.

예제 7.9 **도체에 교류가 흐르는 경우 표피효과에 대한 설명으로 가장 알맞은 것은?**

① 도체표면의 전류밀도가 커지고 중심으로 갈수록 전류밀도가 작아지는 현상
② 도체표면의 전류밀도가 작아지고 중심으로 갈수록 전류밀도가 커지는 현상
③ 도체표면의 전류밀도가 커지고 중심으로 갈수록 전류밀도가 더욱 커지는 현상
④ 도체표면의 전류밀도가 작아지고 중심으로 갈수록 전류밀도가 더욱 작아지는 현상

정답 ①

예제 7.10 **표피효과의 영향에 대한 설명으로 부적절한 것은?**

① 전기저항을 증가시킨다. ② 상호유도계수를 증가시킨다.
③ 주파수가 높을수록 크다. ④ 전도율이 높을수록 크다.

풀이

침투깊이 $\delta = \sqrt{\frac{2}{\omega\sigma\mu}} = \sqrt{\frac{1}{\pi f\sigma\mu}}\ [\text{m}]$

따라서 주파수, 투자율, 전도율이 클수록 침투깊이가 작아져 표피효과가 커진다.

정답 ②

예제 7.11 **은, 구리, 황동의 전도율 σ가 각각 6.2×10^7, 5.8×10^7, $1.6\times10^7[℧/\mathrm{m}]$ 이다. 1000[Hz]의 전자파가 도체표면에 수직으로 입사했을 때의 침투깊이를 구하라.**

풀이 침투깊이 d는 식 (7–12)에 의해

$$d=\sqrt{\frac{2}{\omega\mu\sigma}}=\frac{1}{\sqrt{\pi f\mu\sigma}}[\mathrm{m}]$$

된다. 따라서 $\mu=\mu_0=4\pi\times10^{-7}[\mathrm{H/m}]$로 하여 계산하면 은의 경우

$$d=\frac{1}{\sqrt{\pi\times10^3\times4\pi\times10^{-7}\times6.2\times10^7}}=2.02[\mathrm{mm}]$$

구리에서는

$$d=\frac{1}{\sqrt{\pi\times10^3\times4\pi\times10^{-7}\times5.8\times10^7}}=2.09[\mathrm{mm}]$$

황동에서는

$$d=\frac{1}{\sqrt{\pi\times10^3\times4\pi\times10^{-7}\times1.6\times10^7}}=3.99[\mathrm{mm}]$$

로 되어 σ가 클수록 얇아진다.

예제 7.12 **그림 7.8과 같은 반지름 2[mm]인 통신에 각각 주피수 2.5[MHz], 25[MHz], 2500[MHz]의 전류를 흐르게 할 때의 저항 R과 직류저항 R_{DC}를 비교하라. 다만 전도율 σ는 $5.8\times10^7[℧/\mathrm{m}]$로 전류는 침투깊이의 범위에서만 흐르는 것으로 하고 계산한다.**

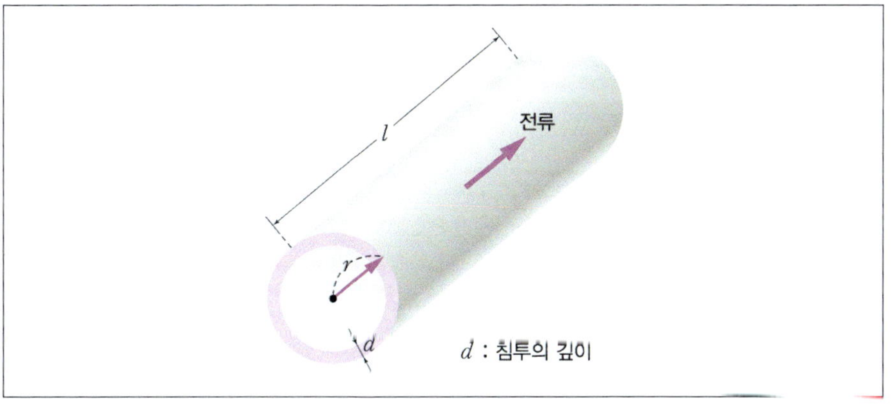

그림 7.8

풀이 전도율 σ, 길이 l, 단면적 S인 도체의 저항 $R=\dfrac{l}{\sigma S}$이므로

직류저항 $R_{DC}=\dfrac{l}{\sigma\pi r^2}$

d를 침투 깊이라 하면, 교류 전류가 흐르는 부분의 단면적은 다음과 같이 구할 수 있다.

$\pi r^2-\pi(r-d)^2=2\pi rd+\pi d^2\approx2\pi rd$

따라서 교류저항 $R = \dfrac{l}{\sigma 2\pi r d}$

$$\frac{R}{R_{DC}} = \frac{l}{\sigma 2\pi r d} \times \frac{\sigma \pi r^2}{l} = \frac{r}{2d}$$

이 문제의 경우 $r = 2$[mm]이기 때문에 $\dfrac{R}{R_{DC}} = \dfrac{1}{d}$로 된다.

2.5[MHz] 일 때의 d를 구하면

$$d = \frac{1}{\sqrt{\pi f \mu \sigma}} = \frac{1}{\sqrt{\pi \times 2.5 \times 10^6 \times 4\pi \times 10^{-7} \times 5.8 \times 10^7}} = \frac{1}{23.9}\,[\text{mm}]$$

로 되기 때문에 R_{DC}와의 비는 $\dfrac{R}{R_{DC}} = \dfrac{1}{d} = 23.9$

25[MHz]일 때는 $\dfrac{R}{R_{DC}} = 75.6$

2500[MHz]일 때는 $\dfrac{R}{R_{DC}} = 756$

으로 되어 주파수가 높아질수록 표피효과에 의해 교류저항값이 커짐을 알 수 있다.

연습문제

01 자속밀도 0.5[Wb/m^2]의 균일한 자계내에 길이 1[m]의 도선을 자계와 수직방향으로 운동시킬 때 도선에 50[V]의 기전력이 유기될 때 이 도선의 속도[m/s]를 구하라.

02 교류자속이 $\phi(t)=\phi_m \sin\omega t$[Wb]일 때 이 자속과 쇄교하는 권선수 N 회인 코일에 발생하는 유도기전력[V]을 구하라.

03 철도궤도간 거리가 1.6[m]이며 서로 절연되어 있다. 궤도위로 열차가 시속 90[km/h]로 달리면서 지구자계의 수직분력 $B=0.2\times10^{-4}$[Wb/m^2]을 절단할 때 두 궤도 사이에 발생하는 유도기전력[V]을 구하라.

8

전자기파

8.1 변위전류

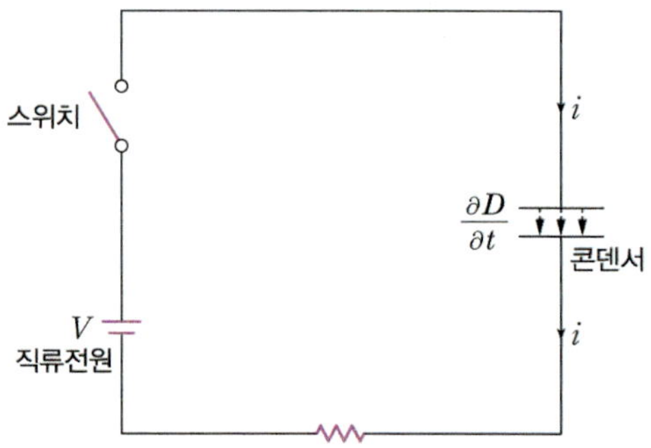

그림 8.1 전도전류와 변위전류

저항과 커패시터가 직렬로 연결된 회로를 생각해보자. 자계를 구하기 위해 암페어의 법칙을 적용하면 다음과 같이 된다.

$$\oint_l \boldsymbol{H} \cdot dl = I \tag{8-1}$$

저항에서는 전하가 실제로 이동하여 **전도전류**(conduction current)가 흐르지만 커패시터의 전극 사이는 유전체로 구성되어 전하의 이동이 이루어지지 않으므로 전도전류가 흐르지는 않는다. 그러나 커패시터의 전극을 통해 다시 도선을 따라 전도전류가 흐르게 되므로 유전체 내에서 실제 전하의 이동은 없지만 전체 전류의 흐름을 잇는 작용이 이루어지고 있음을 알 수 있다. 이를 **변위전류**(displacement current)라 하며 이는 전류에 의해 전극에 전하가 축적되고 전하에 의한 전속의 발생과 전속의 시간적 변화의 결과이다.

$$\begin{aligned} &Q = \rho_s S = DS = \epsilon ES \\ &\frac{\partial Q}{\partial t} = S\frac{\partial D}{\partial t} = \epsilon S\frac{\partial E}{\partial t} = I_d \end{aligned} \tag{8-2}$$

전도전류 I_c에 변위전류 I_d를 포함하는 항을 추가하여 암페어의 법칙을 다시 나타내면 다음과 같다.

$$\oint_l \boldsymbol{H} \cdot dl = I_c + I_d = I_c + S\frac{\partial D}{\partial t} \tag{8-3}$$

스토크스의 정리를 사용하여 위 식을 미분형으로 다시 나타내면 다음과 같다.

$$\nabla \times \boldsymbol{H} = \boldsymbol{J} + \frac{\partial \boldsymbol{D}}{\partial t} \tag{8-4}$$

여기서 $\boldsymbol{J}$는 단위면적당 전도전류밀도이며 $\frac{\partial \boldsymbol{D}}{\partial t}$는 변위전류밀도라고 할 수 있다.

그림 8.1의 커패시터회로의 동작을 고려해보면 도선을 통해 전도전류가 흐르면 커패시터에서는 전도전류는 흐르지 않지만 전극에 전하가 축적되고 정전유도작용에 의해 상대편 전극에 반대 극성의 전하가 유도되므로 다시 전도전류가 생겨나서 전원으로 되돌아오게 된다. 저항부에서는 전도전류가, 커패시터내의 유전체에서는 변위전류의 형태로 전류가 연속적으로 흐른다고 볼 수 있다. 이와 같이 변위전류는 전하의 이동이 아니고 정전유도에 의한 전속의 시간적 변화에 의해 발생하며 위 식에서 알 수 있듯이 직류전원의 경우 $\frac{\partial \boldsymbol{D}}{\partial t} = 0$이므로 변위전류는 0이다.

예제 8.1 **변위전류 또는 변위전류밀도에 대한 설명중 틀린 것은?**

① 변위전류밀도는 전속밀도의 시간적 변화율이다.
② 자유공간에서 변위전류를 만드는 것은 자계이다.
③ 변위전류는 주파수와 관계가 있다.
④ 시간적으로 변화하지 않는 계에서도 변위전류는 흐른다.

풀이 변위전류밀도 $\frac{\partial \boldsymbol{D}}{\partial t}$: 전속밀도의 시간적 변화로 유전체를 통해 흐르는 전류로 자계발생한다. 시간적 변화율이므로 주파수와 관계되며 시불변인 직류에서는 변위전류는 0이다.

정답 ④

예제 8.2 **유전체에서 변위전류를 발생하는 것은?**

① 분극전하밀도의 시간적 변화
② 전속밀도의 시간적 변화
③ 자속밀도의 시간적 변화
④ 분극전하밀도의 공간적 변화

풀이 변위전류 : 전속밀도의 시간적 변화로 유전체를 통해 흐르는 전류로 자계발생

정답 ②

예제 8.3 **변위전류와 관계가 깊은 것은?**

① 반도체 ② 유전체
③ 자성체 ④ 도체

풀이 변위전류 : 전속밀도의 시간적 변화로 유전체를 통해 흐르는 전류로 자계발생

정답 ②

8.2 맥스웰 방정식

영국의 과학자 맥스웰은 1873년 당시까지 밝혀진 전자기 법칙들을 수학적으로 정리하여 최초로 전기와 자기의 통합된 이론을 확립하였다. 이를 맥스웰 방정식(Maxwell's equations)이라 하며 지금까지 살펴보았던 가우스의 법칙, 패러데이 법칙, 암페어의 법칙 등을 포괄한다.

$\boldsymbol{E}$는 전계, $\boldsymbol{D}$는 전속밀도로 $\boldsymbol{D} = \epsilon \boldsymbol{E}$의 관계이고 ϵ은 매질의 유전율이다. $\boldsymbol{H}$는 자계의 세기, $\boldsymbol{B}$는 자속밀도로 $\boldsymbol{B} = \mu \boldsymbol{H}$의 관계이고 μ은 매질의 투자율이다. ρ_v는 단위부피당 전하밀도이고 $\boldsymbol{J}$는 단위면적당 전류밀도이다.

① **전계에 관한 것으로서 전속에 대한 가우스의 정리의 미분형**

$$\nabla \cdot \boldsymbol{D} = \rho_v \tag{8-5}$$

식 (8-5)는 전속밀도는 항상 발산하며 전속밀도의 원천은 전하밀도라는 사실을 나타내고 있다.

② **전계와 자계에 관한 것으로서 패러데이 법칙의 미분형**

$$\nabla \times \boldsymbol{E} = -\frac{\partial \boldsymbol{B}}{\partial t} \tag{8-6}$$

식 (8-6)은 시간적으로 변화하는 자속밀도가 전계를 발생시키며 또한 시변 자속에 의해 유도기전력이 발생하는 것을 의미하는 것으로 이를 패러데이 법칙이라 하였다.

③ **자속밀도의 발산은 0이다**

$$\nabla \cdot \boldsymbol{B} = 0 \tag{8-7}$$

식 (8-7)는 자속밀도의 발산은 항상 0이라는 것, 즉 자속밀도는 항상 폐로를 형성하며 어떠한 자석도 N극과 S극을 동시에 가지고 있어야 하며 하나의 극성을 가진 자석은 존재하지 않는다는 사실을 나타내고 있다.

④ **전류에 의한 자계에 관한 것으로서 암페어의 법칙의 미분형**

$$\nabla \times \boldsymbol{H} = \boldsymbol{J} + \frac{\partial \boldsymbol{D}}{\partial t} \tag{8-8}$$

식 (8-8)은 시간적으로 변화하는 전속밀도에 의해 자계가 발생한다는 것으로 이는 암페어의 법칙을 확장하여 변위전류의 존재를 암시하는 식이다.

위의 식들로부터 지금까지 전기적, 자기적 현상들이 각각 독립적으로 일어나는 것으로 이해하였던 것을 시간적으로 변화하는 계에서는 전계와 자계가 서로 관련되어있다는 새로운 사실을 알게 되었다.

시간적으로 변화하는 계의 맥스웰방정식을 적분형으로 나타내면 다음과 같다.

$$\oint_S \boldsymbol{D} \cdot d\boldsymbol{S} = Q \tag{8-9}$$

$$\oint_l \boldsymbol{E} \cdot dl = -\frac{\partial \phi}{\partial t} -- \int_S \frac{\partial \boldsymbol{B}}{\partial t} \cdot d\boldsymbol{S} \tag{8-10}$$

$$\oint_l \boldsymbol{B} \cdot d\boldsymbol{S} = 0 \tag{8-11}$$

$$\oint_l \boldsymbol{H} \cdot dl = I + \int_S \frac{\partial \boldsymbol{D}}{\partial t} \cdot d\boldsymbol{S} \tag{8-12}$$

시간적인 변화가 없는 정전계와 정자계에서는 $\partial/\partial t = 0$이다. 이러한 시불변계의 맥스웰방정식은 다음과 같다.

$$\nabla \cdot \boldsymbol{D} = \rho_v \tag{8-13}$$

$$\nabla \times \boldsymbol{E} = 0 \tag{8-14}$$

$$\nabla \cdot \boldsymbol{B} = 0 \tag{8-15}$$

$$\nabla \times \boldsymbol{H} = \boldsymbol{J} \tag{8-16}$$

예제 8.4 **다음 중 맥스웰방정식과 부합하지 않는 것은?**

① 자계의 시간적 변화에 따라 전계의 회전이 생긴다.
② 전도전류와 변위전류는 자계를 발생시킨다.
③ 고립된 자극이 존재한다.
④ 전하에서 전속선이 발산된다.

풀이 $\nabla \times \boldsymbol{E} = -\frac{\partial \boldsymbol{B}}{\partial t}$: 자계의 시간적 변화에 의해 전계의 회전 발생

$\nabla \times \boldsymbol{H} = \boldsymbol{J} + \frac{\partial \boldsymbol{D}}{\partial t}$: 전도전류와 변위전류는 자계의 회전 발생

$\nabla \cdot \boldsymbol{D} = \rho_v$: 전하에서 전속선이 발산

$\nabla \cdot \boldsymbol{B} = 0$: 자속은 연속적이며 고립된 자극 없다.

정답 ③

예제 8.5 맥스웰의 방정식 중 패러데이 법칙에서 유도된 식은?

① $\nabla \cdot \boldsymbol{D} = \rho_v$ ② $\nabla \cdot \boldsymbol{B} = 0$

③ $\nabla \times \boldsymbol{H} = \boldsymbol{J} + \frac{\partial \boldsymbol{D}}{\partial t}$ ④ $\nabla \times \boldsymbol{E} = -\frac{\partial \boldsymbol{B}}{\partial t}$

정답 ④

예제 8.6 맥스웰의 방정식 중 자계의 연속성을 나타낸 식은?

① $\nabla \cdot \boldsymbol{D} = \rho_v$ ② $\nabla \cdot \boldsymbol{B} = 0$

③ $\nabla \times \boldsymbol{H} = \boldsymbol{J} + \frac{\partial \boldsymbol{D}}{\partial t}$ ④ $\nabla \times \boldsymbol{E} = -\frac{\partial \boldsymbol{B}}{\partial t}$

정답 ②

8.3 전자기파

맥스웰 방정식을 살펴보면 전계의 변화가 회전하는 자계를 만들고 자계의 시간적인 변화가 회전하는 전계를 발생시킨다. 즉 전계와 자계가 순차적으로 공간에 발생하면서 도체상의 전류로부터 전계와 자계가 공간으로 전파해가게 된다. 이렇게 시변 전계와 시변 자계간의 상호작용에 의해 전자기적인 에너지가 파동의 형태로 전파되는 것을 **전자기파**(전파, electromagnetic wave)라고 한다. 이렇게 전자기파는 시변 전계와 시변 자계로 이루어지며 이는 맥스웰 방정식을 만족하는 해가 된다.

자유공간은 유전율 ϵ_0, 투자율 μ_0인 공간으로 전하가 존재하지 않는 비전도성 매질이다. 즉, 전하밀도가 없으므로 $\rho_v = 0$이고 전도율 $\sigma = 0$이다. 이를 맥스웰 방정식에 적용하면 전도전류 성분은 없고 변위전류 성분만 존재하므로

$$\nabla \cdot \boldsymbol{E} = 0 \tag{8-17}$$

$$\nabla \times \boldsymbol{E} = -\mu_0 \frac{\partial \boldsymbol{H}}{\partial t} \tag{8-18}$$

$$\nabla \cdot \boldsymbol{H} = 0 \tag{8-19}$$

$$\nabla \times \boldsymbol{H} = \epsilon_0 \frac{\partial \boldsymbol{E}}{\partial t} \tag{8-20}$$

식 (8-18)에 회전을 취하고 벡터 항등식 $\nabla \times \nabla \times \boldsymbol{E} = \nabla(\nabla \cdot \boldsymbol{E}) - \nabla^2 \boldsymbol{E}$을 적용하면

$\nabla \cdot \boldsymbol{E} = 0$이므로

$$\nabla \times \nabla \times \boldsymbol{E} = -\nabla^2 \boldsymbol{E} = -\mu_0 \nabla \times \frac{\partial \boldsymbol{H}}{\partial t} = -\mu_0 \frac{\partial}{\partial t}(\nabla \times \boldsymbol{H}) \tag{8-21}$$

식 (8-20)을 대입하여 정리하면 다음과 같이 된다.

$$\nabla^2 \boldsymbol{E} = \mu_0 \epsilon_0 \frac{\partial^2 \boldsymbol{E}}{\partial t^2} \tag{8-22}$$

같은 방법으로 자계에 대해 구하면 다음과 같다.

$$\nabla^2 \boldsymbol{H} = \mu_0 \epsilon_0 \frac{\partial^2 \boldsymbol{H}}{\partial t^2} \tag{8-23}$$

위의 두 식은 각각 시변전계 $\boldsymbol{E}$, 시변자계 $\boldsymbol{H}$만으로만 이루어진 2차 벡터 미분방정식이며 이를 전자기파의 파동방정식이라고 한다.

평면파(plane wave)란 전계의 진동면과 자계의 진동면이 서로 직각을 이루며 파의 진행방향이 전계, 자계 각각의 진동면에 수직인 파동을 말한다. 편의상 전계는 x축 성분만, 자계는 y축 성분만 갖고 z축으로 진행하며 전계와 자계의 위상과 진폭이 동일 평면내에서 균일한 균일 평면파에 대해 알아본다.

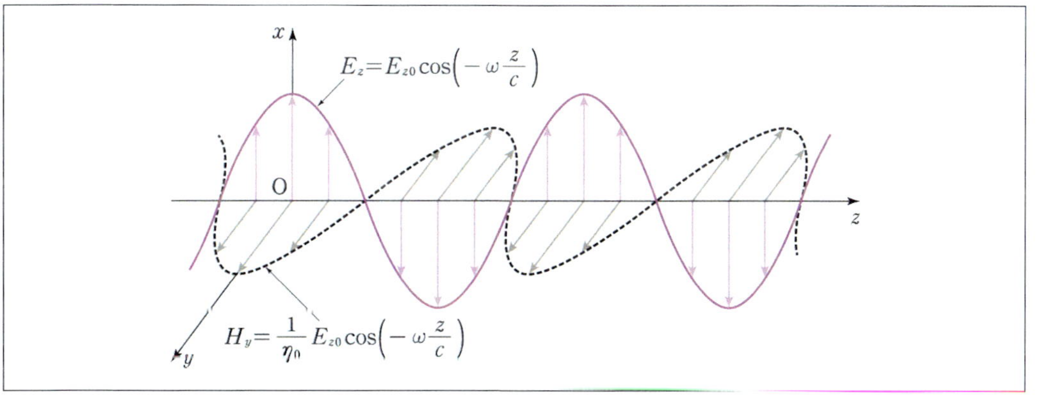

그림 8.2 균일평면파에서의 전계와 자계

균일 평면파에 대해 식 (8-22)를 적용하면 전계가 x축 방향만 있으므로 $E_y = E_z = 0$이고 또 E_x가 z만의 함수이면 $\partial/\partial x = \partial/\partial y = 0$이므로

$$\frac{\partial^2 E_x}{\partial z^2} = \mu_0 \epsilon_0 \frac{\partial^2 E_x}{\partial t^2} \tag{8-24}$$

이 식을 만족하는 전계의 파동함수는 다음과 같이 된다.

$$E_x(z,\ t) = E_{x0}\cos\left[\omega\left(t - \frac{z}{c}\right)\right] \tag{8-25}$$

이 때 전자기파는 다음과 같이 빛의 속도 c로 전파한다.

$$c = \frac{1}{\sqrt{\mu_0\epsilon_0}} = \frac{1}{\sqrt{4\pi\times10^{-7}\times8.854\times10^{-12}}} = 3\times10^8[m/\sec] \tag{8-26}$$

일반 매질의 경우의 전파속도는 다음과 같다.

$$v = \frac{1}{\sqrt{\mu\epsilon}} = \frac{3\times10^8}{\sqrt{\mu_r\epsilon_r}} = f\lambda = f\frac{2\pi}{\beta} = \frac{\omega}{\beta}[\mathrm{m/s}] \tag{8-27}$$

여기서, β : 위상정수, λ[m] : 파장, f[Hz] : 주파수
같은 방법으로 자계의 파동함수를 구하면 다음과 같다.

$$H_y(z,\ t) = \frac{1}{\eta_0}E_{x0}\cos\left[\omega\left(t - \frac{z}{c}\right)\right] \tag{8-28}$$

전계에 대한 자계의 비를 **고유 임피던스**(intrinsic impedance) 또는 **특성 임피던스**(characteristic impedance)라고 한다. 자유공간의 고유 임피던스는 다음과 같다.

$$\eta_0 = \frac{E}{H} = \sqrt{\frac{\mu_0}{\epsilon_0}} = 377[\Omega] \tag{8-29}$$

일반 매질의 경우 고유 임피던스는 다음과 같다.

$$\eta = \frac{E}{H} = \sqrt{\frac{\mu}{\epsilon}} = 377\sqrt{\frac{\mu_r}{\epsilon_r}}[\Omega] \tag{8-30}$$

예제 8.7 **물($\epsilon_r = 80$, $\mu_r = 1$)에서 전자파의 전파속도[m/s]와 고유임피던스[Ω]를 구하라.**

풀이 $v = \frac{1}{\sqrt{\mu\epsilon}} = \frac{3\times10^8}{\sqrt{\mu_r\epsilon_r}} = \frac{3\times10^8}{\sqrt{80}} = 3.35\times10^7[\mathrm{m/sec}]$

$\eta = \frac{E}{H} = \sqrt{\frac{\mu}{\epsilon}} = 377\sqrt{\frac{\mu_r}{\epsilon_r}} = 377\sqrt{\frac{1}{80}} = 42.15[\Omega]$

예제 8.8 15[MHz]의 전자파의 파장[m]을 구하라.

풀이 전파속도 $v = f\lambda$

파장 $\lambda = \frac{v}{f} = \frac{3 \times 10^8}{15 \times 10^6} = 20[\mathrm{m}]$

예제 8.9 유전율 ϵ, 투자율 μ인 매질속을 주파수 f[Hz]의 전자파가 전파할 때의 파장[m]을 구하라.

풀이 $v = \frac{1}{\sqrt{\mu\epsilon}} = f\lambda$에서 $\lambda = \frac{v}{f} = \frac{1}{f\sqrt{\mu\epsilon}}[\mathrm{m}]$

연습문제

01 간격 d[m]인 2개의 평행판 전극 사이에 유전율 ϵ의 유전체가 있다. 전극사이에 $V_m \cos \omega t$[V]의 전압을 인가할 때 변위전류밀도[A/m^2]을 구하라.

02 주파수 100[MHz]인 전자파의 파장[m]을 구하라.(단, 진공중이라 가정)

03 $\epsilon = 4\epsilon_0$, $\mu = \mu_0$인 매질에서 전파되는 100[MHz]의 주파수를 가지는 전자파의 위상정수를 구하라.

04 자유공간에서의 특성 임피던스를 구하라.

연습문제 풀이

1장

1. 벡터 $\boldsymbol{A}$의 크기 $|\boldsymbol{A}|=\sqrt{2^2+(-3)^2+(-2)^2}=\sqrt{17}$, 벡터 $\boldsymbol{A}$의 단위벡터를 $\boldsymbol{a}$라고 하면

$$\boldsymbol{a}=\frac{\boldsymbol{A}}{|\boldsymbol{A}|}=\frac{2\boldsymbol{i}-3\boldsymbol{j}-2\boldsymbol{k}}{\sqrt{17}}$$

2. 세 힘의 평형조건 $\boldsymbol{F}_1+\boldsymbol{F}_2+\boldsymbol{F}_3=0$

$$\boldsymbol{F}_3=-(\boldsymbol{F}_1+\boldsymbol{F}_2)=-\{(-3\boldsymbol{i}+4\boldsymbol{j}-5\boldsymbol{k})+(6\boldsymbol{i}+3\boldsymbol{j}-2\boldsymbol{k})\}=-3\boldsymbol{i}-7\boldsymbol{j}+7\boldsymbol{k}$$

3. $\boldsymbol{A}\cdot\boldsymbol{B}=(A_x\boldsymbol{i}+A_y\boldsymbol{j}+A_z\boldsymbol{k})\cdot(B_x\boldsymbol{i}+B_y\boldsymbol{j}+B_z\boldsymbol{k})=A_xB_x+A_yB_y+A_ZB_Z$

$$\boldsymbol{A}\cdot\boldsymbol{B}=(2\boldsymbol{i}+4\boldsymbol{j}+\boldsymbol{k})\cdot(3\boldsymbol{i}+2\boldsymbol{j}+3\boldsymbol{k})=6+8+3=17$$

4. $\boldsymbol{A}\cdot\boldsymbol{B}=AB\cos\theta$

$$\cos\theta=\frac{\boldsymbol{A}\cdot\boldsymbol{B}}{AB}=\frac{A_xB_x+A_yB_y}{AB}=\frac{(-7)\times(-3)+(-1)\times(-4)}{\sqrt{(-7)^2+(-1)^2}\sqrt{(-3)^2+(-4)^2}}=\frac{25}{\sqrt{50}\times5}=\frac{1}{\sqrt{2}}$$

$$\therefore\ \theta=45^\circ$$

5. 두 벡터가 직교하므로 $\boldsymbol{A}\cdot\boldsymbol{B}=AB\cos\theta=AB\cos90^\circ=0$

$$\boldsymbol{A}\cdot\boldsymbol{B}=(\boldsymbol{i}+\boldsymbol{j}+2\boldsymbol{k})\cdot(-\boldsymbol{i}+z\boldsymbol{k})=-1+2z=0$$

$$\therefore\ z=\frac{1}{2}$$

6. $W=\boldsymbol{F}\cdot\boldsymbol{l}=(5\boldsymbol{i}+10\boldsymbol{j}+15\boldsymbol{k})\cdot\{(3-1)\boldsymbol{i}+(-1-0)\boldsymbol{j}+(6-3)\boldsymbol{k}\}$

$$=(5\boldsymbol{i}+10\boldsymbol{j}+15\boldsymbol{k})\cdot(2\boldsymbol{i}-\boldsymbol{j}+3\boldsymbol{k})=10-10+45=45[\mathrm{J}]$$

7. $\boldsymbol{A}\times\boldsymbol{B}=(A_x\boldsymbol{i}+A_y\boldsymbol{j}+A_z\boldsymbol{k})\times(B_x\boldsymbol{i}+B_y\boldsymbol{j}+B_z\boldsymbol{k})$

$$=(A_yB_z-A_zB_y)\boldsymbol{i}+(A_zB_x-A_xB_z)\boldsymbol{j}+(A_xB_y-A_yB_x)\boldsymbol{k}$$

$$=\begin{vmatrix}\boldsymbol{i} & \boldsymbol{j} & \boldsymbol{k}\\ A_x & A_y & A_z\\ B_x & B_y & D_z\end{vmatrix}$$

$$\boldsymbol{A}\times\boldsymbol{B}=\begin{vmatrix}\boldsymbol{i} & \boldsymbol{j} & \boldsymbol{k}\\ 2 & 4 & 5\\ 3 & 2 & 1\end{vmatrix}=(4\times1-5\times2)\boldsymbol{i}+(5\times3-2\times1)\boldsymbol{j}+(2\times2-4\times3)\boldsymbol{k}=-6\boldsymbol{i}+13\boldsymbol{j}-8\boldsymbol{k}$$

8. $\mathrm{grad}\,V=\nabla V=\left(\frac{\partial}{\partial x}\boldsymbol{i}+\frac{\partial}{\partial y}\boldsymbol{j}+\frac{\partial}{\partial z}\boldsymbol{k}\right)V=\frac{\partial V}{\partial x}\boldsymbol{i}+\frac{\partial V}{\partial y}\boldsymbol{j}+\frac{\partial V}{\partial z}\boldsymbol{k}$

$$=\frac{\partial(3x^2yz)}{\partial x}\boldsymbol{i}+\frac{\partial(3x^2yz)}{\partial y}\boldsymbol{j}+\frac{\partial(3x^2yz)}{\partial z}\boldsymbol{k}=6xyz\boldsymbol{i}+3x^2z\boldsymbol{j}+3x^2y\boldsymbol{k}$$

$$=(6\times1\times3\times0)\boldsymbol{i}+(3\times1\times3^2\times0)\boldsymbol{j}+(3\times1^2\times3)\boldsymbol{k}=9\boldsymbol{k}$$

9. $\nabla \cdot \boldsymbol{A} = \left(\frac{\partial}{\partial x}\boldsymbol{i} + \frac{\partial}{\partial y}\boldsymbol{j} + \frac{\partial}{\partial z}\boldsymbol{k} \right) \cdot (A_x \boldsymbol{i} + A_y \boldsymbol{j} + A_z \boldsymbol{k}) = \frac{\partial A_x}{\partial x} + \frac{\partial A_y}{\partial y} + \frac{\partial A_z}{\partial z}$

$$= \frac{\partial(ax+b)}{\partial x} + \frac{\partial(bz+c)}{\partial y} + \frac{\partial(cy+d)}{\partial z} = a$$

2장

1. 쿨롱의 법칙에서 $F = \frac{1}{4\pi\epsilon_0}\frac{Q_1Q_2}{r^2} = 9 \times 10^9 \frac{Q_1Q_2}{r^2}$

$$r = \sqrt{9 \times 10^9 \frac{Q_1Q_2}{F}} = \sqrt{9 \times 10^9 \frac{(3 \times 10^{-6})^2}{9 \times 10^{-3}}} = 3[\mathrm{m}]$$

2. 가우스 법칙에서 $\oint_S \boldsymbol{D} \cdot d\boldsymbol{S} = D(4\pi r^2) = Q$, $D = \frac{Q}{4\pi r^2}$

$$E = \frac{D}{\epsilon_0} = \frac{Q}{4\pi\epsilon_o r^2} = 9 \times 10^9 \frac{1 \times 10^{-6}}{3^2} = 1000[\mathrm{V/m}]$$

3. 전계의 세기 : $E = \frac{1}{4\pi\epsilon_0}\frac{Q}{r^2}[\mathrm{V/m}]$

쿨롱의 힘 : $F = \frac{1}{4\pi\epsilon_0}\frac{Q_1Q_2}{r^2} = \frac{1}{4\pi\epsilon_0}\frac{Q^2}{r^2}[\mathrm{N}]$

$F = QE = 5 \times 10^{-6} \times 1500 = 7.5 \times 10^{-3}[\mathrm{N}]$

4. 전계의 방향이 대지으로 향하므로 지표면의 전하는 (−)이다.

지표면의 전하밀도 $\rho_s = D = -\epsilon_0 E = -8.855 \times 10^{-12} \times 300 = -2.66 \times 10^{-9}[\mathrm{C/m^2}]$

5. 가우스 법칙에서 $\oint_S \boldsymbol{D} \cdot d\boldsymbol{S} = Q$, $DS = Q$, $D = \sigma = \frac{Q}{S}[\mathrm{C/m^2}]$, $E = \frac{D}{\epsilon_0} = \frac{Q}{\epsilon_0 S} = \frac{\sigma}{\epsilon_0}[\mathrm{V/m}]$

6. 가우스 법칙을 적용하면 도체외부의 전계($r > a$)는

$$\oint_S \boldsymbol{D} \cdot d\boldsymbol{S} = Q,\ D(4\pi r^2) = Q,\ D = \frac{Q}{4\pi r^2},\ E = \frac{D}{\epsilon_0} = \frac{Q}{4\pi\epsilon_0 r^2}$$

도체내부의 전계($r < a$)는 전하는 부피에 비례하므로

$$\oint_S \boldsymbol{D} \cdot d\boldsymbol{S} = Q',\ Q' = \frac{\frac{4}{3}\pi r^3}{\frac{4}{3}\pi a^3}Q = \frac{r^3}{a^3}Q \quad E = \frac{Q'}{4\pi\epsilon_0 r^2} = \frac{\frac{r^3}{a^3}Q}{4\pi\epsilon_0 r^2} = \frac{rQ}{4\pi\epsilon_0 a^3} = \frac{\left(\frac{a}{2}\right)Q}{4\pi\epsilon_0 a^3} = \frac{Q}{8\pi\epsilon_0 a^2}$$

7. 가우스 법칙을 적용하면

$$\oint_S \boldsymbol{D} \cdot d\boldsymbol{S} = \rho_l l, \quad D(2\pi r l) = \rho_l l, \quad D = \frac{\rho_l}{2\pi r}, \quad E = \frac{D}{\epsilon_0} = \frac{\rho_l}{2\pi\epsilon_0 r}$$

3장

1. $\boldsymbol{E}=-\nabla V=-grad\,V=-\frac{\partial V}{\partial x}\boldsymbol{i}-\frac{\partial V}{\partial y}\boldsymbol{j}=-2x\boldsymbol{i}-4y\boldsymbol{j}$

   점 (1, 2, 0)에서 $\boldsymbol{E}=-(2\times1)\boldsymbol{i}-(4\times2)\boldsymbol{j}=-2\boldsymbol{i}-8\boldsymbol{j}$[V/m]

2. 반지름 a의 도체구에 전하 Q가 주어진 것으로 간주할 수 있으므로 도체구의 외부에 구형의 가우스 폐곡면을 설정하여 가우스 정리를 적용하면 전계는 방향에 무관하게 균일하므로

   $$\oint \boldsymbol{E}\cdot d\boldsymbol{S}=E(4\pi r^2)=\frac{Q}{\epsilon_0} \qquad \therefore E=\frac{Q}{4\pi\epsilon_0 r^2}\ [\text{V/m}]$$

   $$V(r)=-\int_{\infty}^{r}\boldsymbol{E}\cdot dl=-\int_{\infty}^{r}\frac{Q}{4\pi\epsilon_0 r^2}dr=\frac{Q}{4\pi\epsilon_0}\left[\frac{1}{r}\right]_{\infty}^{r}=\frac{Q}{4\pi\epsilon_0 r}[\text{V}]$$

   도체구 표면의 전위 $(r=a)$ $\qquad V=\frac{Q}{4\pi\epsilon_0 a}[\text{V}]$

   정전용량 $C=\frac{Q}{V}=4\pi\epsilon_o a=\frac{1}{9\times10^9}\times6400\times10^3=7.11\times10^{-4}[\text{F}]$

3. 반지름 a의 도체구에 전하 Q가 주어진 것으로 간주할 수 있으므로 도체구의 외부에 구형의 가우스 폐곡면을 설정하여 가우스 정리를 적용하면 전계는 방향에 무관하게 균일하므로

   $$\oint \boldsymbol{E}\cdot d\boldsymbol{S}=E\,(4\pi r^2)=\frac{Q}{\epsilon_0} \qquad \therefore E=\frac{Q}{4\pi\epsilon_0 r^2}[\text{V/m}]$$

   $$V(r)=-\int_{\infty}^{r}\boldsymbol{E}\cdot dl=-\int_{\infty}^{r}\frac{Q}{4\pi\epsilon_0 r^2}dr=\frac{Q}{4\pi\epsilon_0}\left[\frac{1}{r}\right]_{\infty}^{r}=\frac{Q}{4\pi\epsilon_0 r}[\text{V}]$$

   도체구 표면의 전위 $(r=a)$ $\qquad V=\frac{Q}{4\pi\epsilon_0 a}[\text{V}]$

   정전용량 $C=\frac{Q}{V}=4\pi\epsilon_o a[\text{F}]$

4. 도체구 사이에는 방사선상으로 균일한 전계가 형성되는데 도체구 사이에 구형의 가우스 폐곡면을 설정하고 중심에서 거리가 r인 점에서 가우스 법칙을 적용하면

   $$\oint \boldsymbol{E}\cdot d\boldsymbol{S}=E(4\pi r^2)=\frac{Q}{\epsilon_0} \qquad \therefore E=\frac{Q}{4\pi\epsilon_0 r^2}[\text{V/m}]$$

   $$V=-\int_{b}^{a}\boldsymbol{E}\cdot dl=-\int_{b}^{a}\frac{Q}{4\pi\epsilon_0 r^2}dr=\frac{Q}{4\pi\epsilon_0}\left[\frac{1}{r}\right]_{b}^{a}=\frac{Q}{4\pi\epsilon_0}\left[\frac{1}{a}-\frac{1}{b}\right][\text{V}]$$

   $$C=\frac{Q}{V}=\frac{4\pi\epsilon_o}{\left(\frac{1}{a}-\frac{1}{b}\right)}=\frac{4\pi\epsilon_0 ab}{b-a}[\text{F}]$$

5. 무한 길이의 동축 원통에서 내 · 외 도체가 각각 ρ_l, $-\rho_l\left(\rho_l=\frac{Q}{l}\right)$[C/m]의 선전하 밀도로 대전되어 있다고 하고 원통의 중심에서 거리가 r인 원통형의 가우스면을 설정하면 동축원통 사이의 전계는 원주 방향을 따라 균일하므로

   $$\oint \boldsymbol{E}\cdot d\boldsymbol{S}=E(2\pi rl)=\frac{Q}{\epsilon_0}=\frac{\rho_l l}{\epsilon_0} \qquad \therefore E=\frac{\rho_l}{2\pi\epsilon_0 r}$$

$$V=-\int_b^a \boldsymbol{E}\cdot dl=-\frac{\rho_l}{2\pi\epsilon_o}\int_b^a \frac{1}{r}dr=-\frac{\rho_l}{2\pi\epsilon_o}[\ln r]_b^a=\frac{\rho_l}{2\pi\epsilon_o}[\ln b-\ln a]=\frac{\rho_l}{2\pi\epsilon_o}ln\left(\frac{b}{a}\right)$$

$$C=\frac{\rho_l}{V}=\frac{2\pi\epsilon_o}{\ln\frac{b}{a}}=\frac{2\pi\times 8.854\times 10-12}{\ln\frac{20}{10}}=80.26[\text{pF/m}]$$

6. $\text{div}\boldsymbol{D}=\nabla\cdot\boldsymbol{D}=\rho_v$ 이므로

$$\rho_v=\nabla\cdot\boldsymbol{D}=\left(\frac{\partial}{\partial x}\boldsymbol{i}+\frac{\partial}{\partial y}\boldsymbol{j}+\frac{\partial}{\partial z}\boldsymbol{k}\right)\cdot\boldsymbol{D}=\frac{\partial}{\partial x}(x^2)+\frac{\partial}{\partial y}(y^2)+\frac{\partial}{\partial z}(z^2)=2x+2y+2z$$

$$\rho_v=2\times 1+2\times 2+2\times 3=12[\text{C/m}^2]$$

7. $C=\epsilon_0\epsilon_r\frac{S}{d}=8.854\times 10^{-12}\times 3\times\frac{10\times 10^{-4}}{1\times 10^{-3}}=2.66\times 10^{-11}[\text{F}]$

$$W=\frac{1}{2}CV^2=\frac{1}{2}\times 2.66\times 10^{-11}\times 100^2=1.33\times 10^{-7}[\text{J}]$$

4장

1. 전하간에 작용하는 힘 : 쿨롱의 법칙

유전율 $\epsilon=\epsilon_0\epsilon_r$, 공기(진공)의 유전율 ϵ_0, 비유전율 ϵ_r

공기 중의 전하간에 작용하는 힘 $F_0=\frac{1}{4\pi\epsilon_0}\frac{Q_1Q_2}{r^2}$

유전체 내의 전하간에 작용하는 힘 $F=\frac{1}{4\pi\epsilon}\frac{Q_1Q_2}{r^2}$ $\quad\therefore F=\frac{F_0}{\epsilon_r}$

$$\epsilon_r=\frac{F_0}{F}=\frac{10}{4}=2.5$$

2. $F=\frac{1}{4\pi\epsilon_0\epsilon_r}\frac{Q_1Q_2}{r^2}=9\times 10^9\times\frac{1}{5}\times\frac{1\times 10^{-6}\times 2\times 10^{-6}}{1^2}=3.6\times 10^{-3}[\text{N}]$

3. $\frac{\tan\theta_1}{\tan\theta_2}=\frac{k_1}{k_2}$, $k_2\tan 30°=k_1\tan 60°$, $\frac{1}{\sqrt{3}}k_2=\sqrt{3}k_1$ $\quad\therefore k_2=\frac{\sqrt{3}}{\frac{1}{\sqrt{3}}}k_1=3k_1$

4. $D=\epsilon E=\epsilon_0\epsilon_r E=8.854\times 10^{-12}\times 10\times 5\times 10^3=4.43\times 10^{-7}[\text{C/m}^2]$

5. 구도체 정전용량 $C=4\pi\epsilon_o a[\text{F}]$

도체를 가는 선으로 연결한 것은 병렬 연결로 간주한다.

합성 정전용량 $C=C_1+C_2+C_3=4\pi\epsilon_o a+4\pi\epsilon_o b+4\pi\epsilon_o c=4\pi\epsilon_o(a+b+c)$

5장

1. 무한길이의 도선에 전류 I가 흐를 때 거리 r 떨어진 점의 자계는 대칭성을 고려하면 거리만의 함수가 되므로 폐경로 dl을 원의 형태로 취하면 자계가 적분경로와 접선방향이 되므로 $\boldsymbol{H}\cdot dl = Hdl$이 된다. 암페어의 법칙을 적용하면

$$\oint_c \boldsymbol{H}\cdot dl = \oint Hdl = H(2\pi r) = I \qquad \therefore \ H = \frac{I}{2\pi r} = \frac{10}{2\pi \times 0.1} = 15.9[\mathrm{AT/m}]$$

2. 무한 길이 솔레노이드 코일 외부의 자계 $H=0$
3. 무한길이 솔레노이드에서 암페어의 법칙을 적용하면 솔레노이드 외부에는 자계가 없으며 자계와 수직인 경로에서 적분값은 0이므로

$$\oint \boldsymbol{H}\cdot dl = Hl = n_0 lI \qquad \therefore \ H = n_0 I$$

4. 토로이드에는 내부에만 자계가 형성된다. 원형전류에 대해 수직 단면을 통과하는 자계가 N회 감은 코일에 의해 형성되므로 자계의 방향은 토로이드의 중심을 기준한 동심원이 되어 반경 r인 원주를 적분경로로 하여 주회적분의 법칙을 적용하면 쇄교하는 전류가 NI이므로

$$\oint \boldsymbol{H}\cdot dl = H(2\pi r) = NI, \quad H = \frac{NI}{2\pi r}$$

$$I = \frac{2\pi rH}{N} = \frac{2\pi \times 0.3 \times 400}{200} = 3.77[\mathrm{A}]$$

6장

1. 자속밀도 $B = \mu H = \mu_0\mu_r H = \frac{\phi}{S}$이므로 비투자율 $\mu_r = \frac{\phi}{\mu_0 SH}$
2. 공극이 없는 철심의 자기저항 $R_1 = \frac{l}{\mu S}$

   공극이 있는 철심의 자기저항 $R_2 = \frac{l_c}{\mu S} + \frac{l_g}{\mu_0 S}$

   l_c: 철심부 자로의 길이, l_g: 공극부 자로의 길이라 하면 $l_c \gg l_g$이므로 $l_c \fallingdotseq l$

$$\frac{R_2}{R_1} = 1 + \frac{\mu l_g}{\mu_0 l} = 1 + \frac{\mu_0\mu_r l_g}{\mu_0 l} = 1 + \frac{l_g}{l}\mu_r = 1 + \frac{1\times 10^{-3}}{1} \times 1000 = 2\text{배}$$

3. 기자력 $F_m = NI = R_m\phi$ 자기저항 $R_m = \frac{l}{\mu S}$ 이므로

   자속 $\phi = \frac{NI}{R_m} = \frac{NI}{\frac{l}{\mu S}} = \frac{\mu_0\mu_r SNI}{l} = \frac{4\pi \times 10^{-7} \times 1000 \times 10 \times 10^{-4} \times 600 \times 2}{2\pi \times 0.1} = 2.4 \times 10^{-3}[\mathrm{Wb}]$

4. 전선 사이는 공기이므로 투자율 $\mu \fallingdotseq \mu_0$

   단위길이당 인덕턴스 $L = \frac{\mu}{4\pi} + \frac{\mu_0}{\pi} ln\frac{d}{a}[\mathrm{H/m}]$이므로

길이 l[m]에 대해서는

$$L=\left(\frac{\mu_0}{4\pi}+\frac{\mu_0}{\pi}ln\frac{d}{a}\right)l=\left(\frac{4\pi\times10^{-7}}{4\pi}+\frac{4\pi\times10^{-7}}{\pi}ln\frac{0.4}{2.5\times10^{-3}}\right)\times25=0.0533\,[\text{mH}]$$

7장

1. 자계내에서 운동하는 도체에 발생하는 유기전압 $e=Blv\sin\theta$

$$v=\frac{e}{Bl\sin\theta}=\frac{50}{0.5\times1\times\sin90^\circ}=100[\text{m/s}]$$

2. 패러데이법칙을 적용하면 유도기전력은

$$e=-\frac{d\lambda}{dt}=-N\frac{d\phi}{dt}=-N\frac{d}{dt}\phi_m\sin\omega t=-\omega N\phi_m\cos\omega t=\omega N\phi_m\sin(\omega t-90^\circ)[\text{V}]$$

따라서 유도기전력은 자속에 비해 위상이 90° 늦다.

3. 유도기전력

$$e=Blv\sin\theta=0.2\times10^{-4}\times1.6\times\frac{90\times10^3}{3600}\times\sin90^\circ=8\times10^{-4}[\text{V}]$$

8장

1. 간격이 d[m]인 평행판 전극에서 전위를 구하면

$$V=-\int\boldsymbol{E}\cdot dl=-E\int_d^0 dx=Ed$$

평행판 전극사이의 전계 $E=\frac{V}{d}$, 전속밀도 $D=\epsilon E$

변위전류밀도는 전속밀도의 시간적 변화율이므로

$$\frac{\partial D}{\partial t}=\frac{\partial(\epsilon E)}{\partial t}=\frac{\partial}{\partial t}\left(\frac{\epsilon V}{d}\right)=\frac{\epsilon}{d}\frac{\partial V}{\partial t}=\frac{\epsilon}{d}\frac{\partial}{\partial t}V_m\cos\omega t=-\frac{\omega\epsilon}{d}V_m\sin\omega t[\text{A/m}^2]$$

2. 진공중의 전파속도 $v=c=f\lambda=3\times10^8[\text{m/s}]$이므로 파장 $\lambda=\frac{c}{f}=\frac{3\times10^8}{40\times10^6}=7.5[\text{m}]$

3. 전파속도 $v=\frac{1}{\sqrt{\mu\epsilon}}=\frac{3\times10^8}{\sqrt{\mu_r\epsilon_r}}=f\lambda=\frac{\omega}{\beta}[\text{m/s}]$

위상정수 $\beta=\omega\sqrt{\mu\epsilon}=2\pi f\sqrt{\mu_0\times4\epsilon_0}$

$$=2\pi\times100\times10^6\sqrt{4\times4\pi\times10^{-7}\times\frac{1}{36\pi\times10^9}}=\frac{4}{3}\pi[\text{rad/m}]$$

4. $\eta_0=\frac{E}{H}=\sqrt{\frac{\mu_0}{\epsilon_0}}=\sqrt{\frac{4\pi\times10^{-7}}{\frac{1}{36\pi\times10^9}}}=377[\Omega]$

부록

1 수학공식

2 전기자기학의 주요 공식

3 전기(산업)기사 전기자기학 실력 향상문제

1 수학공식

1. 기본단위, 유도단위 및 접두어

1. 기본 단위

기본단위	명칭	기호
1. 길이	미터	m
2. 질량	킬로그램	kg
3. 시간	초	s
4. 전류	암페어	A
5. 온도	켈빈	K
6. 물질량	몰	mol
7. 광도	칸델라	cad

2. 특별한 명칭과 기호로 표시할 수 있는 유도단위

유도량	명칭	기호	다른 국제단위계의 단위로 표시	기본단위로 표시
1. 평면각	라디안	rad	1	m/m
2. 입체각	스테라디안	sr	1	m^2/m^2
3. 진동수, 주파수	헤르츠	Hz		s^{-1}
4. 힘	뉴턴	N		$m \cdot kg \cdot s^{-2}$
5. 압력, 응력	파스칼	Pa	N/m^2	$m^{-1} \cdot kg \cdot s^{-2}$
6. 에너지, 일, 열량	줄	J	$N \cdot m$	$m^2 \cdot kg \cdot s^{-2}$
7. 일률, 동력, 전력, 방사선속, 복사선속	와트	W	J/s	$m^2 \cdot kg \cdot s^{-3}$
8. 전하, 전하량	쿨롬	C		$s \cdot A$
9. 전위차, 전압, 기전력	볼트	V	W/A	$m^2 \cdot kg \cdot s^{-3} \cdot A^{-1}$
10. 전기용량, 정전용량	패럿	F	C/V	$m^{-2} \cdot kg^{-1} \cdot s^4 \cdot A^2$
11. 전기저항	옴	Ω	V/A	$m^2 \cdot kg \cdot s^{-3} \cdot A^{-2}$
12. 컨덕턴스	지멘스	S	A/V	$m^{-2} \cdot kg^{-1} \cdot s^3 \cdot A^2$
13. 자기선속	웨버	Wb	$V \cdot s$	$m^2 \cdot kg \cdot s^{-2} \cdot A^{-1}$
14. 자기선속밀도	테슬라	T	Wb/m^2	$kg \cdot s^{-2} \cdot A^{-1}$
15. 인덕턴스	헨리	H	Wb/A	$m^2 \cdot kg \cdot s^{-2} \cdot A^{-2}$
16. 섭씨온도	섭씨도	℃		K
17. 광선속	루멘	lm	$cd \cdot sr$	$m^2 \cdot m^{-2} \cdot cd = cd$
18. 조명도	럭스	lx	lm/m^2	$m^2 \cdot m^{-4} \cdot cd = m^{-2} \cdot cd$
19. (방사성 핵종의) 활성도	베크렐	Bq		s^{-1}
20. 흡수선량, 비(부여)에너지, 커마	그레이	Gy	J/kg	$m^2 \cdot s^{-2}$
21. 선량당량, 주변선량당량, 방향선량당량, 개인선량당량	시버트	Sv	J/kg	$m^2 \cdot s^{-2}$
22. 촉매 활성도	카탈	kat		$s^{-1} \cdot mol$

3. 국제단위계와 함께 사용할 수 있는 유도단위

명칭	기호	국제단위계의 단위로 나타낸 값
1. 분	min	1 min = 60 s
2. 시	h	1 h = 60 min = 3600 s
3. 일	d	1 d = 24h = 86 400 s
4. 도	°	1° = (π/180) rad
5. 분	′	1′ = (1/60)° = (π/10 800) rad
6. 초	″	1″ = (1/60)′ = (π/648 000) rad
7. 리터	L	1 L = 1 dm^3 = 10^{-3} m^3
8. 그램	g	1 g = 10^{-3} kg
9. 톤	t	1 t = 10^3 kg
10. 네퍼	Np	1 (Np) = 1
11. 벨	B	1 B = (1/2) ln 10 (Np)
12. 전자볼트	eV	1 eV = 1.602 176 53 (14) × 10^{-19} J
13. 돌톤 통일원자질량단위	Da u	1 Da = 1.660 538 86 (28) × 10^{-27} kg 1 u = 1 Da
14. 천문단위	ua	1 ua = 1.495 978 706 91 (6) × 10^{11} m
15. 해리		1 해리 = 1852 m
16. 놋트	kn	1 kn = 1 해리 매 시 = (1852/3600) m/s
17. 아르	a	1 a = 1 dam^2 = 10^2 m^2
18. 헥타르	ha	1 ha = 1 hm^2 = 10^4 m^2
19. 바아	bar	1 bar = 0.1 MPa = 100 kPa = 1000 hPa = 10^5 Pa
20. 옹스트롬	Å	1 Å = 0.1 nm = 100 pm = 10^{-10} m
21. 바안	b	1 b = 100 fm^2 = $(10^{-12}\ cm)^2$ = 10^{-28} m^2

4. 국제단위계의 접두어

인자	접두어	기호	인자	접두어	기호
10^{1}	데카	da	10^{-1}	데시	d
10^{2}	헥토	h	10^{-2}	센티	c
10^{3}	킬로	k	10^{-3}	밀리	m
10^{6}	메가	M	10^{-6}	마이크로	μ
10^{9}	기가	G	10^{-9}	나노	n
10^{12}	테라	T	10^{-12}	피코	p
10^{15}	페타	P	10^{-15}	펨토	f
10^{18}	엑사	E	10^{-18}	아토	a
10^{21}	제타	Z	10^{-21}	젭토	z
10^{24}	요타	Y	10^{-24}	욕토	y

2. 그리스 문자

기호 대/소	한글표기	영문표기	용도
A α	알파	alpha	2차방정식의 근
B β	베타	beta	2차방정식의 근
Γ γ	감마	gamma	디스플레이
Δ δ	델타	delta	미적분, 작은 변화량
E ϵ	엡실론	epsilon	임의의 작은 양수
Z ζ	지타, 제타	zeta	제타함수
H η	이타, 에타	eta	화학에서 엔탈피
Θ θ	시타, 세타	theta	수학에서 각도
I ι	요타, 이오타	Iota	로마자 I, j가 이글자에서 비롯됨.
K κ	카파	kappa	수학에서 곡률을 나타내는 기호
Λ λ	람다	Lamda	물리학에서 파장, 우주상수, 파이션함수
M μ	뮤	Mu	전자기학 투자율, 역학 마찰계수, SI좌표 마이크로
N ν	뉴	Nu	파동의 주파수
Ξ ξ	크시(크사이)	Xi	로마글자 X가 이글자에서 비롯됨
O o	오미크론	Omicron	알파벳 O와 구별이 어려워 특별한 용도
Π π	파이	Pi	원주율, 수열의 곱
P ρ	로	Rho	물체의 밀도, 물체의 비저항
Σ σ	시그마	Sigma	수열 혹은 임의의 정수에 대한 대상 합 축약표현

기호 대/소	한글표기	영문표기	용도
$\mathrm{T}\ \tau$	타우	Tau	RC회로 시간상수, 역학 돌림힘
$\Upsilon\ \upsilon$	입실론, 윱실론	Upsilon	로마문자 V와 Y가 이글자에서 비롯됨
$\Phi\ \phi$	피(파이)	Phi	물리학 자속, 전속, 상대습도
$\mathrm{X}\ \chi$	카이	Chi	화학 몰분률
$\Psi\ \psi$	프시, 프사이, 사이	Psi	수학에서 감마함수의 도함수
$\Omega\ \omega$	오메가	Omega	저항의 단위, 수학 절대적 무한

3. 지수와 로그

1. 지수법칙

$a>0,\ b>0$이고 $m,\ n$ 이 실수일 때

(1) $a^m \cdot a^n = a^{m+n}$

(2) $a^m \div a^n = a^{m-n}$

(3) $(ab)^m = a^m b^m$

(4) $(a^m)^n = a^{mn}$

(5) $\left(\frac{a}{b}\right)^m = \frac{a^m}{b^m}$ (단, $b \neq 0$)

2. 로그의 정의

$a>0,\ a\neq 1,\ b>0$ 일 때 $a^x = b \Leftrightarrow x = \log_a b$

3. 로그의 성질

$a>0,\ a\neq 1,\ x>0,\ y>0$ 일 때

(1) $\log_a 1 = 0,\ \log_a a = 1$

(2) $\log_a xy = \log_a x + \log_a y$

(3) $\log_a \frac{x}{y} = \log_a x - \log_a y$

(4) $\log_a x^p = p\log_a x$

(5) $\log_{a^m} x^n = \frac{n}{m}\log_a x$ (단, $m \neq 0$)

(6) $\log_a x = \frac{\log_b x}{\log_b a}$ $(b>0,\ b\neq 1)$

4. 삼각함수 관련 중요 공식

1. 삼각비

구분	0°	30°	45°	60°	90°
sin	0	$\frac{1}{2}$	$\frac{\sqrt{2}}{2}$	$\frac{\sqrt{3}}{2}$	1
cos	1	$\frac{\sqrt{3}}{2}$	$\frac{\sqrt{2}}{2}$	$\frac{1}{2}$	0
tan	0	$\frac{1}{\sqrt{3}}$	1	$\sqrt{3}$	∞

2. 삼각함수 사이의 관계

(1) $\operatorname{cosec}\theta = \dfrac{1}{\sin\theta}$, $\sec\theta = \dfrac{1}{\cos\theta}$, $\cot\theta = \dfrac{1}{\tan\theta}$

(2) $\tan\theta = \dfrac{\sin\theta}{\cos\theta}$, $\cot\theta = \dfrac{\cos\theta}{\sin\theta}$

(3) $\sin^2\theta + \cos^2\theta = 1$

(4) $1 + \tan^2\theta = \sec^2\theta$, $1 + \cot^2\theta = \operatorname{cosec}^2\theta$

(5) $(\sin\theta + \cos\theta)^2 = 1 + 2\sin\cos\theta$

(6) $(\sin\theta - \cos\theta)^2 = 1 - 2\sin\cos\theta$

3. 삼각함수의 성질

(1) $\sin(-\theta) = -\sin(\theta)$, $\cos(-\theta) = \cos(\theta)$, $\tan(-\theta) = -\tan(\theta)$

(2) $\sin(\pi \pm \theta) = \sin(\mp\theta)$, $\cos(\pi \pm \theta) = -\cos(\theta)$, $\tan(\pi \pm \theta) = \pm\tan(\theta)$

(3) $\sin\left(\dfrac{\pi}{2} \pm \theta\right) = \cos\theta$, $\cos\left(\dfrac{\pi}{2} \pm \theta\right) = \mp\sin(\theta)$, $\tan\left(\dfrac{\pi}{2} \pm \theta\right) = \mp\cot(\theta)$

4. 배각의 공식

(1) $\sin 2\alpha = 2\sin\alpha\cos\alpha$

(2) $\cos 2\alpha = \cos^2\alpha - \sin^2\alpha = 1 - 2\sin^2\alpha = 2\cos^2\alpha - 1$

(3) $\tan 2\alpha = \dfrac{2\tan\alpha}{1 - \tan^2\alpha}$

5. 반각의 공식

(1) $\sin^2\dfrac{\alpha}{2} = \dfrac{1 - \cos\alpha}{2}$

(2) $\cos^2\dfrac{\alpha}{2} = \dfrac{1 + \cos\alpha}{2}$

(3) $\tan^2\dfrac{\alpha}{2} = \dfrac{1 - \cos\alpha}{1 + \cos\alpha}$

6. 삼각함수의 덧셈정리
   (1) $\sin(\alpha \pm \beta) = \sin\alpha\cos\beta \pm \sin\beta\cos\alpha$
   (2) $\cos(\alpha \pm \beta) = \cos\alpha\cos\beta \mp \sin\alpha\sin\beta$
   (3) $\tan(\alpha \pm \beta) = \dfrac{\tan\alpha \pm \tan\beta}{1 \mp \tan\alpha\tan\beta}$ (복부호 동순)

7. 곱을 합, 차로 고치는 공식
   (1) $\sin\alpha\cos\beta = \dfrac{1}{2}\{\sin(\alpha+\beta) + \sin(\alpha-\beta)\}$
   (2) $\cos\alpha\sin\beta = \dfrac{1}{2}\{\sin(\alpha+\beta) - \sin(\alpha-\beta)\}$
   (3) $\cos\alpha\cos\beta = \dfrac{1}{2}\{\cos(\alpha+\beta) + \cos(\alpha-\beta)\}$
   (4) $\sin\alpha\sin\beta = -\dfrac{1}{2}\{\cos(\alpha+\beta) - \cos(\alpha-\beta)\}$

8. 합, 차를 곱으로 고치는 공식
   (1) $\sin A + \sin B = 2\sin\dfrac{A+B}{2}\cos\dfrac{A-B}{2}$
   (2) $\sin A - \sin B = 2\cos\dfrac{A+B}{2}\sin\dfrac{A-B}{2}$
   (3) $\cos A + \cos B = 2\cos\dfrac{A+B}{2}\cos\dfrac{A-B}{2}$
   (4) $\cos A - \cos B = -2\sin\dfrac{A+B}{2}\sin\dfrac{A-B}{2}$

5. 미분 공식

1. 삼각함수의 미분
   (1) $(\sin x)' = \cos x$
   (2) $(\cos x)' = -\sin x$
   (3) $(\tan x)' = \sec^2 x$
   (4) $(\cot x)' = -\mathrm{cosec}^2 x$
   (5) $(\sec x)' = \sec x\tan x$
   (6) $(\mathrm{cosec}\, x)' = -\mathrm{cosec}\, x\cot x$

2. 지수・로그함수의 미분
   (1) $(e^x)' = e^x$
   (2) $(a^x)' = a^x \cdot \ln a \ (a \neq 1, a > 0)$

(3) $(\ln x)' = \dfrac{1}{x}\,(x > 0)$

(4) $(\log_a x)' = \dfrac{1}{x\ln a}\,(a > 0,\ a \neq 1,\ x > 0)$

6. 적분 공식

1. 부정적분의 기본 성질

(1) $\int k dx = kx + C$(k는 상수)

(2) $\int x^n dx = \dfrac{1}{n+1}x^{n+1} + C$(n은 유리수, n!=−1)

(3) $\int kf(x)dx = k\int f(x)dx$(k는 상수)

(4) $\int (f(x) \pm g(x))dx = \int f(x)dx \pm \int g(x)dx$ (복호동순)

(5) $\int (ax+b)^n dx = \dfrac{1}{a}\cdot\dfrac{1}{n+1}(ax+b)^{n+1} + C$

(6) $\int \{f(x)\}^n f'(x)dx = \dfrac{1}{n+1}\{f(x)\}^{n+1} + C$ (단, $n \neq -1$)

(7) $\int \dfrac{f'(x)}{f(x)}dx = \ln|f(x)| + C$

2. 삼각함수의 부정적분

(1) $\int \sin x dx = -\cos x + C$

(2) $\int \cos x dx = \sin x + C$

(3) $\int \sec^2 x dx = \tan x + C$

(4) $\int \mathrm{cosec}^2 x dx = -\cot x + C$

(5) $\int \sec x \tan x dx = \sec x + C$

(6) $\int \mathrm{cosec}\, x \cot x dx = -\mathrm{csc}\, x + C$

3. 지수함수의 부정적분

(1) $\int a^x dx = \dfrac{a^x}{\ln a} + C(a > 0,\ a \neq 1)$

(2) $\int e^x dx = e^x + C$

2 전기자기학의 주요 공식

1. 벡터의 해석

(1) 내적(dot product) 또는 스칼라 곱 : $\boldsymbol{A} \cdot \boldsymbol{B} = AB\cos\theta$

(2) 외적(cross product) 또는 벡터 곱 : $\boldsymbol{A} \times \boldsymbol{B} = AB\sin\theta$

(3) Hamilton의 연산자 또는 나블라(nabla) : $\nabla = \frac{\partial}{\partial x}\boldsymbol{i} + \frac{\partial}{\partial y}\boldsymbol{j} + \frac{\partial}{\partial z}\boldsymbol{k}$

(4) 라플라시안(laplacian) : $\nabla^2 = \frac{\partial^2}{\partial x^2}\boldsymbol{i} + \frac{\partial^2}{\partial y^2}\boldsymbol{j} + \frac{\partial^2}{\partial z^2}\boldsymbol{k}$

(5) 스칼라의 기울기(gradiant) : $\text{grad}\, V = \nabla V$

(6) 벡터의 발산(divergence) : $\text{div}\boldsymbol{A} = \nabla \cdot \boldsymbol{A}$

(7) 벡터의 회전(rotation) : $\text{rot}\,\boldsymbol{A} = \text{curl}\,\boldsymbol{A} = \nabla \times \boldsymbol{A}$

(8) Gauss의 발산 정리 : $\int_s \boldsymbol{A} \cdot \boldsymbol{n}\, ds = \int_v \text{div}\,\boldsymbol{A}\, dv$

(9) Stokes의 정리 : $\int_c \boldsymbol{A} \cdot dl = \int_s \text{rot}\boldsymbol{A} \cdot \boldsymbol{n}\, ds$

2. 진공 중의 정전계

(1) 쿨롱의 법칙 : $F = \frac{Q_1 Q_2}{4\pi\epsilon_0 r^2} = 9 \times 10^9 \frac{Q_1 Q_2}{r^2}$ [N]

단, $\epsilon_0 = 8.854 \times 10^{-12}$ [F/m] : 진공의 유전율

(2) 전계의 세기 : $E = \frac{Q}{4\pi\epsilon_0 r^2}$ [V/m]

(3) 전계에 의한 전하가 받는 힘 : $F = QE$[N], $E = \frac{F}{Q}$[V/m]

(4) 전위에 의한 전계 : $E = -\text{grad}\, V = -\nabla V$

(5) 전 위 : $V = -\int_{\infty}^{P} \boldsymbol{E} \cdot dl = -\int_{B}^{A} \boldsymbol{E} \cdot dl = \frac{Q}{4\pi\epsilon_0 r}$ [V]

(6) 전위경도(전위의 기울기) : $\text{grad}\, V = \nabla V = -\boldsymbol{E}$

(7) 가우스의 법칙 : $\oint \boldsymbol{E} \cdot \boldsymbol{n}\, dS = \frac{Q}{\epsilon_0}$ [개]

(8) 도체구 외부에서의 전계 및 전위 : $E = \frac{Q}{4\pi\epsilon_0 r^2}$[V/m], $V = \frac{Q}{4\pi\epsilon_0 r}$ [V]

(9) 도체구 내부에서의 전계 및 전위

- 전하가 내구의 표면에만 존재할 때 $E = 0$ [V/m], $V = \dfrac{Q}{4\pi\epsilon_0 a}$ [V]
- 전하가 구내에 균일하게 분포할 때 $E_i = \dfrac{r\,Q}{4\pi\epsilon_0\, a^3}$ [V/m]

(10) 동심구에 대한 전계 및 전위

	내구에만 Q[C]의 전하	외구에만 Q[C]의 전하	내구에 $+Q$[C], 외구에 $-Q$[C]의 전하
도체 사이의 전계	$E = \dfrac{Q}{4\pi\epsilon_0\, r^2}$ [V/m]	$E = 0$[V/m]	$E = \dfrac{Q}{4\pi\epsilon_0\, r^2}$ [V/m]
도체 밖의 전계	$E = \dfrac{Q}{4\pi\epsilon_0\, r^2}$ [V/m]	$E = \dfrac{Q}{4\pi\epsilon_0\, r^2}$ [V/m]	$E = 0$[V/m]
내구 A의 전위	$V_A = \dfrac{Q}{4\pi\epsilon_0}\left(\dfrac{1}{a} - \dfrac{1}{b} + \dfrac{1}{c}\right)$[V]	$V_A = \dfrac{Q}{4\pi\epsilon_0\, c}$[V]	$V_A = \dfrac{Q}{4\pi\epsilon_0}\left(\dfrac{1}{a} - \dfrac{1}{b}\right)$[V]
외구 B의 전위	$V_B = \dfrac{Q}{4\pi\epsilon_0\, c}$[V]	$V_B = \dfrac{Q}{4\pi\epsilon_0\, c}$[V]	$V_B = 0$[V]

(11) 무한장 직선전하의 외부 전계 및 전위차

$$E = \frac{\lambda}{2\pi\epsilon_0\, r}\ [\text{V/m}],\quad V = \frac{\lambda}{2\pi\epsilon_0}\ln\frac{r_2}{r_1}\ [\text{V/m}]$$

단, λ[C/m] : 선전하 밀도

(12) 원통 대전체 내부의 전계 $E_i = \dfrac{r\lambda}{2\pi\epsilon_0\, a^2}$ [V/m]

(13) 무한 평면 도체에 의한 전계 및 전위

$$E = \frac{\sigma}{2\epsilon_0}\ [\text{V/m}],\quad V = \frac{\sigma}{2\epsilon_0}(r_2 - r_1)\ [\text{V}]$$ 단, σ[C/m^2] : 면 전하 밀도

(14) 무한히 넓은 2매의 평면 도체 내부의 전계 및 전위

$$E = \frac{\sigma}{\epsilon_0}\ [\text{V/m}],\quad V = E \cdot d = \frac{\sigma}{\epsilon_0} \cdot d\ [\text{V}]$$

(15) 도체 표면에 단위 면적당 작용하는 힘(정전응력)

$$f = \frac{1}{2}\epsilon_0 E^2 = \frac{\sigma^2}{2\epsilon_0}\ [\text{N/m}^2]$$

(16) 전기력선의 발산

- 전계의 발산정리 : $\displaystyle\int_s \boldsymbol{E} \cdot \boldsymbol{n} dS = \int_v \text{div}\,\boldsymbol{E} dv$
- 가우스 법칙의 미분형 : $\text{div}\,\boldsymbol{E} = \nabla \cdot \boldsymbol{E} = \dfrac{\rho}{\epsilon_0}$[개/m^3]

(17) 전기력선의 방정식 $\frac{dx}{E_x} = \frac{dy}{E_y} = \frac{dz}{E_z}$

(18) Poisson의 방정식 : $\mathrm{div}\,\boldsymbol{E} = \nabla \cdot \boldsymbol{E} = \nabla \cdot (-\nabla V) = -\nabla^2 V = \frac{\rho}{\epsilon_0}$

단, ρ : 체적 전하밀도

(19) Laplace의 방정식 : $\nabla^2 V = 0$

(20) 전기쌍극자에 의한 전위 및 전계

$$V = \frac{M\cos\theta}{4\pi\epsilon_0 r^2}\ [\mathrm{V}],\quad E = \frac{M}{4\pi\epsilon_0 r^3}\sqrt{1+3\cos^2\theta}\ [\mathrm{V/m}]$$

(21) 전기쌍극자 모멘트 : $M = Q\delta$ [C · m]

(22) 전기이중층에 의한 전위 : $V = \frac{M}{4\pi\epsilon_0}\omega$ [V]

(23) 전기이중층에서 양면간의 전위차 : $V = \frac{M}{\epsilon_0}$[V]

3. 진공 중의 도체계

(1) 전위계수 : 전위의 크기를 결정하는 계수(P_{ij}), $P_{rr} \geq P_{rs} > 0$

- 전위계수의 단위 : [V/C]

(2) 용량계수 : 2개의 첨자가 같은 계수, 용량계수>0($q_{rr} > 0$)

(3) 유도계수 : 2개의 첨자가 다른 계수, 유도계수 ≤ 0($q_{rs} \leq 0$)

- 용량(유도)계수의 단위 : [C/V]=[F]

(4) 정전용량 : $Q = CV$ [F]

(5) 도체구의 정전용량 : $C = 4\pi\epsilon_0 a = \frac{a}{9\times 10^9}$ [F]

(6) 동심구 사이의 정전용량 : $C = \frac{4\pi\epsilon_0}{\frac{1}{a}-\frac{1}{b}} = 4\pi\epsilon_0\frac{ab}{b-a}$ [F]

(7) 동축 원통사이의 정전용량 : $C = \frac{2\pi\epsilon_0}{\ln\frac{b}{a}}$ [F/m]

(8) 평행판 사이의 정전용량 : $C = \frac{\epsilon_0 S}{d}$ [F]

(9) 평행도선 사이의 정전용량 : $C = \frac{\pi\epsilon_0}{\ln\frac{d-a}{a}}$ [F/m]

(10) 콘덴서의 직렬연결시 합성용량 : $C=\dfrac{1}{\dfrac{1}{C_1}+\dfrac{1}{C_2}}=\dfrac{C_1\times C_2}{C_1+C_2}$ [F]

(11) 콘덴서의 병렬연결시 합성용량 : $C=C_1+C_2$ [F]

(12) 1개의 도체가 갖는 정전 에너지 : $W=\dfrac{1}{2}QV=\dfrac{1}{2}CV^2=\dfrac{Q^2}{2C}$ [J]

(13) 공간 전하계가 갖는 정전 에너지 : $W=\dfrac{1}{2}\epsilon_0 E^2=\dfrac{1}{2}ED=\dfrac{D^2}{2\epsilon_0}$ [J/m^3]

(14) 평행판 콘덴서의 단위 면적 당 작용하는 힘 : $F=\dfrac{1}{2}\epsilon_0 E^2=\dfrac{1}{2}\epsilon_0\left(\dfrac{V}{d}\right)^2=\dfrac{\sigma^2}{2\epsilon_0}$ [N/m^2]

4. 유전체

(1) 분극의 세기 : $\boldsymbol{P}=\alpha\boldsymbol{E}=\epsilon_0(\epsilon_s-1)\boldsymbol{E}$ [C/m^2] 단, α : 분극률

(2) 유전체의 전속밀도 : $\boldsymbol{D}=\epsilon_0\boldsymbol{E}+\boldsymbol{P}=\epsilon_0\boldsymbol{E}+\epsilon_0(\epsilon_s-1)\boldsymbol{E}=\epsilon_0\epsilon_s\boldsymbol{E}=\epsilon\boldsymbol{E}$[C/m^2]

(3) 유전체의 Gauss의 정리 : $\epsilon\oint E\cdot ndS=\oint(\epsilon\boldsymbol{E})\cdot ndS=\oint\boldsymbol{D}\cdot ndS=Q$

(4) 전속밀도의 발산 : $\mathrm{div}\,D=\rho$

(5) 유전체의 경계조건

- 전속밀도의 경계조건 : $D_1\cos\theta_1=D_2\cos\theta_2$(법선)
- 전계의 경계조건 : $E_1\sin\theta_1=E_2\sin\theta_2$(접선)
- 굴절의 법칙 : $\dfrac{\tan\theta_1}{\tan\theta_2}=\dfrac{\epsilon_1}{\epsilon_2}$ 단, $\epsilon_1>\epsilon_2$ 일 때 $D_1>D_2$, $\theta_1>\theta_2$, $E_1<E_2$

(6) 유전체 내의 정전에너지 밀도 : $w=\dfrac{1}{2}\boldsymbol{D}\cdot\boldsymbol{E}=\dfrac{1}{2}\epsilon E^2=\dfrac{D^2}{2\epsilon}$ [J/m^3]

(7) 유전체 사이에 작용하는 힘

- 전계가 경계면에 수직인 경우($D_1=D_2$)

$$f=\frac{1}{2}(E_2-E_1)D=\frac{1}{2}\left(\frac{1}{\epsilon_2}-\frac{1}{\epsilon_1}\right)D^2 \ \text{[N/m}^2\text{]}$$

- 전계가 경계면에 평행인 경우($E_1=E_2$)

$$f=\frac{1}{2}(D_1-D_2)E=\frac{1}{2}(\epsilon_1-\epsilon_2)E^2 \ \text{[N/m}^2\text{]}$$

(8) 전기영상법

① 접지 도체구와 점전하에 의한 힘 : $F=\dfrac{-adQ^2}{4\pi\epsilon_0(d^2-a^2)^2}$ [N]

- 영상점의 위치 : $b=\dfrac{a^2}{d}$[m]

• 영상 전하의 크기 : $Q' = -\frac{a}{d}Q$ [C]

② 평판도체와 점전하에 의한 힘 : $F = -\frac{Q^2}{16\pi\epsilon_0 a^2}$ [N]

5. 전류

(1) 전류의 세기 : $I = \frac{dQ}{dt}$ [A]

(2) 단위 면적당 전류밀도 : $J = \frac{\triangle I}{\triangle S}$ [A/m^2]

(3) 전기저항 : $R = \rho\frac{l}{S}$ [Ω]

(4) Ohm 법칙의 미분형 : $\boldsymbol{J} = -nev = ne\mu\boldsymbol{E} = \sigma\boldsymbol{E}$(단, σ : 도전율)

(5) 전기저항과 정전용량 : $RC = \rho\epsilon$

6. 정자계

(1) 쿨롱의 법칙 : $F = \frac{1}{4\pi\mu_0}\frac{m_1 m_2}{r^2} = 6.33\times10^4\frac{m_1 m_2}{r^2}$ [N] 단, $\mu_0 = 4\pi\times10^{-7}$ [H/m]

(2) 자계의 세기 : $\boldsymbol{H} = \frac{\boldsymbol{F}}{m} = \frac{1}{4\pi\mu_0}\frac{m}{r^2}$ [AT/m] 또는 [N/Wb]

(3) 자기력선

• 자하 m에서 나오는 자속수 : m

• 자하 m에서 나오는 총 자력선수 : $\frac{m}{\mu}$

(4) 자위 : $U = -\int_\infty^r \boldsymbol{H}\cdot dr = \frac{m}{4\pi\mu_0 r}$ [AT] 또는 [J/Wb]

(5) 자속밀도 : $\boldsymbol{B} = \mu_0\boldsymbol{H} + \boldsymbol{J} = \mu_0 H + \kappa H = (\mu_0 + \kappa)H = \mu\boldsymbol{H}$

(6) 감자력 : $\boldsymbol{H}' = \frac{N}{\mu_0}\boldsymbol{J}$ 단, N : 감자율

(7) 자기쌍극자의 자위 및 자계의 세기 : $U = \frac{M\cdot\cos\theta}{4\pi\mu_0 r^2}$ [AT]

$H = \frac{M}{4\pi\mu_0 r^3}\sqrt{1+3\cos^2\theta}$ [AT/m] 단, $M = ml$ [Wb·m] : 자기쌍극자 모멘트

(8) 자화의 세기 : $\boldsymbol{J} = \frac{\Delta M}{\Delta v} = \chi H = \mu_0(\mu_S - 1)\boldsymbol{H}$ [Wb/m^2] 단, χ : 자화율

(9) 판 자석에 의한 자위 : $U=\pm \dfrac{\tau\omega}{4\pi\mu_0}$ [AT] 단, $\tau=\sigma \cdot \delta$ [Wb/m] : 판 자석의 세기

(10) 자계 중의 자석에 작용하는 토크(회전력)

- 막대 자석 $T=MH\sin\theta=mlH\sin\theta=\boldsymbol{M}\times\boldsymbol{H}$ [N·m]
- 평판 코일 $T=NBSI\cos\theta$ [N·m]

(11) 경계조건

- 자속밀도와 자계의 경계조건

  $B_1\cos\theta_1=B_2\cos\theta_2$(법선), $H_1\sin\theta_1=H_2\sin\theta_2$(접선)

- 굴절의 법칙 : $\dfrac{\tan\theta_1}{\tan\theta_2}=\dfrac{\mu_1}{\mu_2}$

  단, $\mu_1>\mu_2$ 이면 $B_1>B_2$, $\theta_1>\theta_2$, $H_1<H_2$

7. 전류의 자기 현상

(1) 자계중의 전류가 받는 힘 : $F=IBl\sin\theta=(\boldsymbol{I}\times\boldsymbol{B})l$ [N]

(2) 평형 도체 전류 사이에 작용하는 힘 : $F=\dfrac{\mu_0 I_1 I_2}{2\pi r}=\dfrac{2I_1 I_2}{r}\times 10^{-7}$[N/m]

(3) 전하 입자에 작용하는 Lorentz의 힘 : $F=qvB\sin\theta=q(\boldsymbol{v}\times\boldsymbol{B})$ [N]

(4) 전계와 자계가 동시에 작용하는 Lorentz의 힘 : $\boldsymbol{F}=q(\boldsymbol{E}+\boldsymbol{v}\times\boldsymbol{B})$ [N]

(5) Ampere의 주회적분 법칙 : $\oint_c \boldsymbol{H}\cdot dl=NI$

(6) 주회적분 법칙의 미분형 : $\mathrm{rot}\,\boldsymbol{H}=\boldsymbol{J}$ [A/m^2]

(7) Biot-Savart의 법칙 : $dH=\dfrac{Idl\sin\theta}{4\pi r^2}$ [AT/m]

(8) 무한장 직선 전류에 의한 자계 : $H=\dfrac{I}{2\pi r}$ [AT/m]

(9) 무한장 원통형 전류에 의한 자계

- 원통 외부의 자계 : $H=\dfrac{I}{2\pi r}$ [AT/m]
- 원통 내부의 자계 : $H=\dfrac{rI}{2\pi a^2}$ [AT/m]

(10) 무한장 솔레노이드에 의한 내부의 자계

$H=nI=\left(\dfrac{N}{l}\right)I$ [AT/m] 단, n : 단위 길이당 감은 수

(11) 원형 솔레노이드에 의한 내부의 자계 : $H=\dfrac{NI}{2\pi r}$ [AT/m]

(12) 원형 코일 중심축에서의 자계 : $H=\dfrac{NI}{2r}$ [AT/m]

(13) 유한장 직선 도체의 전류에 의한 자계

$$H=\frac{I}{4\pi a}(\cos\theta_2+\cos\theta_1)=\frac{I}{4\pi a}(\sin\beta_2-\sin\beta_1)\ [\text{AT/m}]$$

(14) 유한장 솔레노이드에 의한 자계

$$H=\frac{NI}{2}(\cos\theta_2-\cos\theta_1)=\frac{NI}{2l}(\cos\theta_2-\cos\theta_1)\ [\text{AT/m}]$$

(15) 자속밀도와 자계의 벡터 포텐셜 : $B=\text{rot}\,A$ [Wb/m^2]

8. 자성체와 자기회로

(1) 히스테리시스 곡선

- 잔류 자기 : 종축과 만나는 점
- 보자력 : 횡축과 만나는 점

(2) 히스테리시스 손실 : $P_e=\eta f B_m^{1.6}$ [W/m^3]

단, η : 히스테리시스 상수, f : 주파수, B_m : 최대 자속 밀도

(3) 자계의 에너지 밀도 : $w=\frac{1}{2}\mu H^2=\frac{B^2}{2\mu}=\frac{1}{2}BH$ [J/m^3]

(4) 자기회로와 전기회로의 기호 및 단위 대응관계

자기회로		전기회로	
자속	ϕ[Wb]	전류	I[A]
자계	H[A/m]	전계	E[V/m]
기자력	F[AT]	기전력	V[V]
자속밀도	B[Wb/m^2]	전속밀도	D[A/m^2]
투자율	μ[H/m^2]	도전율	σ[℧/m]
자기저항	R_m[AT/Wb]	전기저항	R[Ω]

(5) 자기저항 $R_m=\frac{l}{\mu S}=\frac{NI}{\phi}$ [AT/Wb] 단 S : 단면적

(6) 기자력 $F=NI$ [AT]

(7) 자속 $\phi=\frac{F}{R_m}=\frac{NI}{R_m}=\frac{\mu SNI}{l}=B\cdot S=\mu H\cdot S$[Wb]

9. 전자유도

(1) 권수 N인 코일과 쇄교하는 경우의 유도 기전력 : $e=-N\frac{d\phi}{dt}=-N\frac{dB}{dt}\cdot S$ [V]

(2) 전자 유도법칙의 적분형과 미분형

① 적분형 : $e=\oint E\cdot dl=-\frac{d}{dt}\int_s B\cdot dS=-\frac{d\phi}{dt}$

② 미분형 : $\text{rot}\,\boldsymbol{E}=\frac{\partial \boldsymbol{B}}{\partial t}$

(3) 도체의 운동에 의한 유도기전력 : $e=vBl\sin\theta=(\boldsymbol{v}\times\boldsymbol{B})l$ [V]

(4) 와전류손 : $P_e=K_e t^2 f^2 B_m^2$ [W/m^3]

단, K_e : 와전류손실의 계수, t : 도체판의 두께, B_m : 최대 자속밀도, f : 주파수

(5) 표피효과의 길이 또는 침투깊이 : $\delta=\sqrt{\frac{2}{\omega\sigma\mu}}=\sqrt{\frac{2\rho}{\omega\mu}}=\sqrt{\frac{1}{\pi f\mu\sigma}}$ [m]

단, μ : 투자율, σ : 도전율, ω : 각속도, f : 주파수

10. 인덕턴스

(1) 인덕터의 유도기전력 : $e=-L\frac{di}{dt}$ [V], $e=-M\frac{di}{dt}$ [V]

(2) 자기 인덕턴스 : $L=\frac{N}{I}\phi=\frac{N}{I}\cdot\frac{NI}{R_m}=\frac{N^2}{R_m}=\frac{\mu SN^2}{l}$ [H]

(3) 상호 인덕턴스 : $M=\frac{N_1N_2}{R_m}$ [H]

(4) 인덕턴스의 단위 : $[\text{H}]=\left[\frac{\text{Wb}}{\text{A}}\right]=\left[\frac{\text{V}}{\text{A}}\cdot\text{s}\right]=[\text{ohm}\cdot\text{s}]$

(5) 결합계수 : $k=\frac{M}{\sqrt{L_1L_2}}$ $(0\le k\le 1)$

(6) 인덕턴스의 연결

- 직렬연결 : $L=L_1+L_2\pm 2M=L_1+L_2\pm 2k\sqrt{L_1L_2}$ [H]
- 병렬연결 : $L=\frac{L_1L_2-M^2}{L_1+L_2\mp 2M}$ [H]

(7) 코일에 축적되는 자계 에너지 : $w_m=\frac{1}{2}LI^2$ [J]

(8) 원형 솔레노이드의 자기 인덕턴스 : $L=\frac{\mu SN^2}{l}$ [H]

(9) 무한장 솔레노이드의 자기 인덕턴스 : $L=\mu N^2Sl=\pi^2D^2N^2l\times 10^{-7}$ [H]

(10) 유한장 솔레노이드의 자기 인덕턴스

$$L = K\mu_s 4\pi(\frac{\pi D^2}{4})N^2 l \times 10^{-7} = K\mu_s \pi^2 D^2 N^2 l \times 10^{-7}[\mathrm{H}]$$

단, K : D/l 에 의해서 결정되는 계수

(11) 동축케이블의 합성 자기인덕턴스 : $L = \frac{\mu_0}{2\pi}\log\frac{b}{a} + \frac{\mu_0}{4\pi}$ [H/m]

- $a < r < b$ 일 때 $L = \frac{\mu_0}{2\pi}\log\frac{b}{a}$ [H/m]
- $r < a$ 일 때 $L = \frac{\mu_0}{4\pi}$ [H/m]

(12) 2개의 왕복 도선의 자기 인덕턴스 : $L = \frac{\mu_0 l}{\pi}\ln\frac{D}{a} + \frac{\mu l}{2\pi}$ [H]

단, D : 도선간격, a : 도선의 반지름

(13) 유한장 코일의 상호 인덕턴스 : $M = \frac{\mu N_1 N_2 S}{l} = \frac{4\pi\mu_s N_1 N_2 S}{l} \times 10^{-7}$ [H]

(14) 2조의 평행 2선식 도선의 상호 인덕턴스 : $M = \frac{\mu_0 I_1}{2\pi}\log\frac{d_2 d_3}{d_1 d_4}$ [H/m]

11. 전자계

(1) 변위전류 밀도 : $J_d = \frac{\partial D}{\partial t}[\mathrm{A/m^2}]$

(2) 무한장 분포정수회로에서의 특성 임피던스 $Z_0 = \sqrt{\frac{Z}{Y}} = \sqrt{\frac{R + j\omega L}{G + j\omega C}}$

(3) 평면 전자파의 속도

$$v = \lambda f = \frac{\omega}{\beta} = \frac{1}{\sqrt{\mu\epsilon}} = \frac{1}{\sqrt{\epsilon_0\epsilon_s\mu_0\mu_s}} = \frac{1}{\sqrt{\mu_0\epsilon_0}\sqrt{\mu_s\epsilon_s}} = \frac{3\times 10^8}{\sqrt{\mu_s\epsilon_s}}[\mathrm{m/s}]$$

(4) 평면 전자파의 파장 : $\lambda = \frac{v}{f} = \frac{1}{f\sqrt{\mu\epsilon}} = \frac{2\pi}{\beta}$ [m]

(5) 전파 정수 : $\gamma = \sqrt{ZY} = \alpha + j\beta$

(6) 무손실 선로($R = G = 0$)

- 감쇠 정수 : $\alpha = 0$
- 위상 정수 : $\beta = \omega\sqrt{LC}$
- 전파 정수 : $\gamma = j\omega\sqrt{LC}$
- 특성 임피던스 : $Z_0 = \sqrt{\frac{L}{C}}[\Omega]$

- 전파 속도 : $v = \dfrac{1}{\sqrt{LC}}$

(7) 동축케이블의 특성 임피던스 : $Z_0 = \sqrt{\dfrac{\mu}{\epsilon}} \cdot \dfrac{1}{2\pi} \ln\dfrac{b}{a} = 138\sqrt{\dfrac{\mu_s}{\epsilon_s}} \log\dfrac{b}{a} [\Omega]$

(8) 왕복 2선식 특성 임피던스 : $Z_0 = 276\sqrt{\dfrac{\mu_s}{\epsilon_s}} \log\dfrac{D}{a} [\Omega]$

(9) 파동(특성, 고유) 임피던스

$$Z_0 = \frac{E}{H} = \sqrt{\frac{\mu}{\epsilon}} = \sqrt{\frac{\mu_0}{\epsilon_0}} \cdot \sqrt{\frac{\mu_s}{\epsilon_s}} = 120\pi\sqrt{\frac{\mu_s}{\epsilon_s}} = 377\sqrt{\frac{\mu_s}{\epsilon_s}} [\Omega]$$

(10) 포인팅 벡터(Poynting vector) : $\boldsymbol{P} = \boldsymbol{E} \times \boldsymbol{H} [\mathrm{W/m^2}]$

(11) 포인팅 정리(Poynting theorem) : $P = \int_s (\boldsymbol{E} \times \boldsymbol{H}) \cdot dS \, [\mathrm{W}]$

(12) Maxwell의 전자 방정식

- 패러데이 전자유도법칙의 미분형 : $\mathrm{rot}\,\boldsymbol{E} = \nabla \times \boldsymbol{E} = -\dfrac{\partial \boldsymbol{B}}{\partial t}$ (맥스웰의 제1전자방정식)
- 암페어 주회적분법칙의 미분형 : $\mathrm{rot}\,\boldsymbol{H} = \nabla \times \boldsymbol{H} = J_c + \dfrac{\partial \boldsymbol{D}}{\partial t}$ (맥스웰의 제2전자방정식)
- 가우스 법칙의 미분형 : $\mathrm{div}\,\boldsymbol{D} = \nabla \cdot \boldsymbol{D} = \rho$, $\mathrm{div}\,\boldsymbol{B} = \nabla \cdot \boldsymbol{B} = 0$

1 전기산업기사 전기자기학 실력 향상문제

01 유전율이 각각 다른 두 종류의 유전체 경계면에 전속이 입사될 때 이 전속은 어떻게 되는가? (단, 경계면에 수직으로 입사하지 않는 경우이다.)

① 굴절　　② 반사
③ 회절　　④ 직진

02 반지름이 9[cm]인 도체구 A에 8[C]의 전하가 균일하게 분포되어 있다. 이 도체구에 반지름 3[cm]인 도체구 B를 접촉시켰을 때 도체구 B로 이동한 전하는 몇 [C]인가?

① 1　　② 2
③ 3　　④ 4

03 내구의 반지름 a[m], 외구의 반지름 b[m]인 동심 구 도체 간에 도전율이 k[S/m]인 저항물질이 채워져 있을 때의 내외구간의 합성저항[Ω]은?

① $\dfrac{1}{8\pi k}\left(\dfrac{1}{a}-\dfrac{1}{b}\right)$　　② $\dfrac{1}{4\pi k}\left(\dfrac{1}{a}-\dfrac{1}{b}\right)$
③ $\dfrac{1}{2\pi k}\left(\dfrac{1}{a}-\dfrac{1}{b}\right)$　　④ $\dfrac{1}{\pi k}\left(\dfrac{1}{a}+\dfrac{1}{b}\right)$

04 대전된 도체 표면의 전하밀도를 σ[C/m^2]이라고 할 때, 대전된 도체 표면의 단위면적이 받는 정전응력[N/m^2]은 전하밀도 σ와 어떤 관계에 있는가?

① $\sigma^{1/2}$에 비례　　② $\sigma^{3/2}$에 비례
③ σ에 비례　　④ σ^2에 비례

05 양극판의 면적이 S[m^2], 극판 간의 간격이 d[m], 정전용량이 C_1[F]인 평행판 콘덴서가 있다. 양극판 면적을 각각 $3S$[m^2]로 늘이고 극판 간격을 $\dfrac{1}{3}d$[m]로 줄였을 때의 정전용량 C_2[F]는?

① $C_2 = C_1$　　② $C_2 = 3C_1$
③ $C_2 = 6C_1$　　④ $C_2 = 9C_1$

정답 | 01 ①　02 ②　03 ②　04 ④　05 ④

06 투자율이 각각 μ_1, μ_2인 두 자성체의 경계면에서 자기력선의 굴절의 법칙을 나타낸 식은?

① $\frac{\mu_1}{\mu_2} = \frac{\sin\theta_1}{\sin\theta_2}$
② $\frac{\mu_1}{\mu_2} = \frac{\sin\theta_2}{\sin\theta_1}$
③ $\frac{\mu_1}{\mu_2} = \frac{\tan\theta_1}{\tan\theta_2}$
④ $\frac{\mu_1}{\mu_2} = \frac{\tan\theta_2}{\tan\theta_1}$

07 전계 내에서 폐회로를 따라 단위 전하가 일주할 때 전계가 한 일은 몇 [J]인가?

① ∞
② π
③ 1
④ 0

08 진공 중에서 멀리 떨어져 있는 반지름이 각각 a_1[m], a_2[m]인 두 도체구를 V_1[V], V_2[V]인 전위를 갖도록 대전시킨 후 가는 도선으로 연결할 때 연결 후의 공통 전위 V_2[V]는?

① $\frac{V_1}{a_1} + \frac{V_2}{a_2}$
② $\frac{V_1 + V_2}{a_1 a_2}$
③ $a_1 V_1 + a_2 V_2$
④ $\frac{a_1 V_1 + a_2 V_2}{a_1 + a_2}$

09 그림과 같이 도체 1을 도체 2로 포위하여 도체 2를 일정 전위로 유지하고 도체 1과 도체 2의 외측에 도체 3이 있을 때 용량계수 및 유도계수의 성질로 옳은 것은?

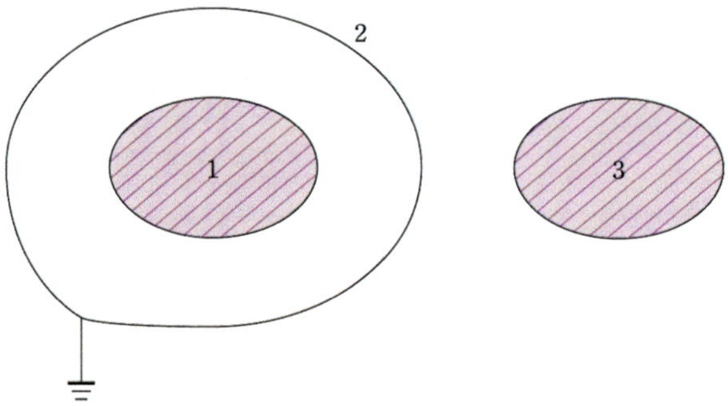

① $q_{23} = q_{11}$
② $q_{13} = -q_{11}$
③ $q_{31} = q_{11}$
④ $q_{21} = -q_{11}$

10 와전류(eddy current)손에 대한 설명으로 틀린 것은?

① 주파수에 비례한다.
② 저항에 반비례한다.
③ 도전율이 클수록 크다.
④ 자속밀도의 제곱에 비례한다.

정답 | 06 ③ 07 ④ 08 ④ 09 ④ 10 ①

11 전계 E[V/m] 및 자계 H[AT/m]의 에너지가 자유공간 사이를 C[m/s]의 속도로 전파될 때 단위 시간에 단위 면적을 지나는 에너지[W/m^2]는?

① $\frac{1}{2}EH$　② EH

③ EH^2　④ E^2H

12 공기 중에 선간거리 10[cm]의 평행왕복 도선이 있다. 두 도선 간에 작용하는 힘이 4×10^{-6}[N/m]이었다면 도선에 흐르는 전류는 몇 [A]인가?

① 1　② 2

③ $\sqrt{2}$　④ $\sqrt{3}$

13 자기 인덕턴스가 L_1, L_2이고 상호 인덕턴스가 M인 두 회로의 결합계수가 1일 때, 성립되는 식은?

① $L_1 \cdot L_2 = M$　② $L_1 \cdot L_2 < M^2$

③ $L_1 \cdot L_2 > M^2$　④ $L_1 \cdot L_2 = M^2$

14 어떤 콘덴서의 비유전율 ϵ_s인 유전체로 채워져 있을 때의 정전용량 C와 공기로 채워져 있을 때의 정전용량 C_0의 비(C/C_0)는?

① ϵ_s　② $1/\epsilon_s$

③ $\sqrt{\epsilon_s}$　④ $1/\sqrt{\epsilon_s}$

15 유전체에서의 변위전류에 대한 설명으로 틀린 것은?

① 변위전류가 주변에 자계를 발생시킨다.
② 변위전류의 크기는 유전율에 반비례한다.
③ 전속밀도의 시간적 변화가 변위전류를 발생시킨다.
④ 유전체 중의 변위전류는 진공 중의 전계 변화에 의한 변위전류와 구속전자의 변위에 의한 분극전류와의 합이다.

16 환상 솔레이드의 자기 인덕턴스[H]와 반비례하는 것은?

① 철심의 투자율　② 철심의 길이

③ 철심의 단면적　④ 코일의 권수

정답 | 11 ② 12 ③ 13 ④ 14 ① 15 ② 16 ②

17 자성체에 대한 자화의 세기를 정의한 것으로 틀린 것은?

① 자성체의 단위 체적당 자기모멘트
② 자성체의 단위 면적당 자화된 자하량
③ 자성체의 단위 면적당 자화선의 밀도
④ 자성체의 단위 면적당 자기력선의 밀도

18 두 전하 사이 거리의 세제곱에 비례하는 것은?

① 두 구전하 사이에 작용하는 힘
② 전기쌍극자에 의한 전계
③ 직선 전하에 의한 전계
④ 전하의 의한 전위

19 정사각형 회로의 면적을 3배로, 흐르는 전류를 2배로 증가시키면 정사각형의 중심에서의 자계의 세기는 약 몇 [%]가 되는가?

① 47
② 115
③ 150
④ 225

20 그림과 같이 권수가 1이고 반지름이 a[m]인 원형 코일에 전류 I[A]가 흐르고 있다. 원형 코일 중심에서의 자계의 세기[AT/m]는?

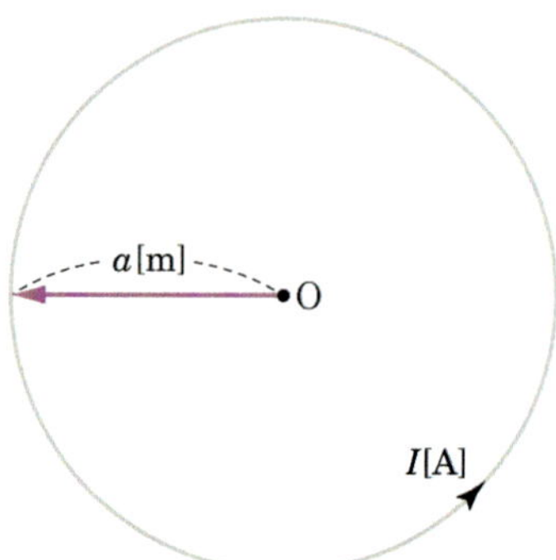

① I/a
② $I/2a$
③ $I/3a$
④ $I/4a$

2 전기산업기사 전기자기학 실력 향상문제

01 표의 ㉠, ㉡과 같은 단위로 옳게 나열한 것은?

㉠	Ω·s
㉡	s/Ω

① ㉠ : H, ㉡ : F
② ㉠ : H/m, ㉡ : F/m
③ ㉠ : F, ㉡ : H
④ ㉠ : F/m, ㉡ : H/m

02 진공 중에 판간 거리가 d[m]인 무한 평판 도체 간의 전위차[V]는? (단, 각 평판 도체에는 면전하밀도 $+\sigma$[C/m^2], $-\sigma$[C/m^2]가 각각 분포되어 있다.)

① σd
② σ/ϵ_0
③ $\epsilon_0\sigma/d$
④ $\sigma d/\epsilon_0$

03 어떤 자성체 내에서의 자계의 세기가 800[AT/m]이고 자속밀도가 0.05[Wb/m^2]일 때 이 자성체의 투자율은 몇 [H/m]인가?

① 3.25×10^{-5}
② 4.25×10^{-5}
③ 5.25×10^{-5}
④ 6.25×10^{-5}

04 자기 인덕턴스의 성질을 설명으로 옳은 것은?

① 경우에 따라 정(+) 또는 부(−)의 값을 갖는다.
② 항상 정(+)의 값을 갖는다.
③ 항상 부(−)의 값을 갖는다.
④ 항상 0이다.

05 자기회로에 대한 설명으로 틀린 것은? (단, S는 자기회로의 단면적이다.)

① 자기저항의 단위는 H(Henry)의 역수이다.
② 자기저항의 역수를 퍼미언스(permeance)라고 한다.
③ "자기저항 = (자기회로의 단면을 통과하는 자속)/(자기회로의 총 기자력)"이다.
④ 자속밀도 B가 모든 단면에 걸쳐 균일하다면 자기회로의 자속은 BS이다.

정답 | 01 ① 02 ④ 03 ④ 04 ② 05 ③

06 비유전율이 2.8인 유전체에서의 전속밀도가 D=3.0×10^{-7}[C/m^2]일 때 분극의 세기 P는 약 몇 [C/m^2]인가?

① 1.93×10^{-7}　② 2.93×10^{-7}
③ 3.50×10^{-7}　④ 4.07×10^{-7}

07 전계의 세기가 5×10^2[V/m]인 전계 중 8×10^{-8}[C]의 전하가 놓일 때 전하가 받는 힘은 몇 [N]인가?

① 4×10^{-2}　② 4×10^{-3}
③ 4×10^{-4}　④ 4×10^{-5}

08 지름 2[mm]의 동선에 π[A]의 전류가 균일하게 흐를 때 전류밀도는 몇 [A/m^2]인가?

① 10^3　② 10^4
③ 10^5　④ 10^6

09 반지름이 a[m]인 도체구에 전하 Q[C]을 주었을 때, 구 중심에서 r[m] 떨어진 구 외부($r>a$)의 한 점에서의 전속밀도 D[C/m^2]는?

① $Q/4\pi a^2$　② $Q/4\pi r^2$
③ $Q/4\pi\epsilon a^2$　④ $Q/4\pi\epsilon r^2$

10 2[Wb/m^2]인 평등 자계 속에 길이가 30[cm]인 도선이 자계와 직각 방향으로 놓여있다. 이 도선이 자계와 30°의 방향으로 30[m/s]의 속도로 이동할 때, 도체 양단에 유기되는 기전력[V]의 크기는?

① 3　② 9
③ 30　④ 90

11 공기 중에 있는 무한 직선 도체에 전류 I[A]가 흐르고 있을 때 도체에서 r[m] 떨어진 점에서의 자속 밀도(Wb/m^2)는?

① $I/2\pi r$　② $2\mu_0 I$
③ $\mu_0 I/r$　④ $\mu_0 I/2\pi r$

정답 | 06 ① 07 ④ 08 ④ 09 ② 10 ② 11 ④

12 무한 평면 도체로부터 d[m]인 곳에 점전하 Q[C]가 있을 때 도체 표면상에 최대로 유도되는 전하밀도[C/m²]는?

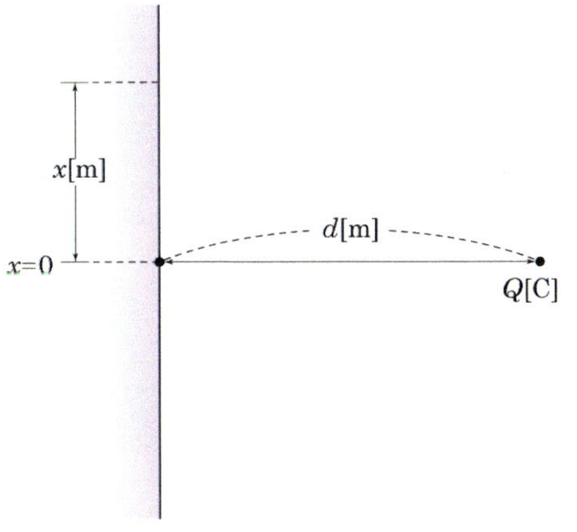

① $-\dfrac{Q}{2\pi d^2}$　　② $-\dfrac{Q}{2\pi \epsilon_0 d^2}$

③ $-\dfrac{Q}{4\pi d^2}$　　④ $-\dfrac{Q}{4\pi \epsilon_0 d^2}$

13 선간전압이 66000[V]인 2개의 평행 왕복 도선에 10[kA]의 전류가 흐르고 있을 때 도선 1[m] 마다 작용하는 힘의 크기는 몇 [N/m]인가? (단, 도선 간의 간격은 1[m]이다.)

① 1　　② 10

③ 20　　④ 200

14 무손실 유전체에서 평면 전자파의 전계 E와 자계 H사이의 관계식으로 옳은 것은?

① $H=\sqrt{\dfrac{\epsilon}{\mu}}E$　　② $H=\sqrt{\dfrac{\mu}{\epsilon}}E$

③ $H=\dfrac{\epsilon}{\mu}E$　　④ $H=\dfrac{\mu}{\epsilon}E$

15 대전 도체 표면의 전하밀도는 도체 표면의 모양에 따라 어떻게 되는가?

① 곡률이 작으면 작아진다.　　② 곡률 반지름이 크면 커진다.

③ 평면일 때 가장 크다.　　④ 곡률 반지름이 작으면 작다.

16 1[Ah]의 전기량은 몇 [C]인가?

① 1/3600 ② 1
③ 60 ④ 3600

17 강자성체가 아닌 것은?

① 철 ② 구리
③ 니켈 ④ 코발트

18 맥스웰(Maxwell) 전자방정식의 물리적 의미중 틀린 것은?

① 자계의 시간적 변화에 따라 전계의 회전이 발생한다.
② 전도전류와 변위전류는 자계를 발생시킨다.
③ 고립된 자극이 존재한다.
④ 전하에서 전속선이 발산한다.

19 2[μF], 3[μF], 4[μF]의 커패시터를 직렬로 연결하고 양단에 가한 전압을 서서히 상승시킬 때의 현상으로 옳은 것은? (단, 유전체의 재질 및 두께는 같다고 한다.)

① 2[μF]의 커패시터가 제일 먼저 파괴된다.
② 3[μF]의 커패시터가 제일 먼저 파괴된다.
③ 4[μF]의 커패시터가 제일 먼저 파괴된다.
④ 3개의 커패시터가 동시에 파괴된다.

20 패러데이관의 밀도와 전속밀도는 어떠한 관계인가?

① 동일하다.
② 패러데이관의 밀도가 항상 높다.
③ 전속밀도가 항상 높다.
④ 항상 틀리다.

정답 | 16 ④ 17 ② 18 ③ 19 ① 20 ①

3 전기산업기사 전기자기학 실력 향상문제

01 한 변의 길이가 2[m]가 되는 정삼각형 3정점 A, B, C에 10^{-4}[C]의 점전하가 있다. 점 B에 작용하는 힘[N]은 다음 중 어느 것인가?

① 29　　② 39
③ 45　　④ 49

02 무한 평행판 전극 사이의 전위차 V[V]는? (단, 평행판 전하밀도 σ[C/m^2], 판간 거리 d[m]라 한다.)

① $\dfrac{\sigma}{\epsilon_0}$　　② $\dfrac{\sigma}{\epsilon_0}d$
③ σd　　④ $\dfrac{\epsilon_0\sigma}{d}$

03 전계의 세기 1,500[V/m]의 전장에 5[μC]의 전하를 놓으면 얼마의 힘[N]이 작용하는가?

① 4×10^{-3}　　② 5.5×10^{-3}
③ 6.5×10^{-3}　　④ 7.5×10^{-3}

04 반지름 $r=1$[m]인 도체구의 표면전하밀도가 $\dfrac{10^{-8}}{9\pi}$[C/m^2]이 되도록 하는 도체구의 전위는 몇 [V]인가?

① 10　　② 20
③ 40　　④ 80

05 진공 중에서 크기가 같은 두 개의 작은 구에 같은 양의 전하를 대전시킨 후 50[cm] 거리에 두었더니 작은 구는 서로 9×10^{-3}[N]의 힘으로 반발했다. 각각의 전하량은 몇 [C]인가?

① 5×10^{-7}　　② 5×10^{-5}
③ 2×10^{-5}　　④ 2×10^{-7}

정답 | 01 ② 02 ② 03 ④ 04 ③ 05 ①

06 평행판 콘덴서의 두 극판 면적을 3배로 하고 간격을 $\frac{1}{2}$배로 하면 정전용량은 처음의 몇 배가 되는가?

① $\frac{3}{2}$ ② $\frac{2}{3}$

③ $\frac{1}{6}$ ④ 6

07 다음 물질 중 비유전율이 가장 큰 물질은 무엇인가?

① 산화 티탄 자기 ② 종이

③ 운모 ④ 변압기유

08 비유전율이 4이고 전계의 세기가 20[kV/m]인 유전체 내의 전속밀도[μC/m^2]는?

① 0.708 ② 0.168

③ 6.28 ④ 2.83

09 10[A]의 무한장 직선 전류로부터 10[cm] 떨어진 곳의 자계의 세기[AT/m]는?

① 1.59 ② 15.0

③ 15.9 ④ 159

10 간격 d[m]인 무한히 넓은 평행판의 단위 면적당 정전용량[F/m^2]은? (단, 매질은 공기라 한다.)

① $\frac{1}{4\pi\epsilon_0 d}$ ② $\frac{4\pi\epsilon_0}{d}$

③ $\frac{\epsilon_0}{d}$ ④ $\frac{\epsilon_0}{d^2}$

11 그림과 같이 등전위면이 존재하는 경우 전계의 방향은?

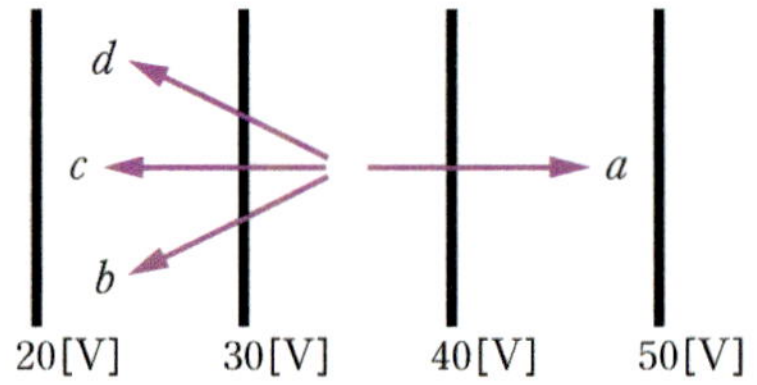

① a ② b

③ c ④ d

정답 I 06 ④ 07 ① 08 ① 09 ③ 10 ③ 11 ③

12 비투자율 $\mu_s=400$인 환상 철심 중의 평균 자계 세기가 $H=300$[A/m]일 때, 자화의 세기 J[Wb/m^2]는?

① 0.1　　② 0.15
③ 0.2　　④ 0.25

13 비유전율 $\epsilon_s=80$, 비투자율 $\mu_s=1$인 전자파의 고유 임피던스(intrinsic impedance)[Ω]는?

① 0.1　　② 80
③ 8.9　　④ 42

14 전자석에 사용하는 연철(soft iron)은 다음 어느 성질을 가지는가?

① 잔류자기, 보자력이 모두 크다.
② 보자력이 크고 히스테리시스 곡선의 면적이 작다.
③ 보자력과 히스테리시스 곡선의 면적이 모두 작다.
④ 보자력이 크고 잔류자기가 작다.

15 자기 인덕턴스가 각각 L_1, L_2인 두 코일을 서로 간섭이 없도록 병렬로 연결했을 때 그 합성 인덕턴스는?

① L_1L_2　　② $\dfrac{L_1+L_2}{L_1L_2}$
③ L_1+L_2　　④ $\dfrac{L_1L_2}{L_1+L_2}$

16 매초마다 S면을 통과하는 전자에너지를 $W=\int_S P\cdot nds$ [W]로 표시하는데 이 중 틀린 설명은?

① 벡터 P를 포인팅 벡터라 한다.
② n이 내향일 때는 S면 내에 공급되는 총전력이다
③ n이 외향일 때는 S면 내에서 나오는 총전력이 된다.
④ P의 방향은 전자계의 에너지 흐름의 진행방향과 다르다.

17 유전체 중의 전계의 세기를 E, 유전율을 ϵ이라 하면 전기변위 [C/m^2]는?

① ϵE　　② ϵE^2
③ $\dfrac{\epsilon}{E}$　　④ $\dfrac{E}{\epsilon}$

정답 | 12 ② 13 ④ 14 ③ 15 ④ 16 ④ 17 ①

18 반지름 a인 원주 도체의 단위길이당 내부 인덕턴스는 몇 [H/m]인가?

① $\frac{\mu}{4\pi}$　　② $4\pi\mu$

③ $\frac{\mu}{8\pi}$　　④ $8\pi\mu$

19 평등자계 내에 수직으로 돌입한 전자의 궤적은?

① 원운동을 하는데, 원의 반지름은 자계의 세기에 비례한다.
② 구면 위에서 회전하고 반지름은 자계의 세기에 비례한다.
③ 원운동을 하고 반지름은 전자의 처음 속도에 비례한다.
④ 원운동을 하고 반지름은 자계의 세기에 반비례한다.

20 강자성체가 아닌 것은?

① 철　　② 니켈

③ 백금　　④ 코발트

정답 | 18 ③　19 ④　20 ③

4 전기산업기사 전기자기학 실력 향상문제

01 자기 인덕턴스가 각각 $L_1,\ L_2$인 두 코일을 서로 간섭이 없도록 병렬로 연결했을 때 그 합성 인덕턴스는?

① L_1L_2
② $\dfrac{L_1+L_2}{L_1L_2}$
③ L_1+L_2
④ $\dfrac{L_1L_2}{L_1+L_2}$

02 반지름 a[m]인 원형 코일에 전류 I[A]가 흘렀을 때, 코일 중심 자계의 세기[AT/m]는?

① $\dfrac{I}{2a}$
② $\dfrac{I}{4a}$
③ $\dfrac{I}{2\pi a}$
④ $\dfrac{I}{4\pi a}$

03 유전체 내의 전속밀도가 E[C/m^2]인 전계에 저축되는 단위체적당 정전에너지가 w_e[J/m^3]일 때 유전체의 비유전율은?

① $\dfrac{D^2}{2\epsilon_0 w_e}$
② $\dfrac{D^2}{\epsilon_0 w_e}$
③ $\dfrac{2\epsilon_0 D^2}{w_e}$
④ $\dfrac{\epsilon_0 D^2}{w_e}$

04 반지름 a[m]인 접지 도체구 중심으로부터 d[m]($>a$)인 곳에 점전하 Q[C]이 있으면 구도체에 유기되는 전하량[C]은?

① $-\dfrac{a}{d}Q$
② $\dfrac{a}{d}Q$
③ $-\dfrac{d}{a}Q$
④ $\dfrac{d}{a}Q$

05 대전도체 표면의 전하밀도 σ[C/m^2]이라 할 때 대전도체 표면의 단위면적이 받는 정전응력은 전하밀도 σ와 어떤 관계에 있는가?

① $\sigma^{\frac{1}{2}}$에 비례
② $\sigma^{\frac{3}{2}}$에 비례
③ σ에 비례
④ σ^2에 비례

정답 | 01 ④ 02 ① 03 ① 04 ① 05 ④

06 두 개의 코일이 있다. 각각의 자기 인덕턴스가 $L_1 = 0.25$[H], $L_2 = 0.4$[H]일 때, 상호 인덕턴스는 몇 [H]인가? (단, 결합계수는 1이라 한다.)

① 0.125 ② 0.197
③ 0.258 ④ 0.316

07 전류에 의한 자계의 방향을 결정하는 법칙은?

① 렌츠의 법칙 ② 플레밍의 오른손법칙
③ 플레밍의 왼손법칙 ④ 앙페르의 오른나사법칙

08 도체계에서 임의의 도체를 일정 전위의 도체로 완전 포위하면 내외 공간의 전계를 완전 차단할 수 있다. 이것을 무엇이라 하는가?

① 전자차폐 ② 정전차폐
③ 홀(Hall)효과 ④ 핀치(Pinch) 효과

09 균질의 철사에 온도 구배가 있을 때, 여기에 전류가 흐르면 열의 흡수 또는 발생을 수반하는데, 이 현상은?

① 톰슨효과 ② 핀치효과
③ 펠티에효과 ④ 제백효과

10 한 변의 길이가 1[m]인 정삼각형의 두 정점 B, C에 10^{-4}[C]의 점전하가 있을때 , 다른 또 하나의 정점 A의 전계[V/m]는?

① 9.0×10^5 ② 15.6×10^5
③ 18.0×10^5 ④ 31.2×10^5

11 유전체 중의 전계의 세기를 E, 유전율을 ϵ이라 하면 전기변위[C/m^2]는?

① ϵE ② ϵE^2
③ $\frac{\epsilon}{E}$ ④ $\frac{E}{\epsilon}$

12 환상 철심에 감은 코일에 5[A]의 전류를 흘려 2,000[AT]의 기자력을 발생시키고자 한다면 코일의 권수는 몇 회로 하면 되는가?

① 100회 ② 200회
③ 300회 ④ 400회

정답 | 06 ④ 07 ④ 08 ② 09 ① 10 ② 11 ① 12 ④

13 단면적 $S=5\,[\mathrm{m}^2]$인 도선에 3초 동안 30[C]의 전하를 흘릴 경우 발생되는 전류[A]는?

① 5
② 10
③ 15
④ 20

14 1권선의 코일에 5[Wb]의 자속이 쇄교하고 있을 때, $t=\frac{1}{100}$초 사이에 이 자속을 0으로 했다면 이때 코일에 유도되는 기전력은 몇 [V]이겠는가?

① 100
② 250
③ 500
④ 700

15 진공 중에서 어떤 대전체의 전속이 Q였다. 이 대전체를 비유전율 2.2인 유전체 속에 넣었을 경우의 전속은?

① Q
② ϵQ
③ $2.2Q$
④ 0

16 양 도체에 있어서 전자파의 전파정수는? (단, 주파수 f[Hz], 도전율 σ[S/m], 투자율 μ[H/m])

① $\sqrt{\pi f\sigma\mu}+j\sqrt{\pi f\sigma\mu}$
② $\sqrt{2\pi f\sigma\mu}+j\sqrt{2\pi f\sigma\mu}$
③ $\sqrt{2\pi f\sigma\mu}+j\sqrt{\pi f\sigma\mu}$
④ $\sqrt{\pi f\sigma\mu}+j\sqrt{2\pi f\sigma\mu}$

17 물(비유전율 80, 비투자율 1속에서의 전자파 전파속도[m/s]는?

① 3.0×10^{10}
② 3.0×10^{8}
③ 3.35×10^{10}
④ 3.35×10^{7}

18 점지극에 의한 지위는?

① $U=\frac{m}{4\pi\mu_0 r}$ [Wb/J]
② $U=\frac{m}{4\pi\mu_0 r^2}$ [Wb/J]
③ $U=\frac{m}{4\pi\mu_0 r}$ [J/Wb]
④ $U=\frac{m}{4\pi\mu_0 r^2}$ [J/Wb]

정답 I 13 ② 14 ③ 15 ① 16 ① 17 ④ 18 ③

19 변압기 철심에서 규소 강판이 쓰이는 주된 원인은?

① 와전류손을 적게 하기 위하여
② 큐리온도를 높이기 위하여
③ 부하손(동손)을 적게 하기 위하여
④ 히스테리시스손을 적게 하기 위하여

20 정전용량이 0.5[μF], 1[μF]인 콘덴서에 각각 2×10^{-4}[C] 및 3×10^{-4}[C]의 전하를 주고 극성을 같게 하여 병렬로 접속할 때 콘덴서에 축적될 에너지는 몇 [J]인가?

① 0.042
② 0.063
③ 0.083
④ 0.126

정답 | 19 ④ 20 ③

5 전기산업기사 전기자기학 실력 향상문제

01 강자성체에서 자구의 크기에 대한 설명으로 옳은 것은?

① 역자성체를 제외한 다른 자성체에서는 모두 같다.
② 원자나 분자의 질량에 따라 달라진다.
③ 물질의 종류에 관계없이 크기가 모두 같다.
④ 물질의 종류 및 상태에 따라 다르다.

02 평행판 콘덴서의 두 극판 면적을 3배로 하고 간격을 $\frac{1}{2}$배로 하면 정전용량은 처음의 몇 배가 되는가?

① $\frac{3}{2}$ ② $\frac{2}{3}$
③ $\frac{1}{6}$ ④ 6

03 액체 유전체를 넣은 콘덴서의 용량이 20[μF]이다. 여기에 500[kV]의 전압을 가하면 누설전류는 몇 [A]인가? (단, 비유전율 $\epsilon_s = 2.2$, 고유저항 $\rho = 10^{11}$[Ω · m]이다.).

① 4.2 ② 5.13
③ 54.5 ④ 61

04 그림과 같이 도체 1을 도체 2로 포위하여 도체 2를 일정 전위로 유지하고 도체 1과 도체 2의 외측에 도체 3이 있을 때 용량계수 및 유도계수의 성질로 옳은 것은?

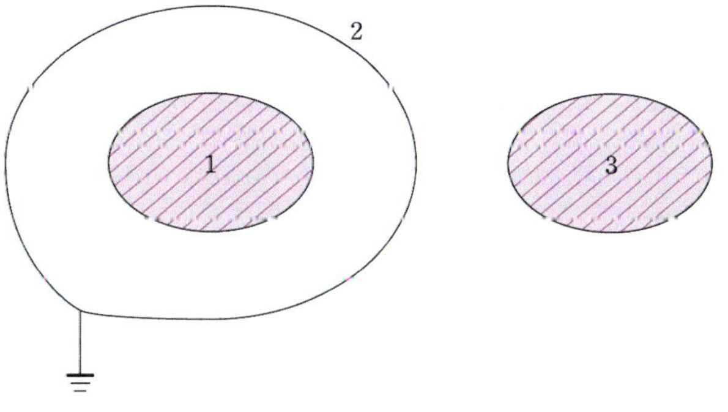

① $q_{21} = -q_{11}$ ② $q_{31} = q_{11}$
③ $q_{13} = -q_{11}$ ④ $q_{23} = q_{11}$

정답 | 01 ④ 02 ④ 03 ② 04 ①

05 반지름 a[m]인 접지 도체구 중심으로부터 d[m]($>a$)인 곳에 점전하 Q[C]이 있으면 구도체에 유기되는 전하량[C]은?

① $-\frac{a}{d}Q$　　② $\frac{a}{d}Q$

③ $-\frac{d}{a}Q$　　④ $\frac{d}{a}Q$

06 반지름 a[m], 선간 거리 d[m]인 평행 도선간의 정전용량[F/m]은? (단, $d \gg a$이다.)

① $\dfrac{2\pi\epsilon_0}{\ln\frac{d}{a}}$　　② $\dfrac{1}{2\pi\epsilon_0\ln\frac{d}{a}}$

③ $\dfrac{1}{2\epsilon_0\ln\frac{d}{a}}$　　④ $\dfrac{\pi\epsilon_0}{\ln\frac{d}{a}}$

07 10[V]의 기전력을 유기시키려면 5[s]간에 몇 [Wb]의 자속을 끊어야 하는가?

① 2　　② $\frac{1}{2}$

③ 10　　④ 50

08 자유공간의 고유 임피던스[Ω]는? (단, ϵ_0는 유전율, μ_0는 투자율이다.)

① $\sqrt{\frac{\epsilon_0}{\mu_0}}$　　② $\sqrt{\frac{\mu_0}{\epsilon_0}}$

③ $\sqrt{\epsilon_0\mu_0}$　　④ $\sqrt{\frac{1}{\epsilon_0\mu_0}}$

09 변위전류에 의하여 전자파가 발생되었을 때, 전자파의 위상은?

① 변위전류보다 90° 늦다.
② 변위전류보다 90° 빠르다.
③ 변위전류보다 30° 빠르다.
④ 변위전류보다 30° 늦다.

정답 | 05 ① 06 ④ 07 ④ 08 ② 09 ①

10 자기 인덕턴스가 L_1, L_2 이고 상호 인덕턴스가 M인 두 회로의 결합계수가 1일 때, 성립되는 식은?

① $L_1 L_2 = M$
② $L_1 L_2 < M^2$
③ $L_1 L_2 > M^2$
④ $L_1 L_2 = M^2$

11 대전 도체의 성질 중 옳지 않은 것은?

① 도체 표면의 전하밀도를 $\sigma[\mathrm{C/m^2}]$이라 하면 표면상의 전계는 $E = \dfrac{\sigma}{\epsilon_0}[\mathrm{V/m}]$이다.
② 도체 표면상의 전계는 면에 대해서 수평이다.
③ 도체 내부의 전계는 0이다.
④ 도체는 등전위이고, 그의 표면은 등전위면이다.

12 내구의 반지름 a, 외구의 반지름 b인 두 동심구 사이의 정전용량[F]은?

① $2\pi\epsilon_0 \dfrac{ab}{b-a}$
② $4\pi\epsilon_0\left(\dfrac{1}{a} - \dfrac{1}{b}\right)$
③ $\dfrac{2\pi\epsilon_0}{\dfrac{1}{a} - \dfrac{1}{b}}$
④ $2\pi\epsilon_0\left(\dfrac{1}{a} - \dfrac{1}{b}\right)$

13 두 자성체가 접했을 때 $\dfrac{\tan\theta_1}{\tan\theta_2} = \dfrac{\mu_1}{\mu_2}$의 관계식에서 $\theta_1 = 0°$일 때의 표현으로 틀린 것은?

① 자기력선은 굴절하지 않는다.
② 자속밀도는 불변이다.
③ 자계는 불연속이다.
④ 자기력선은 투자율이 큰 쪽에 모여진다.

14 v[m/s]의 속도로 전자가 반경이 r[m]인 B[Wb/m]의 평등 자계에 직각으로 들어가면 원운동을 한다. 이때 자계의 세기는? (단, 전자의 질량 m, 전자의 전하는 e 이다.)

① $H = \dfrac{\mu_0 er}{mv}[\mathrm{A/m}]$
② $H = \dfrac{\mu_0 r}{emv}[\mathrm{A/m}]$
③ $H = \dfrac{mv}{\mu_0 er}[\mathrm{A/m}]$
④ $H = \dfrac{emv}{\mu_0 r}[\mathrm{A/m}]$

정답 | 10 ④ 11 ② 12 ③ 13 ④ 14 ③

15 그림과 같이 균일한 자계의 세기 H[AT/m]내에 자극의 세기가 $\pm m$[Wb], 길이 l[m]인 막대자석을 그 중심 주위에 회전할 수 있도록 놓는다. 이때, 자석과 자계의 방향이 이룬 각을 θ라 하면 자석이 받는 회전력[N · m]은?

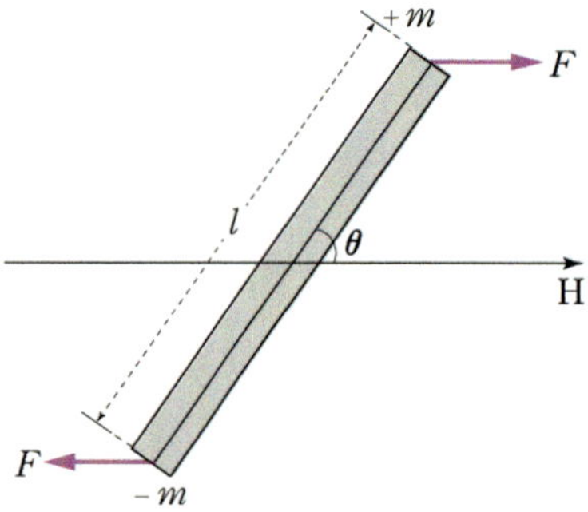

① $mHl\cos\theta$ ② $mHl\sin\theta$

③ $2mHl\sin\theta$ ④ $2mHl\tan\theta$

16 표피깊이 δ를 나타내는 식은? (단, 도전율 k[S/m], 주파수 f[Hz], 투자율 μ[H/m])

① $\delta = \dfrac{1}{\pi f \mu k}$ ② $\delta = \sqrt{\pi f \mu k}$

③ $\delta = \dfrac{1}{\sqrt{\pi f \mu k}}$ ④ $\delta = \pi f \mu k$

17 공기 중에서 평등전계 E[V/m]에 수직으로 비유전율이 ϵ_s인 유전체를 놓았더니 σ_p[C/m^2]의 분극전하가 표면에 생겼다면 유전체 중의 전계강도 E[V/m]는?

① $\dfrac{\sigma_p}{\epsilon_0 \epsilon_s}$ ② $\dfrac{\sigma_p}{\epsilon_0(\epsilon_s - 1)}$

③ $\epsilon_0 \epsilon_s \sigma_p$ ④ $\epsilon_0(\epsilon_s - 1)\sigma_p$

18 전전류 I[A]가 반지름 a[m]인 원주를 균일하게 흐를 때, 원주 내부의 중심에서 r[m] 떨어진 원주 내부 점의 자계의 세기는 몇 [AT/m]인가?

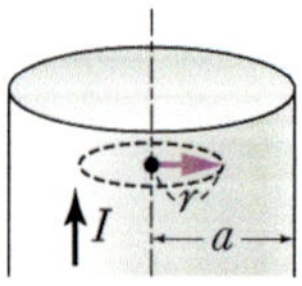

① $\dfrac{rI}{2\pi a^2}$ ② $\dfrac{I}{2\pi a^2}$ ③ $\dfrac{rI}{\pi a^2}$ ④ $\dfrac{I}{\pi a^2}$

정답 | 15 ② 16 ③ 17 ② 18 ①

19 패러데이-노이만 전자유도법칙에 의하여 일반화된 맥스웰 전자방정식의 형은?

① $\nabla \times H = i_C + \frac{\partial D}{\partial t}$

② $\nabla \cdot B = 0$

③ $\nabla \times E = -\frac{\partial B}{\partial t}$

④ $\nabla \cdot D = \rho$

20 공기 중에서 5[V], 10[V]로 대전된 반지름 2[cm], 4[cm]의 2개의 구를 가는 철사로 접속했을 때 공통 전위는 몇 [V]인가?

① 6.25

② 7.5

③ 8.33

④ 10

정답 | 19 ③ 20 ③

1 전기기사 전기자기학 실력 향상문제

01 반자성체의 비투자율(μ_r) 값의 범위는?

① $\mu_r = 1$
② $\mu_r < 1$
③ $\mu_r > 1$
④ $\mu_r = 0$

02 자기회로에서 자기저항의 크기에 대한 설명으로 옳은 것은?

① 자기회로의 길이에 비례
② 자기회로의 단면적에 비례
③ 자성체의 비투자율에 비례
④ 자성체의 비투자율의 제곱에 비례

03 자기 인덕턴스와 상호 인덕턴스와의 관계에서 결합계수 k의 범위는?

① $0 \leq k \leq 1/2$
② $0 \leq k \leq 1$
③ $1 \leq k \leq 2$
④ $1 \leq k \leq 10$

04 전위함수 $V = x^2 + y^2$[V]일 때 점 (3, 4)[m]에서의 등전위선의 반지름은 몇 [m]이며, 전기력선 방정식은 어떻게 되는가?

① 등전위선의 반지름 : 3, 전기력선 방정식 : $y = \frac{3}{4}x$
② 등전위선의 반지름 : 4, 전기력선 방정식 : $y = \frac{4}{3}x$
③ 등전위선의 반지름 : 5, 전기력선 방정식 : $y = \frac{4}{3}y$
④ 등전위선의 반지름 : 5, 전기력선 방정식 : $y = \frac{3}{4}y$

05 공기 중에 있는 무한히 긴 직선 도선에 10[A]의 전류가 흐르고 있을 때 도선으로부터 2[m] 떨어진 점에서의 자속밀도는 몇 [Wb/m²]인가?

① 10^{-5}
② 0.5×10^{-6}
③ 10^{-6}
④ 2×10^{-6}

정답 | 01 ② 02 ① 03 ② 04 ④ 05 ③

06 정전계 해석에 관한 설명으로 틀린 것은?

① 포아송 방정식은 가우스 정리의 미분형으로 구할 수 있다.
② 도체 표면에서의 전계의 세기는 표면에 대해 법선 방향을 갖는다.
③ 라플라스 방정식은 전극이나 도체의 형태에 관계없이 체적 전하밀도가 0인 모든 점에서 $\nabla^2 V=0$을 만족한다.
④ 라플라스 방정식은 비선형 방정식이다.

07 10[mm]의 지름을 가진 동선에 50[A]의 전류가 흐르고 있을 때 단위시간 동안 동선의 단면을 통과하는 전자의 수는 약 몇 개인가?

① 7.85×10^{16}
② 20.45×10^{15}
③ 31.21×10^{19}
④ 50×10^{19}

08 유전율이 ϵ_1, ϵ_2[F/m]인 유전체 경계면에 단위 면적당 작용하는 힘의 크기는 몇 [N/m^2]인가? (단, 전계가 경계면에 수직인 경우이며, 두 유전체에서의 전속밀도는 $D_1=D_2=D$[C/m^2]이다.)

① $2\left(\frac{1}{\epsilon_1}-\frac{1}{\epsilon_2}\right)D^2$
② $2\left(\frac{1}{\epsilon_1}+\frac{1}{\epsilon_2}\right)D^2$
③ $\frac{1}{2}\left(\frac{1}{\epsilon_1}+\frac{1}{\epsilon_2}\right)D^2$
④ $\frac{1}{2}\left(\frac{1}{\epsilon_2}-\frac{1}{\epsilon_1}\right)D^2$

09 반지름 r[m]인 무한장(원통형) 도체에 전류가 균일하게 흐를 때 도체 내부에서 자계의 세기 [AT/m]는?

① 원통 중심축으로부터 거리에 비례한다.
② 원통 중심축으로부터 거리에 반비례한다.
③ 원통 중심축으로부터 거리의 제곱에 비례한다.
④ 원통 중심축으로부터 거리의 제곱에 반비례한다.

10 진계 및 자계의 세기가 각각 E[V/m], H[AT/m]일 때, 포인팅 벡터 P[W/m^2]의 표현으로 옳은 것은?

① $P=1/2E\times H$
② $P=E\ \mathrm{rot}\,H$
③ $P=E\times H$
④ $P=H\ \mathrm{rot}\,E$

정답 | 06 ④ 07 ③ 08 ④ 09 ① 10 ③

11 그림과 같이 내부 도체구 A에 $+Q$[C], 외부 도체구 B에 $-Q$[C]를 부여한 동심 도체구 사이의 정전용량 C[F]는?

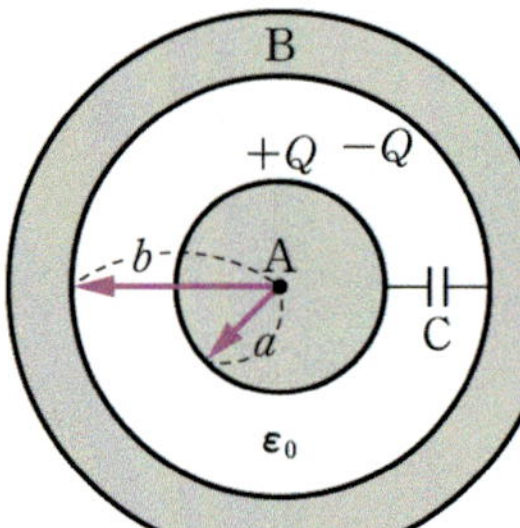

① $4\pi\epsilon_0$ ② $\dfrac{4\pi\epsilon_0 ab}{b-a}$

③ $\dfrac{ab}{4\pi\epsilon_0(b-a)}$ ④ $4\pi\epsilon_0\left(\dfrac{1}{a}-\dfrac{1}{b}\right)$

12 비유전율 ϵ_r이 4인 유전체의 분극률은 진공의 유전율의 몇 배인가?

① 1 ② 3 ③ 9 ④ 12

13 면적이 매우 넓은 두 개의 도체판을 d[m] 간격으로 수평하게 평행 배치하고, 이 평행 도체 판 사이에 놓인 전자가 정지하고 있기 위해서 그 도체 판 사이에 가하여야할 전위차[V]는? (단, g는 중력 가속도이고, m은 전자의 질량이고, e는 전자의 전하량이다.)

① $mged$ ② ed/mg

③ mgd/e ④ mge/d

14 진공 중 3[m] 간격으로 두 개의 평행판 무한평판 도체에 각각 +4[C/m^2], −4[C/m^2]의 전하를 주었을 때, 두 도체 간의 전위차는 약 몇 [V]인가?

① 1.5×10^{11} ② 1.5×10^{12}

③ 1.36×10^{11} ④ 1.36×10^{12}

15 평등자계 내에 전자가 수직으로 입사하였을 때 전자의 운동에 대한 설명으로 옳은 것은?

① 원심력은 전자속도에 반비례한다.

② 구심력은 자계의 세기에 반비례한다.

③ 원운동을 하고, 반지름은 자계의 세기에 비례한다.

④ 원운동을 하고, 반지름은 전자의 회전속도에 비례한다.

정답 | 11 ② 12 ② 13 ③ 14 ④ 15 ④

16 자속밀도 B[(Wb/m^2]의 평등 자계 내에서 길이 l[m] 인 도체 ab가 속도 v[m/s]로 그림과 같이 도선을 따라서 자계와 수직으로 이동할 때, 도체 ab에 의해 유기된 기전력의 크기 e[V]와 폐회로 abcd 내 저항 R에 흐르는 전류의 방향은? (단, 폐회로 abcd 내 도선 및 도체의 저항은 무시한다.)

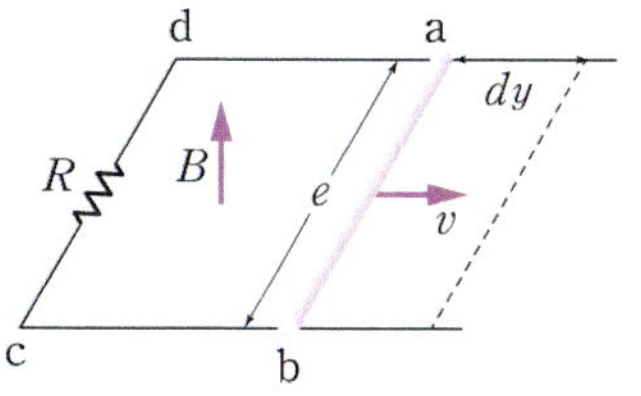

① $e=Blv$, 전류방향 : c → d　　② $e=Blv$, 전류방향 : d → c

③ $e=Blv^2$, 전류방향 : c → d　　④ $e=Blv^2$, 전류방향 : d → c

17 자기유도계수 L의 계산 방법이 아닌 것은? (단, N : 권수, ϕ : 자속[Wb], I : 전류[A], A : 벡터퍼텐셜[Wb/m], i : 전류밀도[A/m^2], B : 자속밀도[Wb/m^2], H : 자계의 세기[AT/m]이다

① $L=\dfrac{N\phi}{I}$　　② $L=\dfrac{\int_v A \cdot idv}{I^2}$

③ $L=\dfrac{\int_v B \cdot Hdv}{I^2}$　　④ $L=\dfrac{\int_v A \cdot idv}{I}$

18 면적이 S[m^2]이고 극간의 거리가 d[m]인 평행판 콘덴서에 비유전율이 ϵ_r인 유전체를 채울 때 정전용량 [F]은? (단, ϵ_0는 진공의 유전율이다.)

① $\dfrac{2\epsilon_0\epsilon_r S}{d}$　　② $\dfrac{2\epsilon_0\epsilon_r S}{\pi d}$

③ $\dfrac{\epsilon_0\epsilon_r S}{d}$　　④ $\dfrac{2\pi\epsilon_0\epsilon_r S}{\pi d}$

19 그림에서 N=1000[회], L=100[cm], S=10[cm^2]인 환상 철심의 자기 회로에 전류 I=10[A]를 흘렸을 때 축적되는 자계 에너지는 몇 [J]인가? (단, 비투자율 μ_r=100이다.)

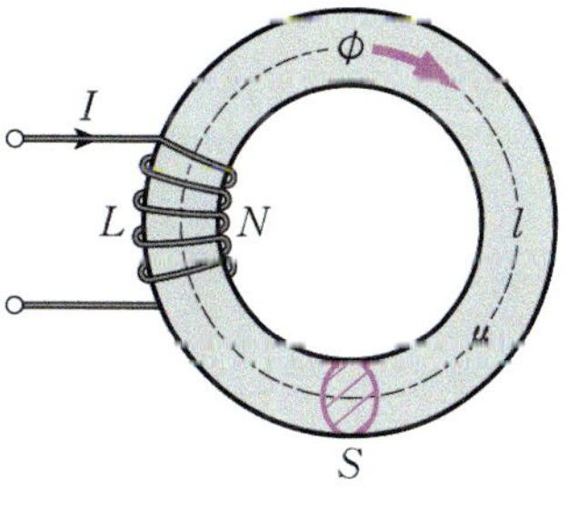

① $2\pi\times10^{-3}$

② $2\pi\times10^{-2}$

③ $2\pi\times10^{-1}$

④ 2π

정답 | 16 ① 17 ④ 8 ③ 19 ④

20 20[℃]에서 저항의 온도계수가 0.002인 니크롬선의 저항이 100[Ω]이다. 온도가 60[℃]로 상승되면 저항은 몇 [Ω]이 되겠는가?

① 108
② 112
③ 115
④ 120

정답 | 20 ①

2 전기기사 전기자기학 실력 향상문제

01 분극의 세기 P, 전계 E, 전속밀도 D의 관계를 나타낸 것으로 옳은 것은? (단, ϵ_0는 진공의 유전율이고, ϵ_r은 유전체의 비유전율이고, ϵ은 유전체의 유전율이다.)

① $P=\epsilon_0(\epsilon+1)E$
② $E=\dfrac{D+P}{\epsilon_0}$
③ $P=D-\epsilon_0 E$
④ $\epsilon_0 = D-E$

02 그림과 같은 직사각형의 평면 코일이 $B=\dfrac{0.05}{\sqrt{2}}(a_x+a_y)$[Wb/m^2]인 자계에 위치하고 있다. 이 코일에 흐르는 전류가 5[A]일 때 z축에 있는 코일에서의 토크는 약 몇 [N·m]인가?

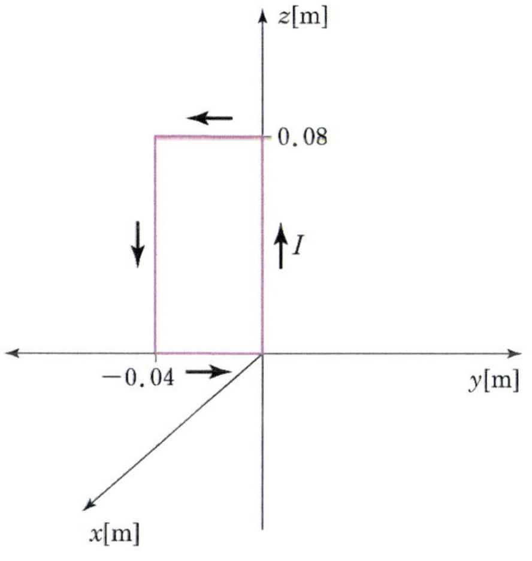

① $2.66\times10^{-4}a_x$
② $5.66\times10^{-4}a_x$
③ $2.66\times10^{-4}a_z$
④ $5.66\times10^{-4}a_z$

03 내부 장치 또는 공간을 물질로 포위시켜 외부 자계의 영향을 차폐시키는 방식을 자기차폐라 한다. 다음 중 자기차폐에 가장 적합한 것은?

① 비투자율이 1보다 작은 역자성체
② 강자성체 중에서 비투자율이 큰 물질
③ 강자성체 중에서 비투자율이 작은 물질
④ 비투자율에 관계없이 물질의 두께에만 관계되므로 되도록이면 두꺼운 물질

정답 | 01 ③ 02 ④ 03 ②

04 주파수가 100[MHz]일 때 구리의 표피두께(skin depth)는 약 몇 [mm]인가? (단, 구리의 도전율은 5.9×10^7[℧/m]이고, 비투자율은 0.99이다.)

① 3.3×10^{-2} ② 6.6×10^{-2}
③ 3.3×10^{-3} ④ 6.6×10^{-3}

05 압전기 현상에서 전기 분극이 기계적 응력에 수직한 방향으로 발생하는 현상은?

① 종효과 ② 횡효과
③ 역효과 ④ 직접효과

06 구리의 고유저항은 20[℃]에서 1.69×10^{-8}[Ω · m]이고 온도계수는 0.00393이다. 단면적이 2[mm^2]이고 100[m]인 구리선의 저항값은 40[℃]에서 약 몇 [Ω]인가?

① 0.91×10^{-3} ② 1.89×10^{-3}
③ 0.91 ④ 1.89

07 전위경도 V와 전계 E의 관계식은?

① $E = \text{grad } V$ ② $E = \text{div } V$
③ $E = -\text{grad } V$ ④ $E = -\text{div } V$

08 정전계에서 도체에 정(+)의 전하를 주었을 때의 설명으로 틀린 것은?

① 도체 표면의 곡률 반지름이 작은 곳에 전하가 많이 분포한다.
② 도체 외측의 표면에만 전하가 분포한다.
③ 도체 표면에서 수직으로 전기력선이 출입한다.
④ 도체 내에 있는 공동면에도 전하가 골고루 분포한다.

09 평행 도선에 같은 크기의 왕복 전류가 흐를 때 두 도선 사이에 작용하는 힘에 대한 설명으로 옳은 것은?

① 흡인력이다.
② 전류의 제곱에 비례한다.
③ 주위 매질의 투자율에 반비례한다.
④ 두 도선 사이 간격의 제곱에 반비례한다.

정답 | 04 ④ 05 ② 06 ③ 07 ③ 08 ④ 09 ②

10 비유전율 3, 비투자율 3인 매질에서 전자기파의 진행속도 v[m/s]와 진공에서의 속도 v_0[m/s]의 관계는?

① $v=\frac{1}{9}v_0$　　② $v=\frac{1}{3}v_0$

③ $v=3v_0$　　④ $v=9v_0$

11 대지의 고유저항이 ρ[Ω · m]일 때 반지름이 a[m]인 그림과 같은 반구 접지극의 접지저항[Ω]은?

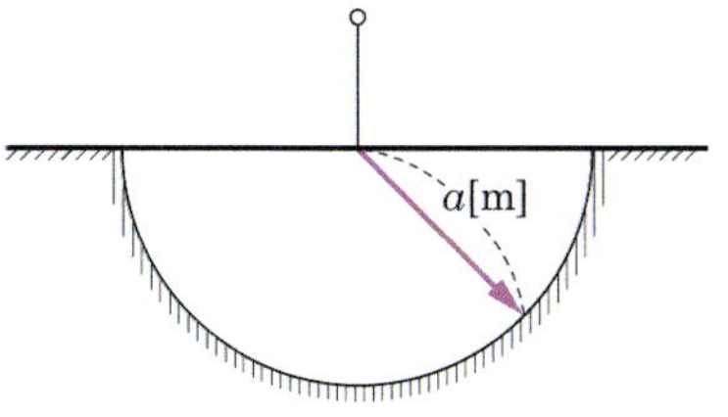

① $\rho/4\pi a$　　② $\rho/2\pi a$

③ $2\pi\rho/a$　　④ $2\pi\rho a$

12 공기 중에서 2[V/m]의 전계의 세기에 의한 변위전류밀도의 크기를 2[A/m^2]으로 흐르게 하려면 전계의 주파수는 약 몇 [MHz]가 되어야 하는가?

① 9000　　② 18000

③ 36000　　④ 72000

13 2장의 무한 평판 도체를 4[cm]의 간격으로 놓은 후 평판 도체 간에 일정한 전계를 인가하였더니 평판 도체 표면에 2[μC/m^2]의 전하밀도가 생겼다. 이 때 평행 도체 표면에 작용하는 정전응력은 약 몇 [N/m^2]인가?

① 0.057　　② 0.226

③ 0.57　　④ 2.26

14 자성체 내의 자계의 세기가 H[AT/m]이고 자속밀도가 B[Wb/m^2]일 때, 자계 에너지 밀도[J/m^3]는?

① HB　　② $\frac{1}{2\mu}H^2$

③ $\frac{\mu}{2}B^2$　　④ $\frac{1}{2\mu}B^2$

정답 | 10 ② 11 ② 12 ② 13 ② 14 ④

15 임의의 방향으로 배열되었던 강자성체의 자구가 외부 자기장의 힘이 일정치 이상이 되는 순간에 급격히 회전하여 자기장의 방향으로 배열되고 자속밀도가 증가하는 현상을 무엇이라 하는가?

① 자기여효과(magnetic after effect)
② 바크하우젠 효과(Barkhausen effect)
③ 자기왜현상(magneto-striction effect)
④ 핀치 효과(Pinch effect)

16 반지름이 5[mm], 길이가 15[mm], 비투자율이 50인 자성체 막대에 코일을 감고 전류를 흘려서 자성체 내의 자속밀도를 50[Wb/m^2]으로 하였을 때 자성체 내에서의 자계의 세기는 몇 [A/m]인가?

① $10^7/\pi$ ② $10^7/2\pi$
③ $10^7/4\pi$ ④ $10^7/8\pi$

17 반지름이 30[cm]인 원판 전극의 평행판 콘덴서가 있다. 전극의 간격이 0.1[cm]이며 전극 사이 유전체의 비유전율이 4.0이라 한다. 이 콘덴서의 정전용량은 약 몇 [μF]인가?

① 0.01 ② 0.02
③ 0.03 ④ 0.04

18 한 변의 길이가 l[m]인 정사각형 도체 회로에 전류 I[A]를 흘릴 때 회로의 중심점에서의 자계의 세기는 몇 [AT/m]인가?

① $\dfrac{2I}{\pi l}$ ② $\dfrac{I}{\sqrt{2}\,\pi l}$
③ $\dfrac{\sqrt{2}\,I}{\pi l}$ ④ $\dfrac{2\sqrt{2}\,I}{\pi l}$

19 정전용량이 각각 $C_1 = 1[\mu\text{F}]$, $C_2 = 2[\mu\text{F}]$인 도체에 전하 $Q_1 = -5[\mu\text{C}]$, $Q_2 = 2[\mu\text{C}]$을 각각 주고 각 도체를 가는 철사로 연결하였을 때 C_1에서 C_2로 이동하는 전하 $Q[\mu\text{C}]$는?

① −4 ② −3.5
③ −3 ④ −1.5

20 정전용량이 0.03[μF]인 평행판 공기 콘덴서의 두 극판 사이에 절반 두께의 비유전율 10인 유리판을 극판과 평행하게 넣었다면 이 콘덴서의 정전용량은 약 몇 [μF]이 되는가?

① 1.83 ② 18.3
③ 0.055 ④ 0.55

정답 | 15 ② 16 ③ 17 ① 18 ④ 19 ① 20 ③

3 전기기사 전기자기학 실력 향상문제

01 서로 같은 2개의 구 도체에 동일양의 전하로 대전시킨 후 20[cm] 떨어뜨린 결과 구 도체에 서로 8.6×10^{-4}[N]의 반발력이 작용하였다. 구 도체에 주어진 전하는 약 몇 [C]인가?

① 5.2×10^{-8}　　② 6.2×10^{-8}

③ 7.2×10^{-8}　　④ 8.2×10^{-8}

02 정전계 내 도체 표면에서 전계의 세기가 $E=\dfrac{a_x-2a_y+2a_z}{\epsilon_0}$[V/m]일 때 도체 표면상의 전하 밀도 ρ_s[C/m²]를 구하면? 단, 자유공간이다.

① 1　　② 2

③ 3　　④ 5

03 영구자석 재료로 사용하기에 적합한 특성은?

① 잔류자기와 보자력이 모두 큰 것이 적합하다.

② 잔류자기는 크고 보자력은 작은 것이 적합하다.

③ 잔류자기는 작고 보자력은 큰 것이 적합하다.

④ 잔류자기와 보자력이 모두 작은 것이 적합하다.

04 자기회로와 전기회로에 대한 설명으로 틀린 것은?

① 자기저항의 역수를 컨덕턴스라고 한다.

② 자기회로의 투자율은 전기회로의 도전율에 대응된다.

③ 전기회로의 전류는 자기회로의 자속에 대응된다.

④ 자기저항의 단위는 [AT/Wb]이다.

05 저항의 크기가 1[Ω]인 전선이 있다. 전선의 체적을 동일하게 유지하면서 길이를 2배로 늘였을 때 전선의 저항[Ω]은?

① 0.5　　② 1

③ 2　　④ 4

정답 | 01 ②　02 ③　03 ①　04 ①　05 ④

06 자속밀도가 10[Wb/m^2]인 자계 내에 길이 4[cm]의 도체를 자계와 직각으로 놓고 이 도체를 0.4초 동안 1[m]씩 균일하게 이동하였을 때 발생하는 기전력은 몇 [V]인가?

① 1　② 2
③ 3　④ 4

07 진공 중에서 전자파의 전파속도[m/s]는?

① $C_0 = \frac{1}{\sqrt{\epsilon_0 \mu_0}}$　② $C_0 = \sqrt{\epsilon_0 \mu_0}$
③ $C_0 = \frac{1}{\sqrt{\epsilon_0}}$　④ $C_0 = \frac{1}{\sqrt{\mu_0}}$

08 유전율이 ϵ_1, ϵ_2인 유전체 경계면에 수직으로 전계가 작용할 때 단위 면적당 수직으로 작용하는 힘 [N/m^2]은? (단, E는 전계 [V/m]이고, D는 전속밀도 [C/m^2]이다.)

① $2\left(\frac{1}{\epsilon_2} - \frac{1}{\epsilon_1}\right)E^2$　② $2\left(\frac{1}{\epsilon_2} - \frac{1}{\epsilon_1}\right)D^2$
③ $\frac{1}{2}\left(\frac{1}{\epsilon_2} - \frac{1}{\epsilon_1}\right)E^2$　④ $\frac{1}{2}\left(\frac{1}{\epsilon_2} - \frac{1}{\epsilon_1}\right)D^2$

09 반지름이 3[cm]인 원형 단면을 가지고 있는 환상 연철심에 코일을 감고 여기에 전류를 흘려서 철심 중의 자계 세기가 400[AT/m]가 되도록 여자할 때, 철심 중의 자속 밀도는 약 몇 [Wb/m^2]인가? (단, 철심의 비투자율은 400이라고 한다.)

① 0.2　② 0.8
③ 1.6　④ 2.0

10 내부 원통의 반지름이 a, 외부 원통의 반지름이 b인 동축 원통 콘덴서의 내외 원통 사이에 공기를 넣었을 때 정전용량이 C_1이었다. 내외 반지름을 모두 3배로 증가시키고 공기 대신 비유전율이 3인 유전체를 넣었을 경우의 정전용량 C_2는?

① $C_2 = \frac{C_1}{9}$　② $C_2 = \frac{C_1}{3}$
③ $C_2 = 3C_1$　④ $C_2 = 9C_1$

정답 | 06 ①　07 ①　08 ④　09 ①　10 ③

11 변위전류와 관계가 가장 깊은 것은?

① 도체　　② 반도체
③ 자성체　　④ 유전체

12 자기 인덕턴스(self inductance) L[H]을 나타낸 식은? (단, N은 권선수, I는 전류[A], ϕ는 자속[Wb], B는 자속밀도[Wb/m^2], A는 벡터 퍼텐셜[Wb/m], J는 전류밀도 [A/m^2]이다.)

① $L = \dfrac{N\phi}{I^2}$　　② $L - \dfrac{1}{2I^2}\int B \cdot H\,dv$
③ $L = \dfrac{1}{I^2}\int A \cdot J\,dv$　　④ $L = \dfrac{1}{I}\int B \cdot H\,dv$

13 환상 솔레노이드 철심 내부에서 자계의 세기[AT/m]는? (단, N은 코일 권선수, r은 환상 철심의 평균 반지름, I는 코일에 흐르는 전류이다.)

① NI　　② $NI/2\pi r$
③ $NI/2r$　　④ $NI/4\pi r$

14 임의의 형상의 도선에 전류 I[A]가 흐를 때, 거리 r[m]만큼 떨어진 점에서의 자계의 세기 H[AT/m]를 구하는 비오-사바르의 법칙에서, 자계의 세기 H[AT/m]와 거리 r[m]의 관계로 옳은 것은?

① r에 반비례　　② r에 비례
③ r^2에 반비례　　④ r^2에 비례

15 다음 정전계에 관한 식 중에서 틀린 것은? (단, D는 전속밀도, V는 전위, ρ는 공간(체적)전하밀도, ϵ은 유전율이다.)

① 가우스의 정리 : $\mathrm{div}D = \rho$
② 포아송의 방정식 : $\nabla^2 V = \rho/\epsilon$
③ 라플라스의 방정식 : $\nabla^2 V = 0$
④ 발산의 정리 : $\oint_s D \cdot ds = \int_v \mathrm{div}D\,dv$

정답 | 11 ④　12 ③　13 ②　14 ③　15 ②

16 길이가 l[m], 단면적의 반지름이 a[m]인 원통이 길이 방향으로 균일하게 자화되어 자화의 세기가 J[Wb/m^2]인 경우, 원통 양단에서의 자극의 세기 m[Wb]은?

① alJ ② $2\pi alJ$

③ $\pi a^2 J$ ④ $J/\pi a^2$

17 질량 [m]이 10^{-10}[kg]이고, 전하량(Q)이 10^{-8}[C]인 전하가 전기장에 의해 가속되어 운동하고 있다. 가속도가 $a=10^2 i+10^2 j$[m/s^2]일 때 전기장의 세기 E[V/m]는?

① $E=10^4 i+10^5 j$ ② $E=i+10j$

③ $E=i+j$ ④ $E=10^{-6}+10^{-4}j$

18 전류 I가 흐르는 무한 직선 도체가 있다. 이 도체로부터 수직으로 0.1[m] 떨어진 점에서 자계의 세기가 180[AT/m]이다. 도체로부터 수직으로 0.3[m] 떨어진 점에서 자계의 세기[AT/m]는?

① 20 ② 60

③ 180 ④ 540

19 반지름이 a[m], b[m]인 두 개의 구 형상 도체 전극이 도전율 k인 매질 속에 거리 r[m]만큼 떨어져 있다. 양 전극 간의 저항[Ω]은? (단, $r \gg a$, $r \gg b$이다.)

① $4\pi k\left(\frac{1}{a}+\frac{1}{b}\right)$ ② $4\pi k\left(\frac{1}{a}-\frac{1}{b}\right)$

③ $\frac{1}{4\pi k}\left(\frac{1}{a}+\frac{1}{b}\right)$ ④ $\frac{1}{4\pi k}\left(\frac{1}{a}-\frac{1}{b}\right)$

20 진공 중에서 2[m] 떨어진 두 개의 무한 평행 도선에 단위 길이 당 10^{-7}[N]의 반발력이 작용할 때 각 도선에 흐르는 전류의 크기와 방향은? (단, 각 도선에 흐르는 전류의 크기는 같다.)

① 각 도선에 2[A]가 반대 방향으로 흐른다.

② 각 도선에 2[A]가 같은 방향으로 흐른다.

③ 각 도선에 1[A]가 반대 방향으로 흐른다.

④ 각 도선에 1[A]가 같은 방향으로 흐른다.

정답 | 16 ③ 17 ③ 18 ② 19 ③ 20 ③

4 전기기사 전기자기학 실력 향상문제

01 평등 전계 중에 유전체 구에 의한 전속 분포가 그림과 같이 되었을 때 ϵ_1과 ϵ_2의 크기 관계는?

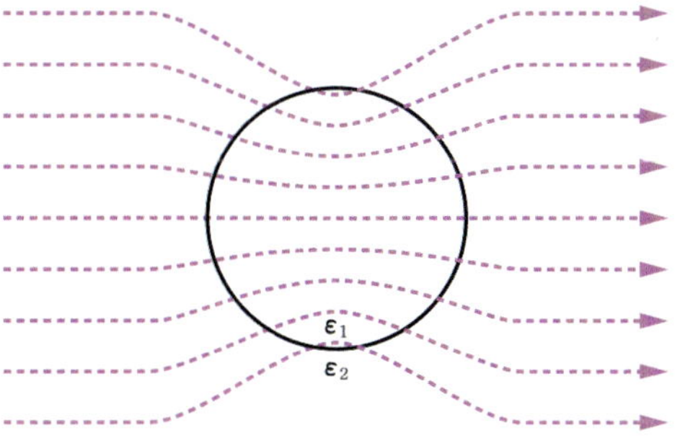

① $\epsilon_1 > \epsilon_2$ ② $\epsilon_1 < \epsilon_2$

③ $\epsilon_1 = \epsilon_2$ ④ $\epsilon_1 \leq \epsilon_2$

02 커패시터를 제조하는 데 4가지(A, B, C, D)의 유진재료가 있다. 커패시터 내의 진계를 일징하게 하였을 때, 단위체적당 가장 큰 에너지 밀도를 나타내는 재료부터 순서대로 나열한 것은? (단, 유전재료 A, B, C, D의 비유전율은 각각 $\epsilon_{rA}=8$, $\epsilon_{rB}=10$, $\epsilon_{rC}=2$, $\epsilon_{rD}=4$이다.)

① C > D > A > B ② B > A > D > C

③ D > A > C > B ④ A > B > D > C

03 정상전류계에서 $\nabla \cdot i = 0$에 대한 설명으로 틀린 것은?

① 도체 내에 흐르는 전류는 연속이다.

② 도체 내에 흐르는 전류는 일정하다.

③ 단위 시간당 전하의 변화가 없다.

④ 도체 내에 전류가 흐르지 않는다.

04 진공 내의 점 (2, 2, 2)에 10^{-9}의 전하가 놓여 있다. 점 (2, 5, 6)에서의 전계 E는 약 몇 [V/m]인가? (단, a_y, a_z는 단위벡터이다.)

① $0.278a_y+2.888a_z$ ② $0.216a_y+0.288a_z$

③ $0.288a_y+0.216a_z$ ④ $0.291a_y+0.288a_z$

정답 | 01 ① 02 ② 3 ④ 04 ②

05 방송국 안테나 출력이 W[W]이고 이로부터 진공 중에 r[m] 떨어진 점에서 자계의 세기의 실효치는 약 몇 [A/m]인가?

① $\frac{1}{r}\sqrt{\frac{W}{377\pi}}$ ② $\frac{1}{2r}\sqrt{\frac{W}{377\pi}}$

③ $\frac{1}{2r}\sqrt{\frac{W}{188\pi}}$ ④ $\frac{1}{r}\sqrt{\frac{2W}{377\pi}}$

06 반지름이 a[m]인 원형 도선 2개의 루프가 z축 상에 그림과 같이 놓인 경우 I[A]의 전류가 흐를 때 원형전류 중심축상의 자계 H[A/m]는? (단, a_z, a_ϕ는 단위벡터이다.)

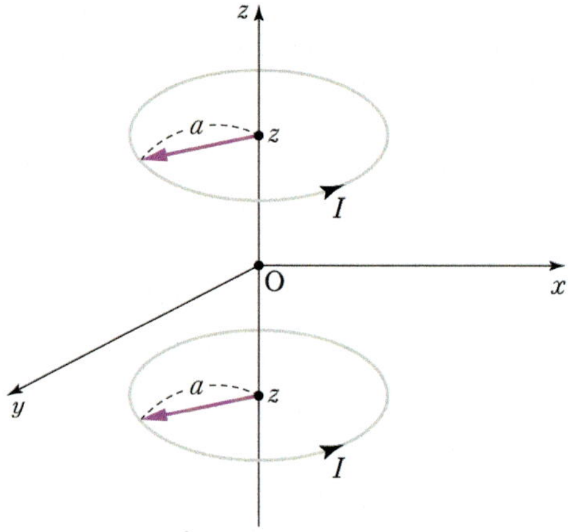

① $H=\frac{a^2 I}{(a^2+z^2)^{3/2}}a_\phi$ ② $H=\frac{a^2 I}{(a^2+z^2)^{3/2}}a_z$

③ $H=\frac{a^2 I}{2(a^2+z^2)^{3/2}}a_\phi$ ④ $H=\frac{a^2 I}{2(a^2+z^2)^{3/2}}a_z$

07 직교하는 무한 평판도체와 점전하에 의한 영상전하는 몇 개 존재하는가?

① 2 ② 3

③ 4 ④ 5

08 전하 e[C], 질량 m[kg]인 전자가 전계 E[V/m] 내에 놓여 있을 때 최초에 정지하고 있었다면 t초 후에 전자의 속도[m/s]는?

① $\frac{meE}{t}$ ② $\frac{me}{E}t$

③ $\frac{mE}{e}t$ ④ $\frac{Ee}{m}t$

정답 | 05 ② 06 ② 07 ② 08 ④

09 그림과 같은 환상 솔레노이드 내의 철심 중심에서의 자계의 세기 H[AT/m]는? (단, 환상 철심의 평균 반지름은 r[m], 코일의 권수는 N회, 코일에 흐르는 전류는 I[A]이다.)

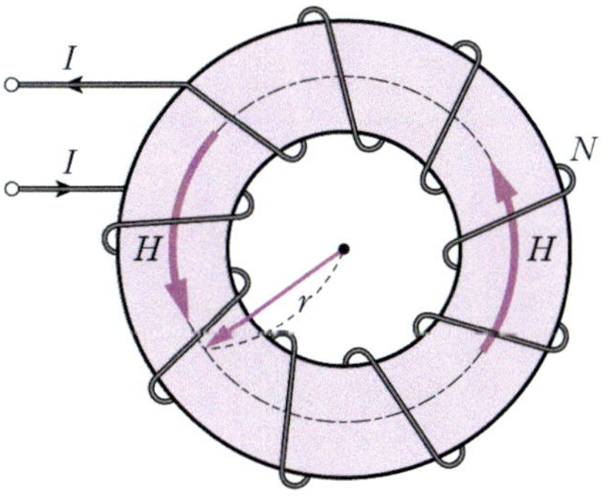

① $\frac{NI}{\pi r}$　② $\frac{NI}{2\pi r}$

③ $\frac{NI}{4\pi r}$　④ $\frac{NI}{2r}$

10 환상 솔레노이드 단면적이 S, 평균 반지름이 r, 권선수가 N이고 누설자속이 없는 경우 자기 인덕턴스의 크기는?

① 권선수 및 단면적에 비례한다.

② 권선수의 제곱 및 단면적에 비례한다.

③ 권선수의 제곱 및 평균 반지름에 비례한다.

④ 권선수의 제곱에 비례하고 단면적에 반비례한다.

11 다음 중 비투자율(μ_r)이 가장 큰 것은?

① 금　② 은

③ 구리　④ 니켈

12 한 변의 길이가 l[m]인 정사각형 도체에 전류 I[A]가 흐르고 있을 때 중심점 P에서의 자계의 세기는 몇 [A/m]인가?

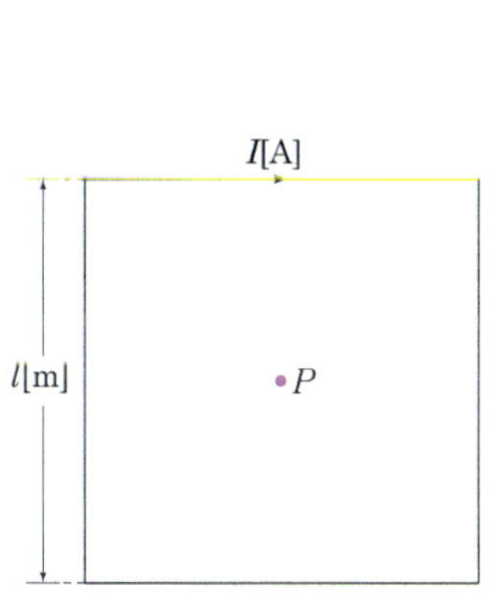

① $16\pi l I$

② $4\pi l I$

③ $\frac{\sqrt{3}\,\pi}{2l} I$

④ $\frac{2\sqrt{2}}{\pi l} I$

정답 | 09 ② 10 ② 11 ④ 12 ④

13 간격이 3[cm]이고 면적이 30[cm^2]인 평판의 공기 콘덴서에 220[V]의 전압을 가하면 두 판 사이에 작용하는 힘은 약 몇 [N]인가?

① 6.3×10^{-6}　　② 7.14×10^{-7}
③ 8×10^{-5}　　④ 5.75×10^{-4}

14 비유전율이 2이고, 비투자율이 2인 매질 내에서의 전자파의 전파속도 v[m/s]와 진공 중의 빛의 속도 v_0[m/s] 사이 관계는?

① $v=\frac{1}{2}v_0$　　② $v=\frac{1}{4}v_0$
③ $v=\frac{1}{6}v_0$　　④ $v=\frac{1}{8}v_0$

15 영구자석의 재료로 적합한 것은?

① 잔류 자속밀도(B_r)는 크고, 보자력(H_c)은 작아야 한다.
② 잔류 자속밀도(B_r)는 작고, 보자력(H_c)은 커야 한다.
③ 잔류 자속밀도(B_r)와 보자력(H_c) 모두 작아야 한다.
④ 잔류 자속밀도(B_r)와 보자력(H_c) 모두 커야 한다.

16 전계 E[V/m], 전속밀도 D[C/m^2], 유전율 $\epsilon=\epsilon_0\epsilon_r$[F/m], 분극의 세기 P[C/m^2] 사이의 관계를 나타낸 것으로 옳은 것은?

① $P=D+\epsilon_0 E$　　② $P=D-\epsilon_0 E$
③ $P=\frac{D+E}{\epsilon_0}$　　④ $P=\frac{D-E}{\epsilon_0}$

17 동일한 금속 도선의 두 점 사이에 온도차를 주고 전류를 흘렸을 때 열의 발생 또는 흡수가 일어나는 현상은?

① 펠티에(Peltier) 효과　　② 볼타(Volta) 효과
③ 제백(Seebeck) 효과　　④ 톰슨(Thomson) 효과

18 강자성체가 아닌 것은?

① 코발트　　② 니켈
③ 철　　④ 구리

정답 | 13 ② 14 ① 15 ④ 16 ② 17 ④ 18 ④

19 내구의 반지름이 2[cm], 외구의 반지름이 3[cm]인 동심 구 도체 간의 고유저항이 $1.884 \times 10^{2}[\Omega \cdot m]$인 저항 물질로 채어져 있을 때, 내외구 간의 합성 저항은 약 몇 [Ω]인가?

① 2.5 ② 5.0

③ 250 ④ 500

20 비투자율 $\mu_r = 800$, 원형 단면적이 $S = 10[cm^2]$, 평균 자로 길이 $l = 16\pi \times 10^{-2}[m]$의 환상 철심에 600회의 코일을 감고 이 코일에 1[A]의 전류를 흘리면 환상 철심 내부의 자속은 몇 [Wb]인가?

① 1.2×10^{-3} ② 1.2×10^{-5}

③ 2.4×10^{-3} ④ 2.4×10^{-5}

정답 | 19 ③ 20 ①

5 전기기사 전기자기학 실력 향상문제

01 전기력선의 성질에 대한 설명으로 옳은 것은?

① 전기력선은 등전위면과 평행하다.
② 전기력선은 도체 표면과 직교한다.
③ 전기력선은 도체 내부에 존재할 수 있다.
④ 전기력선은 전위가 낮은 점에서 높은 점으로 향한다.

02 유전율 ϵ, 전계의 세기 E인 유전체의 단위 체적당 축적되는 정전에너지는?

① $E/2\epsilon$
② $\epsilon E/2$
③ $\epsilon E^2/2$
④ $\epsilon^2 E^2/2$

03 와전류가 이용되고 있는 것은?

① 수중 음파 탐지기
② 레이더
③ 자기 브레이크(magnetic brake)
④ 사이클로트론(cyclotron)

04 전계 $E = \dfrac{2}{x}\hat{x} + \dfrac{2}{y}\hat{y}$[V/m]에서 점(3, 5)[m]를 통과하는 전기력선의 방정식은? (단, $\hat{x}$, $\hat{y}$는 단위벡터이다.)

① $x^2 + y^2 = 12$
② $y^2 - x^2 = 12$
③ $x^2 + y^2 = 16$
④ $y^2 - x^2 = 16$

05 단면적이 균일한 환상철심에 권수 N_A인 A코일과 권수 N_B인 B코일이 있을 때, B코일의 자기 인덕턴스가 L_A[H]라면 두 코일의 상호 인덕턴스[H]는? (단, 누설자속은 0이다.)

① $L_A N_A / N_B$
② $L_A N_B / N_A$
③ $N_A / L_A N_B$
④ $N_B / L_A N_A$

정답 | 01 ② 02 ③ 03 ③ 04 ④ 05 ①

06 평등자계와 직각방향으로 일정한 속도로 발사된 전자의 원운동에 관한 설명으로 옳은 것은?

① 플레밍의 오른손법칙에 의한 로렌츠의 힘과 원심력의 평형 원운동이다.
② 원의 반지름은 전자의 발사속도와 전계의 세기의 곱에 반비례한다.
③ 전자의 원운동 주기는 전자의 발사 속도와 무관하다.
④ 전자의 원운동 주파수는 전자의 질량에 비례한다.

07 전계 E[V/m]가 두 유전체의 경계면에 평행으로 작용하는 경우 경계면에 단위면적당 작용하는 힘의 크기는 몇 [N/m^2]인가? (단, ϵ_1, ϵ_2는 각 유전체의 유전율이다.)

① $f = E^2(\epsilon_1 - \epsilon_2)$
② $f = \frac{1}{E^2}(\epsilon_1 - \epsilon_2)$
③ $f = \frac{1}{2}E^2(\epsilon_1 - \epsilon_2)$
④ $f = \frac{1}{2E^2}(\epsilon_1 - \epsilon_2)$

08 진공 중의 평등자계 H_0 중에 반지름이 a[m]이고, 투자율이 μ인 구 자성체가 있다. 이 구 자성체의 감자율은? (단, 구 자성체 내부의 자계는 $H = \frac{3\mu_0}{2\mu_0 + \mu}H_0$이다.)

① 1
② 1/2
③ 1/3
④ 1/4

09 진공 중에 서로 떨어져 있는 두 도체 A, B가 있다. 도체 A에만 1[C]의 전하를 줄 때, 도체 A, B의 전위가 각각 3[V], 2[V]이었다. 지금 도체 A, B에 각각 1[C]과 2[C]의 전하를 주면 도체 A의 전위는 몇 [V]인가?

① 6
② 7
③ 8
④ 9

10 진공 중에 놓인 Q[C]의 전하에서 발산되는 전기력선의 수는?

① Q
② ϵ_0
③ Q/ϵ_0
④ ϵ_0/Q

11 비투자율이 50인 환상 철심을 이용하여 100[cm] 길이의 자기회로를 구성할 때 자기저항을 2.0×10^7[AT/Wb] 이하로 하기 위해서는 철심의 단면적을 약 몇 [m^2] 이상으로 하여야 하는가?

① 3.6×10^{-4}
② 6.4×10^{-4}
③ 8.0×10^{-4}
④ 9.2×10^{-4}

정답 | 06 ③ 07 ③ 08 ③ 09 ② 10 ③ 11 ③

12 한 변의 길이가 4[m]인 정사각형의 루프에 1[A]의 전류가 흐를 때, 중심점에서의 자속밀도 B는 약 몇 [Wb/m²]인가?

① 2.83×10^{-7} ② 5.65×10^{-7}

③ 11.31×10^{-7} ④ 14.14×10^{-7}

13 비투자율이 350인 환상철심 내부의 평균 자계의 세기가 342[AT/m]일 때 자화의 세기는 약 몇 [Wb/m²]인가?

① 0.12 ② 0.15

③ 0.18 ④ 0.21

14 전계 $E=\sqrt{2}E_e\sin\omega\left(t-\frac{x}{c}\right)$[V/m]의 평면 전자파가 있다. 진공 중에서 자계의 실효값은 몇 [A/m]인가?

① $\frac{1}{4\pi}E_e$ ② $\frac{1}{36\pi}E_e$

③ $\frac{1}{120\pi}E_e$ ④ $\frac{1}{360\pi}E_e$

15 공기 중에서 반지름 0.03[m]의 구도체에 줄 수 있는 최대 전하는 약 몇 [C]인가? (단, 이 구도체의 주위 공기에 대한 절연내력은 5×10^6[V/m]이다.)

① 5×10^{-7} ② 2×10^{-6}

③ 5×10^{-5} ④ 2×10^{-4}

16 공기 중에서 전자기파의 파장이 3[m]라면 그 주파수는 몇 [MHz]인가?

① 100 ② 300

③ 1000 ④ 3000

정답 I 12 ① 13 ② 14 ③ 15 ① 16 ①

17 두 종류의 유전율(ϵ_1, ϵ_2)을 가진 유전체가 서로 접하고 있는 경계면에 진전하가 존재하지 않을 때 성립하는 경계조건으로 옳은 것은? (단, E_1, E_2는 각 유전체에서의 전계이고, D_1, D_2는 각 유전체에서의 전속밀도이고, θ_1, θ_2는 각각 경계면의 법선벡터와 E_1, E_2가 이루는 각이다.)

① $E_1\cos\theta_1 = E_2\cos\theta_2$, $D_1\sin\theta_1 = D_2\sin\theta_2$, $\dfrac{\tan\theta_1}{\tan\theta_2} = \dfrac{\epsilon_2}{\epsilon_1}$

② $E_1\cos\theta_1 = E_2\cos\theta_2$, $D_1\sin\theta_1 = D_2\sin\theta_2$, $\dfrac{\tan\theta_1}{\tan\theta_2} = \dfrac{\epsilon_1}{\epsilon_2}$

③ $E_1\sin\theta_1 = E_2\sin\theta_2$, $D_1\cos\theta_1 = D_2\cos\theta_2$, $\dfrac{\tan\theta_1}{\tan\theta_2} = \dfrac{\epsilon_2}{\epsilon_1}$

④ $E_1\sin\theta_1 = E_2\sin\theta_2$, $D_1\cos\theta_1 = D_2\cos\theta_2$, $\dfrac{\tan\theta_1}{\tan\theta_2} = \dfrac{\epsilon_1}{\epsilon_2}$

18 공기 중에 있는 반지름 a[m]의 독립 금속구의 정전용량은 몇 [F]인가?

① $2\pi\epsilon_0 a$　　② $4\pi\epsilon_0 a$

③ $1/2\pi\epsilon_0 a$　　④ $1/4\pi\epsilon_0 a$

19 자속밀도가 10[Wb/m^2]인 자계 중에 10[cm] 도체를 자계와 60°의 각도로 30[m/s]로 움직일 때, 이 도체에 유기되는 기전력은 몇 [V]인가?

① 15　　② $15\sqrt{3}$

③ 1500　　④ $1500\sqrt{3}$

20 원점에 1[μC]의 점전하가 있을 때 점 P(2, −2, 4)[m]에서의 전계의 세기에 대한 단위벡터는 약 얼마인가?

① $0.41a_x - 0.41a_y + 0.8a_z$　　② $-0.33a_x + 0.33a_y - 0.6a_z$

③ $-0.41a_x + 0.41a_y - 0.8a_z$　　④ $0.33a_x - 0.33a_y + 0.6a_z$

정답 | 17 ④　18 ②　19 ②　20 ①

6 전기기사 전기자기학 실력 향상문제

01 자기 인덕턴스가 각각 L_1, L_2인 두 코일의 상호 인덕턴스가 M일 때 결합 계수는?

① $\dfrac{M}{L_1L_2}$　② $\dfrac{L_1L_2}{M}$

③ $\dfrac{M}{\sqrt{L_1L_2}}$　④ $\dfrac{\sqrt{L_1L_2}}{M}$

02 정상 전류계에서 J는 전류밀도, σ는 도전율, ρ는 고유저항, E는 전계의 세기일 때, 옴의 법칙의 미분형은?

① $J=\sigma E$　② $J=E/\sigma$　③ $J=\rho E$　④ $J=\rho\sigma E$

03 길이가 10[cm]이고 단면의 반지름이 1[cm]인 원통형 자성체가 길이 방향으로 균일하게 자화되어 있을 때 자화의 세기가 0.5[Wb/m^2]이라면 이 자성체의 자기모멘트[Wb · m]는?

① 1.57×10^{-5}　② 1.57×10^{-4}

③ 1.57×10^{-3}　④ 1.57×10^{-2}

04 그림과 같이 공기 중 2개의 동심 구도체에서 내구(A)에만 전하 Q를 주고 외구(B)를 접지하였을 때 내구(A)의 전위는?

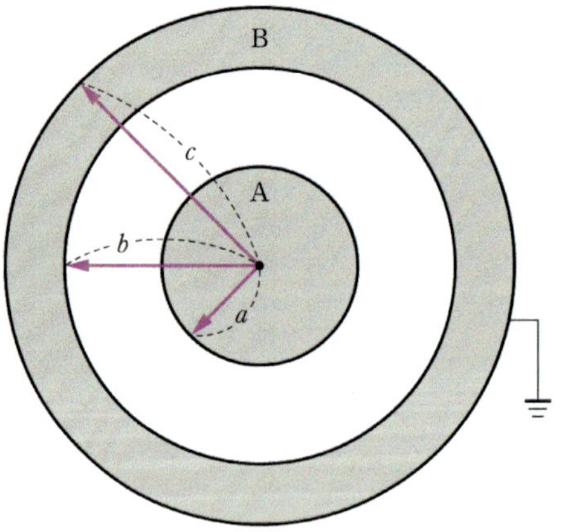

① $\dfrac{Q}{4\pi\epsilon_0}\left(\dfrac{1}{a}-\dfrac{1}{b}+\dfrac{1}{c}\right)$　② $\dfrac{Q}{4\pi\epsilon_0}\left(\dfrac{1}{a}-\dfrac{1}{b}\right)$

③ $\dfrac{Q}{4\pi\epsilon_0}\cdot\dfrac{1}{c}$　④ 0

정답 | 01 ③　02 ①　03 ①　04 ②

05 평행판 커패시터에 어떤 유전체를 넣었을 때 전속밀도가 4.8×10^{-7}[C/m^2]이고 단위 체적당 정전에너지가 5.3×10^{-3}[J/m^3]이었다. 이 유전체의 유전율은 약 몇 [F/m]인가?

① 1.15×10^{-11} ② 2.17×10^{-11}
③ 3.19×10^{-11} ④ 4.21×10^{-11}

06 히스테리시스 곡선에서 히스테리시스 손실에 해당하는 것은?

① 보자력의 크기 ② 잔류자기의 크기
③ 보자력과 잔류자기의 곱 ④ 히스테리시스 곡선의 면적

07 그림과 같이 극판의 면적이 S[m^2]인 평행판 커패시터에 유전율이 각각 $\epsilon_1=4$, $\epsilon_2=2$인 유전체를 채우고 a, b 양단에 V[V]의 전압을 인가했을 때 ϵ_1, ϵ_2인 유전체 내부의 전계의 세기 E_1과 E_2의 관계식은? (단, σ[C/m^2]는 면전하밀도이다.)

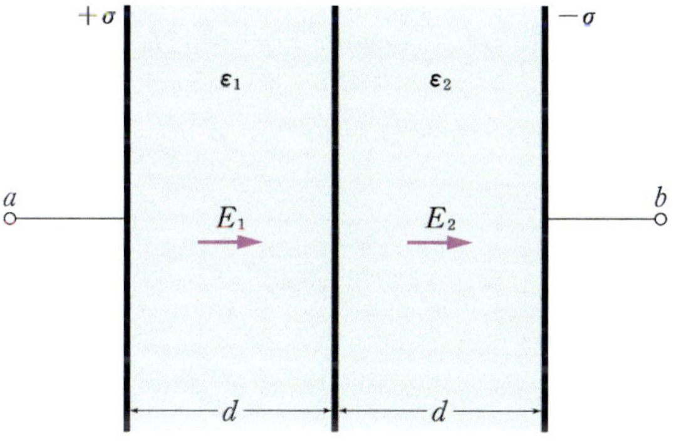

① $E_1=2E_2$ ② $E_1=4E_2$
③ $2E_1=E_2$ ④ $E_1=E_2$

08 간격이 d[m]이고 면적이 S[m^2]인 평행판 커패시터의 전극 사이에 유전율이 ϵ인 유전체를 넣고 전극 간에 V[V]의 전압을 가했을 때, 이 커패시터의 전극판을 떼어내는데 필요한 힘의 크기(N)는?

① $\dfrac{1}{2\epsilon}\dfrac{V^2}{d^2S}$ ② $\dfrac{1}{2\epsilon}\dfrac{dV^2}{S}$
③ $\dfrac{1}{2}\epsilon\dfrac{V}{d}S$ ④ $\dfrac{1}{2}\epsilon\dfrac{V^2}{d^2}S$

정답 | 05 ② 06 ④ 07 ③ 08 ④

09 다음 중 기자력(magnetomotive force)에 대한 설명으로 틀린 것은?

① SI 단위는 암페어[A]이다.
② 전기회로의 기전력에 대응한다.
③ 자기회로의 자기저항과 자속의 곱과 동일하다.
④ 코일에 전류를 흘렸을 때 전류밀도와 코일의 권수의 곱의 크기와 같다.

10 유전율 ϵ, 투자율 μ인 매질 내에서 전자파의 전파속도는?

① $\sqrt{\frac{\mu}{\epsilon}}$
② $\sqrt{\mu\epsilon}$
③ $\sqrt{\frac{\epsilon}{\mu}}$
④ $\frac{1}{\sqrt{\mu\epsilon}}$

11 평균 반지름(r)이 20[cm], 단면적(S)이 6[cm^2]인 환상 철심에서 권선수(N)가 500회인 코일에 흐르는 전류(I)가 4[A]일 때 철심 내부에서의 자계의 세기(H)는 약 몇 [AT/m]인가?

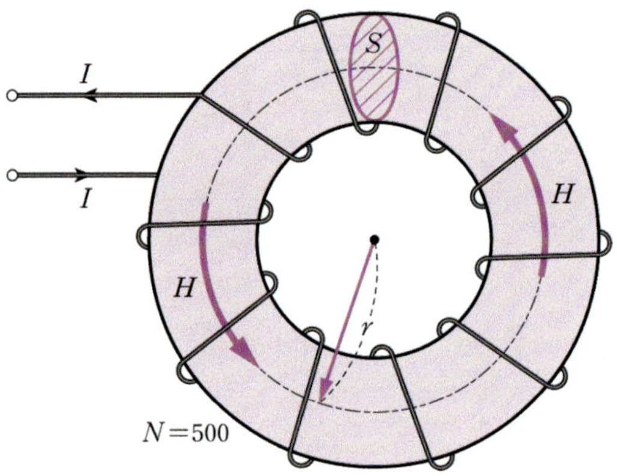

① 1590
② 1700
③ 1870
④ 2120

12 패러데이관(Faraday tube)의 성질에 대한 설명으로 틀린 것은?

① 패러데이관 중에 있는 전속수는 그 관속에 진전하가 없으면 일정하며 연속적이다.
② 패러데이관의 양단에는 양 또는 음의 단위 진전하가 존재하고 있다.
③ 패러데이관 한 개의 단위 전위차 당 보유에너지는 (1/2)[J]이다.
④ 패러데이관의 밀도는 전속밀도와 같지 않다.

정답 | 09 ④ 10 ④ 11 ① 12 ④

13 공기 중 무한 평면도체의 표면으로부터 2[m] 떨어진 곳에 4[C]의 점전하가 있다. 이 점전하가 받는 힘은 몇 [N]인가?

① $\dfrac{1}{\pi\epsilon_0}$ ② $\dfrac{1}{4\pi\epsilon_0}$

③ $\dfrac{1}{8\pi\epsilon_0}$ ④ $\dfrac{1}{16\pi\epsilon_0}$

14 반지름이 r[m]인 반원형 전류 I[A]에 의한 반원의 중심(O)에서 자계의 세기[AT/m]는?

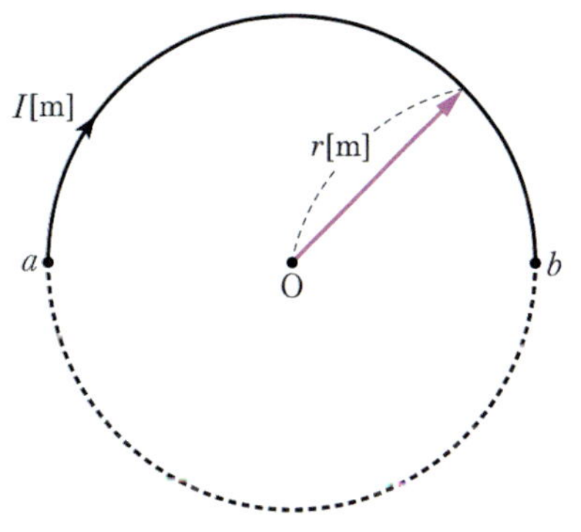

① $2I/r$ ② I/r

③ $I/2r$ ④ $I/4r$

15 진공 중에서 점(0, 1)[m]의 위치에 -2×10^{-9}[C]의 점전하가 있을 때, 점(2, 0)[m]에 있는 1[C]의 점전하에 작용하는 힘은 몇 [N]인가? (단, $\hat{x}$, $\hat{y}$는 단위벡터이다.)

① $-\dfrac{18}{3\sqrt{5}}\hat{x}+\dfrac{36}{3\sqrt{5}}\hat{y}$ ② $-\dfrac{36}{5\sqrt{5}}\hat{x}+\dfrac{18}{5\sqrt{5}}\hat{y}$

③ $-\dfrac{36}{3\sqrt{5}}\hat{x}+\dfrac{18}{3\sqrt{5}}\hat{y}$ ④ $-\dfrac{36}{5\sqrt{5}}\hat{x}+\dfrac{18}{5\sqrt{5}}\hat{y}$

16 내압이 2.0[kV]이고 정전용량이 각각 0.01[μF], 0.02[μF], 0.04[μF]인 3개의 커패시터를 직렬로 연결했을 때 전체 내압은 몇 [V]인가?

① 1750 ② 2000

③ 3500 ④ 4000

정답 | 13 ② 14 ④ 15 ② 16 ③

17 그림과 같이 단면적 S[m^2]가 균일한 환상철심에 권수 N_1인 A 코일과 권수 N_2인 B 코일이 있을 때, A 코일의 자기 인덕턴스가 L_1[H]이라면 두 코일의 상호 인덕턴스 M[H]는? (단, 누설 자속은 0이다.)

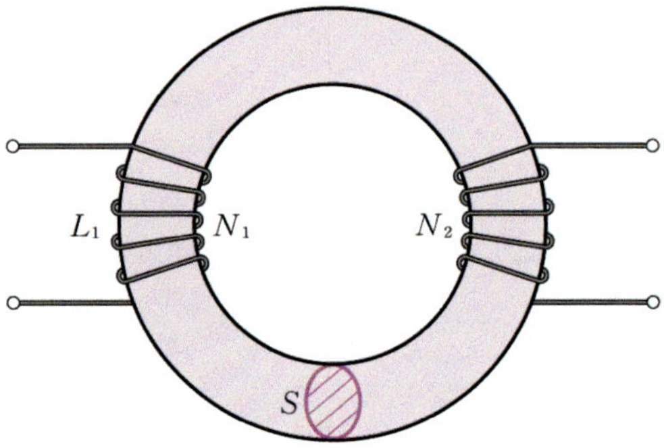

① $\dfrac{L_1N_2}{N_1}$　　② $\dfrac{N_2}{L_1N_1}$

③ $\dfrac{L_1N_1}{N_2}$　　④ $\dfrac{N_1}{L_1N_2}$

18 간격 d[m], 면적 S[m^2]의 평행판 전극 사이에 유전율이 ϵ인 유전체가 있다. 전극 간에 $v(t) = V_m \sin\omega t$의 전압을 가했을 때, 유전체 속의 변위전류밀도[A/m^2]는?

① $\dfrac{\epsilon\omega V_m}{d}\cos\omega t$　　② $\dfrac{\epsilon\omega V_m}{d}\sin\omega t$

③ $\dfrac{\epsilon V_m}{\omega d}\cos\omega t$　　④ $\dfrac{\epsilon V_m}{\omega d}\sin\omega t$

19 속도 v의 전자가 평등자계 내에 수직으로 들어갈 때, 이 전자에 대한 설명으로 옳은 것은?

① 구면위에서 회전하고 구의 반지름은 자계의 세기에 비례한다.
② 원운동을 하고 원의 반지름은 자계의 세기에 비례한다.
③ 원운동을 하고 원의 반지름은 자계의 세기에 반비례한다.
④ 원운동을 하고 원의 반지름은 전자의 처음 속도의 제곱에 비례한다.

20 쌍극자 모멘트가 M[C · m]인 전기쌍극자에 의한 임의의 점 P에서의 전계의 크기는 전기쌍극자의 중심에서 축방향과 점 P를 잇는 선분 사이의 각이 얼마일 때 최대가 되는가?

① 0　　② $\pi/2$

③ $\pi/3$　　④ $\pi/4$

정답 | 17 ① 18 ① 19 ③ 20 ①

찾아보기

ㅌ

ㅍ

ㅎ

참고문헌

1. 곽동주, 처음 만나는 전자기학, 한빛아카데미, 2018
2. 김세윤, 전자기학 2판, 사이텍미디어, 2009
3. 박건작, 쉽게 배우는 전자기학 2판, 북스힐, 2018
4. 백인철, 공학도를 위한 전기자기학, 마지원, 2019
5. 유태훈, 허노정 공역, 전자기학, 한빛아카데미, 2013 (A.T. Adams, J.K. Lee, Electromagnetics, Cognella Inc., 2013)
6. 임헌찬, 전기자기학 6판, 동일출판사, 2020
7. 조영기, 김채영, 최현철, 김강욱, 김현덕 공역, 응용전자기학, 진샘미디어, 2007 (F.T. Ulaby, Electromagnetics for Engineers, Pearson Education Inc., 2005)
8. 최수열, 유영각, 유상봉, 전기·전자·통신공학도를 위한 전기자기학, 복두, 2019

저자 소개

- **구기준**
  한림성심대학교 전기공학과
- **홍찬호**
  유한대학교 전기공학과
- **안창환**
  인하공업전문대학 전자공학과
- **김재평**
  대림대학교 방송음향영상학부

첫걸음 전기자기학

발 행 일 • 2022년 9월 1일

지 지 • 구기준 • 홍찬호 • 안창환 • 김재평
발 행 자 • 최 봉 주
발 행 처 • 진샘미디어
주 소 • 서울시 은평구 연서로 5길 28 부호아파트 102동 상가5호
전 화 • 02)353-4421 / FAX 02)353-4431
홈 페 이 지 • www.jinsaem.co.kr

신 고 번 호 • 제311-2005-000025호
I S B N • 979-11-91419-24-5 93560

정가 22,000원